トランジスタ技術 SPECIAL

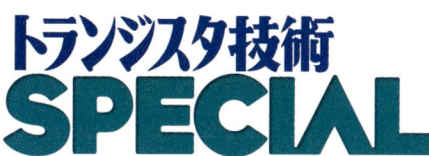

No.121

ニッケル水素/リチウム・イオンから電気二重層キャパシタまで

充電用電池の基礎と電源回路設計

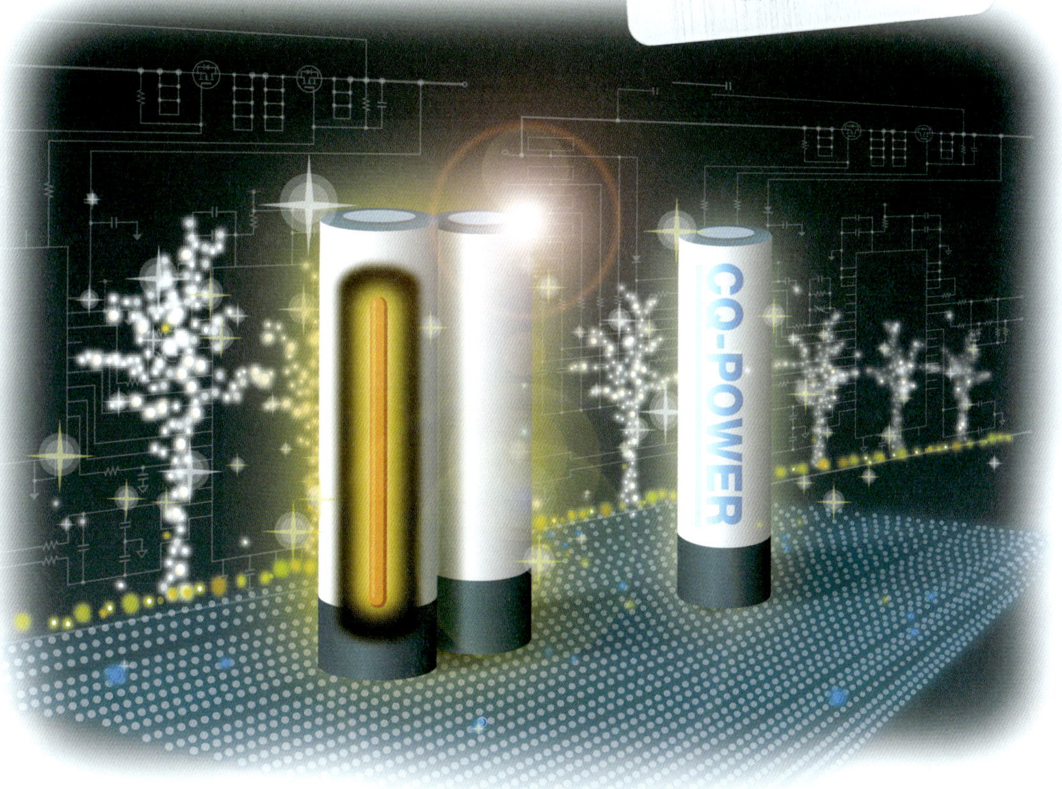

CQ出版社

CONTENTS
トランジスタ技術 SPECIAL

特集　充電用電池の基礎と電源回路設計

Introduction ちょっとだけ充電用電池のおさらい
入門・充電用電池の世界　宮崎 仁 ……………………………………………… 4

第1部　充電用電池の基礎と周辺技術

第1章 進化を続ける電池やキャパシタの実際
蓄電デバイスの種類と性質　梅前 尚 ……………………………………… 6
■ コンビニで買えて高容量「ニッケル水素蓄電池」　■ エネルギー密度が高いだけに取り扱い注意「リチウム・イオン蓄電池」　■ 安価でとても安全「鉛蓄電池」　■ 2次電池の放電特性　コラム 蓄電デバイスの大分類　コラム 電池という名の発電デバイス　コラム モータは負荷であり発電器である　コラム 6000回充放電してもわずかな劣化！新たな2次電池 SCiB

Appendix A 2次電池用語集　梅前 尚／宮崎 仁 ……………………………… 18
コラム 希少金属を再利用して環境負荷物質の拡散を防ごう

第2章 電池の動作原理と最新動向
リチウム・イオン2次電池の原理と展望　日比野 光宏 …………………… 22
■ 電池の分類と電圧発生のしくみ　■ 何が電池の起電力を決めているのか　■ リチウム・イオン2次電池の昔と今　■ リチウム・イオン電池の構造と化学反応のあらまし　■ リチウム・イオン2次電池の特徴　■ リチウム・イオン2次電池の問題点と展望　コラム ナトリウム・イオン2次電池

第3章 無停電電源や電動工具に使われる低価格で長寿命の電池
小形シール鉛蓄電池　江田 信夫 …………………………………………… 31
■ 小形シール鉛蓄電池とは　■ 小形シール鉛蓄電池の特性　■ 一般的な小形シール鉛蓄電池

Appendix B 研究！ニッケル水素蓄電池の耐久テスト　下間 憲行 ………… 38
■ テストの条件と結果　■ 寿命が短く感じるのは規格の充放電条件と違う使い方をしているから　コラム ニッケル水素蓄電池の充電を止めないとどうなる？

第4章 大電流で充放電を繰り返しても劣化しにくいのはなぜ？
電気二重層キャパシタの蓄電のメカニズムと性質　鈴木 敏厚 …………… 43
■ 電気二重層キャパシタの特徴　■ 電気二重層キャパシタの概要　■ 電気的特性　■ 二つのキー・パラメータ　■ 実際の応用例

第2部　充放電の特性と回路技術

第5章 リチウム・イオンからニッケル水素まで安全かつ短時間にエネルギーを満たす
2次電池の充電回路の基本　梅前 尚 ……………………………………… 48
■ 充電用電池の使われ方は2通り　■ 充電用定電流・定電圧電源の回路構成と特徴　■ 電池の種類に合った充電回路を採用する

Appendix C リチウム・イオン蓄電池とニッケル水素蓄電池の充電回路集　高橋 久／星 聡 ……… 59
■ リチウム・イオン蓄電池用充電ICと応用回路　■ USBインターフェースを電源とする1直リチウム・イオン2次電池の充電回路　■ USBインターフェースを電源とする2直ニッケル水素電池の充電回路

Supplement 1 充電コントローラ破壊時のリチウム・イオン2次電池保護回路 ………… 63

第6章 高機能で急速充電に対応した充電制御ICの元祖
ニカド／ニッケル水素蓄電池充電用IC bq2003/2004　宮崎 仁 ……… 64
■ bq2003/2004の特徴　■ bq2003/2004の基本動作　■ bq2004の応用回路

CONTENTS

表紙・扉デザイン　シバタ ユキオ（アイドマ・スタジオ）
本文イラスト　神崎 真理子

No.121

第7章　電池2組によるバックアップ機能を簡単に実現！メモリ効果対策も可能
充放電制御＆電源セレクタMAX1538と応用回路　柳川 誠介 ………… 70
■ デュアル・バッテリ・システムの意義　■ デュアル・バッテリ・システムの制御部をワンチップ化したMAX1538　■ バックアップ電池を内蔵する5V出力の実験用電源回路に応用　[コラム] 充放電のたびに残量表示のずれを補正するリラーン機能

Appendix D　主な充電制御IC　宮崎 仁 ………………………………………… 78

第8章　残量の検出精度が低ければ蓄電容量が大きくても意味がない
電池の残量を精度良く検出する技術と実例　惠美 昌也 ………… 80
■ 電池は残量を正確に把握しにくい　■ 残量の検出精度は重要　■ 電池残量を測る二つの方式　■ パソコンの電池パックに使われている残量計測回路　■ 計測精度五つの誤差要因　■ 高精度の残量検出技術インピーダンス・トラック

第9章　高効率な充放電回路の設計に欠かせない
スイッチング・パワー回路用キー・パーツの基礎知識　笠原 政史 ……… 86
■ スイッチング用のパワー半導体　■ インダクタ　■ コンデンサ

第3部　2次電池活用事例集

第10章　変動の激しい風力発電機の出力電流をキャパシタで平準化
鉛蓄電池充電器の効率アップと長寿命化の研究　久保 大次郎 …………… 97
■ 風力発電機は鉛蓄電池に大きなストレスを与える　■ 風力発電機の出力電力をいったん電気二重層キャパシタで受け止める　■ 充放電電流の変動分の一部をEDLCに負担させる　■ 鉛蓄電池へのストレスをさらに小さくする

Appendix E　リチウム・イオン蓄電池と大容量キャパシタを組み合わせてみた　宮崎 仁 ……… 109
■ 実験1：エネルギー密度と取り出せる電流を比較　■ 実験2：パルス電流を引いたときの出力電圧変動を比較　■ 実験3：両者を並列接続して負荷変動に強く長時間動作できるエネルギー源を作る

第11章　電圧とリプルをマイコンで監視し過充電や過放電を防ぐ
バイク用バッテリの状態表示・保護装置の製作　鈴木 美千雄 ………… 113
■ 回路の動作説明　■ バッテリ劣化を判定する方法　■ バッテリ電圧の検出誤差は約1％　■ スタンバイ時の消費電流は0.865mA

Supplement 2　キャパシタ・ミニ用語集　宮崎 仁 ……………………………… 119

第12章　電圧がばたつくハブダイナモ発電でも安定充電を実現！電池にも優しい！
足の負担や明るさの変化が少ない自転車LEDライト　中野 正次 ……… 120
■ 製作の動機　■ ハブダイナモ発電による電源の観察　■ 足への負担が軽い！明るさも安定！電池も長持ち！　■ 回路を設計する　■ 組み立てと動作確認　■ 実働テスト

第13章　市販の簡易チェッカの欠点を改善した
ニッケル水素蓄電池の充電不足チェッカの製作　下間 憲行 …………… 130
■ 製作の動機　■ 製作例1…外部電源動作タイプ　■ 製作例2…外部電源不要タイプ　■ 仕上げ　[コラム] 電池ホルダは構造と形状に注意して選択する

Appendix F　2次電池周辺回路集
過放電防止回路と電池の消耗を知らせる回路　下間 憲行 …………… 138
■ バッテリの破壊を防ぐ過放電防止回路　■ 電池が消耗するとLEDが点滅する回路

本書の執筆担当一覧…141，索引…142，編者紹介…144

▶ 本書は，トランジスタ技術2010年2月号特集「エコ時代の最新バッテリ活用技術」の第1部「バッテリ編」を中心に加筆・修正を行い，同誌の過去の関連記事から好評だったものを選び，また書き下ろし記事を追加して再構成したものです．流用元は各記事の稿末に記載してあります．

Introduction ちょっとだけ充電用電池のおさらい
入門・充電用電池の世界

宮崎 仁

1 電池の発達とエレクトロニクス

電気の歴史の中でも,電池は長い歴史をもっています.1800年にボルタが電池を発明して以来あらゆる科学技術が急速な発展を遂げ,現在のエレクトロニクス技術が生まれました.1859年には最初の2次電池(充電用電池)である鉛蓄電池が発明されています.

電池から得られる電気エネルギーはそれほど大きくはありませんが,小型で持ち運べる電源として携帯機器には不可欠の存在になりました.充電して繰り返し使用できる2次電池は,より小型・大容量を追求してニカド,ニッケル水素,リチウム・イオンなどが登場してきました.携帯電話,ノート・パソコン,ビデオ・カメラなどの携帯機器は,高性能の2次電池がなければ製品化できなかったでしょう.

2次電池は携帯機器だけでなく,自動車などの移動体,停電時のバックアップ電源,さらには住宅やビルなどの大型の蓄電装置としても利用されています.その背景には,CO_2削減や環境保護などエコの観点から,太陽光などの自然エネルギーや電気モータの活用が進められていることがあります.

一方,パワー・エレクトロニクスの進化でDC-AC変換(インバータ)が簡単かつ高効率になり,AC機器や高圧・大電流の用途でも電池から駆動することが容易になっています.2次電池の用途は今後さらに急速に広がっていくでしょう.図1と図2で今の2次電池の活躍を見ておきましょう.

2 電池の内部動作と安全性

電池の内部動作は,電解質中のイオン(電荷をもつ原子や分子)の移動と,電極での化学反応であり,物質の移動や変化を伴います.電子の移動だけによる導

図1 電源のない場所で長時間使用することが多いバッテリ駆動機器(典型的なサイクル・ユースの例)
…ケータイ&スマホ,ゲーム機,ノート・パソコン,電動アシスト自転車,EV/PHV.

図2 充電台に載せておく時間が長い機器や，据え置きで使用される蓄電池（サイクル・ユースとスタンバイ・ユースの特性を持つ例）
…電動歯ブラシ，電動工具，コードレス家電，据え置き型蓄電池．

体や半導体での電気現象とは原理が大きく異なり，特性にも大きな違いがあります．

他の電子部品に比べて，電池は電流密度が小さく，応答速度も低速です．温度条件などの影響も強く受けます．反応によって電極に固体が析出すると，反応を妨げて性能が劣化する現象や，セパレータを突き破って短絡する危険があります．反応によって気体が発生すると，やはり反応を妨げて性能が劣化する現象や，電池内部の圧力が高まって破裂する危険があります．過充電や過放電を行うと，発熱により高温になる危険もあります．

もちろん，2次電池として製品化されているものは，化学反応が安全に行われるもの，充放電を繰り返しても劣化しにくいものが選ばれています．また，圧力弁などの安全装置も装備されていますが，使用する側でも安全性や寿命には特に注意が必要です．充電，放電，保存などの使い方が不適切であれば，電池の性能を十分に発揮できないだけでなく，回復不能な劣化や発熱，漏液などの危険も生じます．それぞれの電池の特性をよく知って，安全に，かつ効率良く使用することが大切です．

3 本書に登場する電池たちと本書の紹介

本書では現在広く使われているリチウム・イオン2次電池，ニカド/ニッケル水素電池，鉛蓄電池を取り上げ，各電池の原理，特性から安全な充電，放電方法，さまざまな活用事例まで解説します．また，2次電池とは異なる特徴をもつ蓄電デバイスである電気二重層キャパシタについても原理，特性を解説し，2次電池と組み合わせて活用する方法を紹介します．

リチウム・イオン2次電池は，現在実用化されている2次電池の中で最もエネルギー密度が高く，その代わり充電時や放電時の電圧管理，電流管理，温度管理を厳しく行う必要があります．

ニカド/ニッケル水素電池は，エネルギー密度はリチウム・イオン2次電池より低く，また放電途中で再充電すると容量が低下してしまう欠点（メモリ効果）がありますが，その代わり充放電制御や管理は容易です．単3型など規格サイズのセルを，汎用充電器で充電することもできます．

鉛蓄電池は，エネルギー密度は低い代わりに充放電制御や管理は最も容易で，簡単な充電回路で使用できます．常時継ぎ足し充電（トリクル充電）する用途にも適しています．

本書の第1部では，これらの2次電池の原理と，充放電時の特性について詳しく解説します．また，電気二重層キャパシタの原理と特徴も合わせて紹介します．

第2部では，2次電池の充放電回路について，原理から回路技術まで解説します．また，主要な充電制御用ICの一覧や，それらを用いた回路例も紹介します．さらに，充放電制御だけでなく，電池保護や残量検出，個別部品の基礎知識なども解説します．

第3部では，2次電池を活用するための応用事例として，電気二重層キャパシタと組み合わせての活用法，バイクや自転車での応用回路，充電不足チェッカなどのアクセサリ回路を紹介します．

2次電池の特徴を知り，使いこなすためのガイドブックとして活用していただければ幸いです．

第1部　充電用電池の基礎と周辺技術

第1章 進化を続ける電池やキャパシタの実際

蓄電デバイスの種類と性質

梅前　尚

> 充電用電池のエネルギー蓄積能力を100％生かす充電回路を作るためには，その性質を知る必要があります．第1章では，ニッケル水素蓄電池からリチウム・イオン電池，鉛蓄電池まで，各種2次電池の特徴を整理します．　〈編集部〉

コンビニで買えて高容量「ニッケル水素蓄電池」

　ニッケル水素蓄電池は，ニカド蓄電池の倍近いエネルギー密度でありながら，公称電圧など電気的特性がほぼ同じことから，1990年に商品化されて以来，ノート・パソコンやビデオ・カメラなどのモバイル機器で急速に広がりました．同じ容量のニカド蓄電池に比べると容積が小さくなるため，携帯電話の普及時期とあいまって小型化や待ち受け時間の向上に寄与しました．

● 充放電時の電気的特性

　電気的特性は**図1**のようにニカド蓄電池とよく似ています．
　急速充電の充電末期に生じる電圧降下も，ニカド蓄電池と同じような傾向を示しますが，ニカド蓄電池よりも変動幅が小さいため，ニカド蓄電池の充電器と兼用する場合は検出レベルの感度を良くしておく必要があります．
　集合形の電池パックの充電器では，$-\Delta V$（マイナス・デルタ・ブイ）制御に加え2次電池の温度上昇を検出して充電完了とするdT/dt制御が併用されることが多いです．

● 欠点

　ニカド蓄電池ほど顕著ではありませんが，メモリ効果が存在します（詳細は後述）．リフレッシュ動作により影響は解消できますが，メモリ効果を意識することなく使用できるものが開発されました．例えば，パナソニックエネループのように継ぎ足し充電ができる製品です．**写真1**(a)に単電池，**写真1**(b)にハイブリッド自動車（HEV）電池を示します．

● 充放電時の反応

　充放電時の反応例を**図2**に示します．ニカド蓄電池とほぼ同じですが，カドミウムの代わりに水素を結晶構造内に直接貯蔵・放出できる水素吸蔵合金を使っています．ニカド蓄電池では負極の反応はカドミウムと水酸基の化学反応でしたが，より多くの水素を効率良く出し入れできる水素吸蔵合金を選択することで，高エネルギー密度化しています．

● 応用

　負極での水素の出し入れが，ニカド蓄電池の反応と比べてやや遅いことから，大きな放電電流を一気に必要とする電動工具などの瞬発力の要る用途ではニカド蓄電池が優勢でしたが，高出力に対応したものが発売されてこれらの市場もニッケル水素蓄電池が使用されるようになりました．ハイブリッド自動車や電動アシスト自転車のような動力系の製品でも広く採用されています．

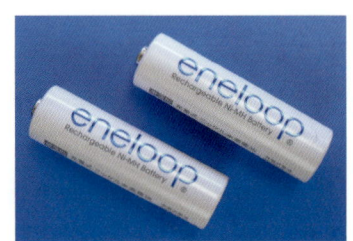

(a) 汎用品（エネループ）

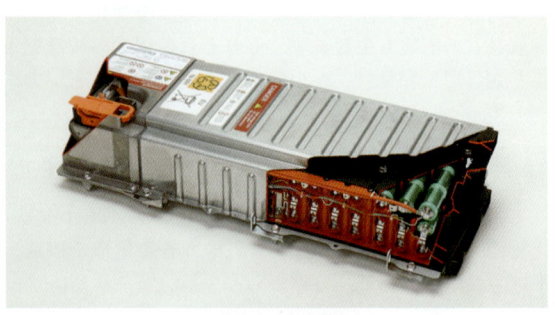

(b) カスタム品
（ハイブリッド自動車用）

写真1 ニッケル水素蓄電池の外観と内部

● 環境負荷の大きいCdを含むのでニッケル水素に置き換えられつつある「ニカド蓄電池」

ニカド蓄電池は1970年代後半から携帯型オーディオ機器やビデオ・カメラの普及につれて，広く活用されるようになりました．その後ニッケル水素蓄電池やリチウム・イオン蓄電池が商品化され，また主たる反応物質に環境負荷の大きいカドミウムを使っていることなどから，現在は市場規模が縮小しています．しかし，一方で，高温特性，高耐久性といった特性を生かし，非常照明などの分野ですみ分けが図られています．

▶充放電時の電気的特性

図3はニカド蓄電池の充放電特性の例です．放電特性をみると電圧変動が鉛蓄電池と比較しフラットであることが分かります．

急速充電の際の充電完了時期に，特徴的な電圧特性を示します．

充電の進行につれて電池電圧は徐々に上昇していきますが，充電完了状態となると過充電反応が起こり電池電圧が下降します．ニカド蓄電池の急速充電では，この電圧降下を検出して充電完了とする$-\Delta V$制御が一般的な方法として広く採用されています．$-\Delta V$信号は，充電電流が小さいときには出にくい現象のため，$-\Delta V$による充電完了検出を採用する場合は，充電電流を0.5C～1Cとしておきます．CまたはItは定格容量［Ah］÷1hを表す単位です．詳細はAppendix Aの充放電電流の項を参照ください．

▶ときどき完全に放電する必要がある

放電終止電圧に対して比較的浅い放電と充電を繰り

（a）放電　　（b）充電（1C…1300mA定電流充電）

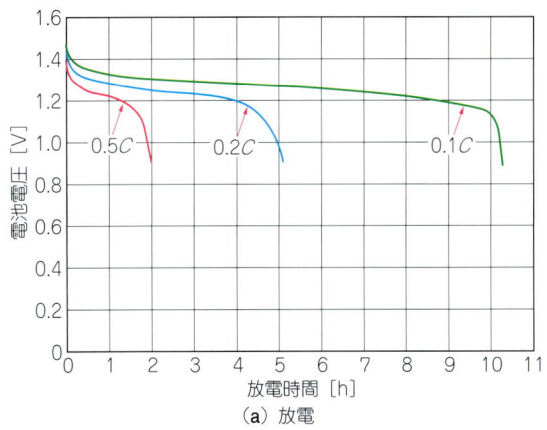

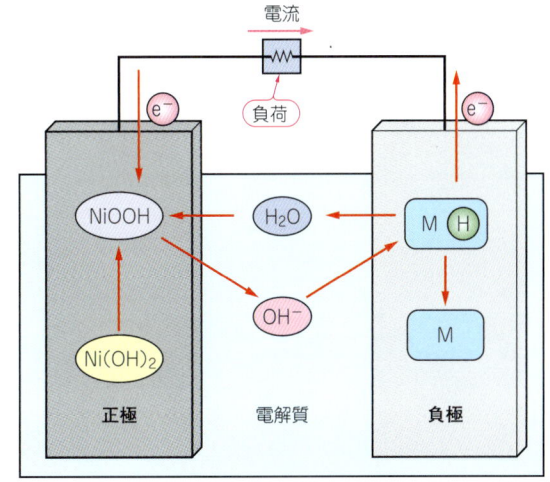

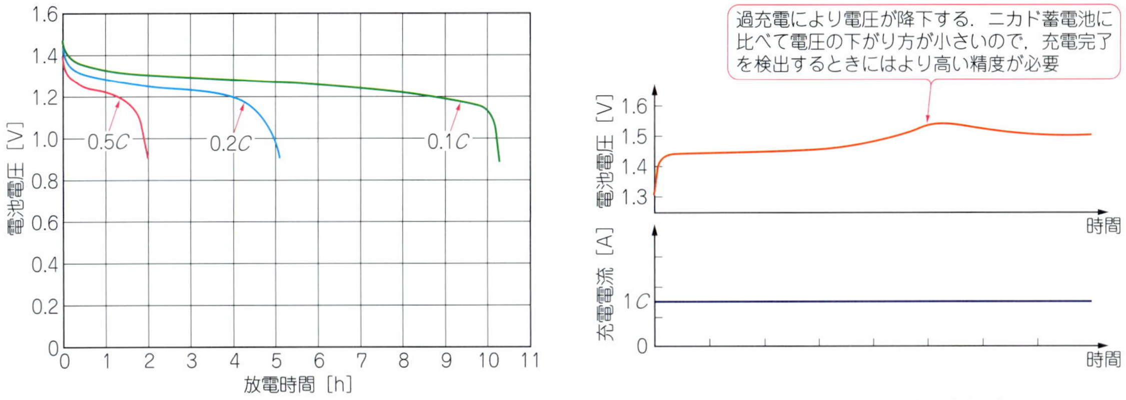

図1　ニッケル水素蓄電池の充放電特性（GP130AAHC，GPバッテリー）

（a）充電時　　（b）放電時

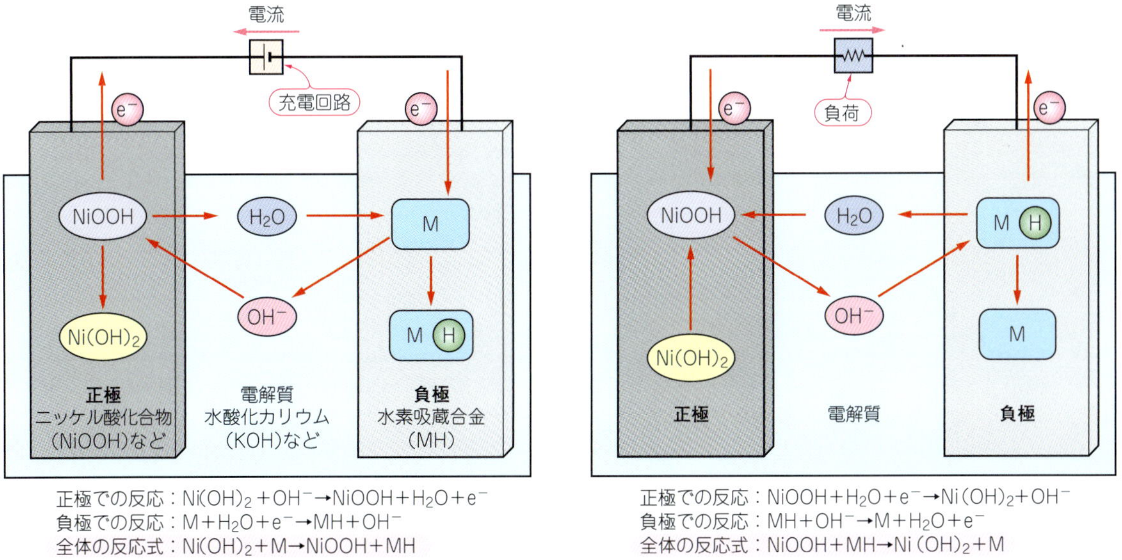

図2　ニッケル水素蓄電池を充放電したときの化学反応例

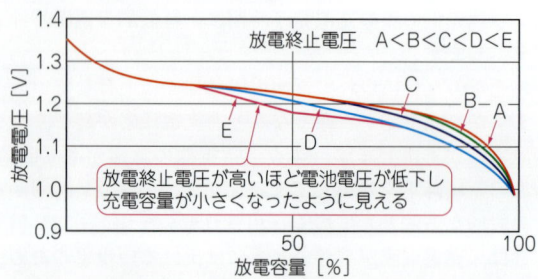

図4 ニカド蓄電池の欠点「メモリ効果」
放電終止電圧に対して比較的浅い放電と充電を繰返すと，電池電圧が低下して充電容量が低下したように見える．

返していると，図4のように放電途中で急激に電池電圧が低下してあたかも充電容量が低下したように見えます．これがメモリ効果です．

これは部分放電によって電極に不活性な領域ができるためといわれています．いわば，電池の肩こりのようなイメージです．電気シェーバや電動歯ブラシのように毎日決まった時間だけ使いその後充電するといった使い方をする場合に見られることがあります．

メモリ効果が疑われる場合は，放電終止電圧までバッテリを使い切った後にすぐにフル充電するという動作を2～3回繰り返すことで，不活性領域が解消し再び電池容量いっぱいまで使うことができるようになります．この強制放電動作を，リフレッシュ動作と呼ぶ

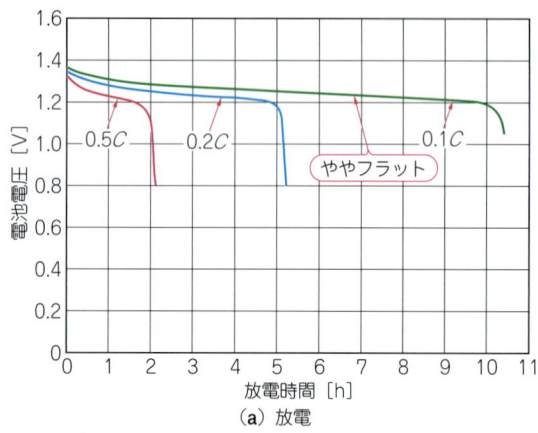

(a) 放電

(b) 充電（$1C$…2600mA定電流充電）

図3 ニカド蓄電池の充放電特性（N‑1700SCR）

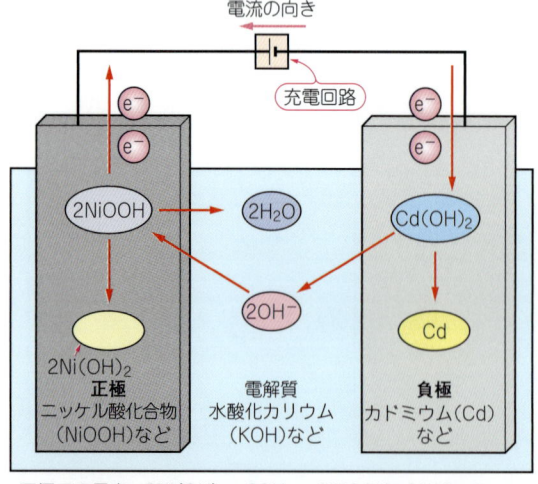

正極での反応：$2Ni(OH)_2 + 2OH^- \rightarrow 2NiOOH + 2H_2O + 2e^-$
負極での反応：$Cd(OH)_2 + 2e^- \rightarrow Cd + 2OH^-$
全体の反応式：$2Ni(OH)_2 + 2Cd(OH)_2 \rightarrow 2NiOOH + Cd + 2H_2O$

(a) 充電時

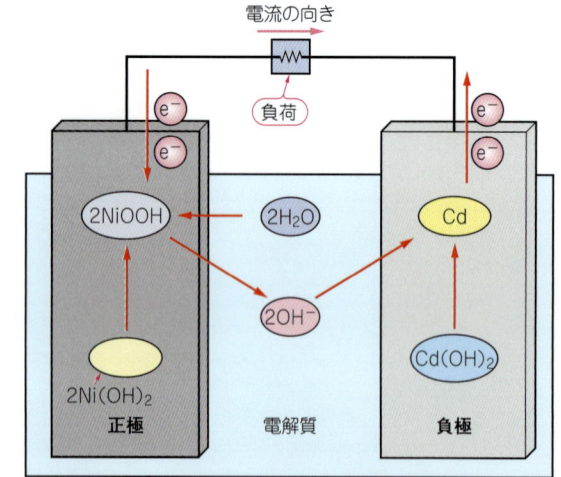

正極での反応：$2NiOOH + 2H_2O + 2e^- \rightarrow 2Ni(OH)_2 + 2OH^-$
負極での反応：$Cd + 2OH^- \rightarrow Cd(OH)_2 + 2e^-$
全体の反応式：$2NiOOH + Cd + 2H_2O \rightarrow 2Ni(OH)_2 + 2Cd(OH)_2$

(b) 放電時

図5 ニカド蓄電池を充放電したときの化学反応

こともあります．

リフレッシュ動作は放電終止電圧になるまで定電流で放電させるのが一般的で，抵抗や半導体素子の発熱という形で2次電池に残ったエネルギーを消費させます．放電電流があまり大きいと放電回路での損失が大きくなって大掛かりな装置が必要になり，小さすぎると放電時間が長くなり実用性に欠けるので，おおむね$0.2C \sim 0.3C$程度を目安に設定します．

問題は，電池を搭載している製品の動作停止電圧が放電終止電圧よりも高い電圧に設定されている場合や，毎回同じ程度の放電をさせるような用途の機器です．これらの機器で2次電池の放電終止電圧まで充電容量を使い切るのは難しいのです．

図5にニカド蓄電池の充放電時の反応を示します．

エネルギー密度が高いだけに取り扱い注意「リチウム・イオン蓄電池」

ニッケル水素蓄電池の後を追うように登場したのがリチウム・イオン蓄電池です．写真2に外観を示します．ニカド蓄電池やニッケル水素蓄電池の約3倍の公称電圧を持ち，ニッケル水素蓄電池のほぼ2倍のエネルギー密度という高い性能から，ノート・パソコンや携帯電話などのモバイル機器を中心に一気に市場に広まっています．2008年の統計では国内の2次電池総生産数の2/3を占めるまでに至りました．

リチウムを電池に用いると高いエネルギー密度が得られることは古くから知られており，コイン型の1次電池では実用化されていましたが，2次電池にはなかなか使用されることはありませんでした．

金属リチウムを使ったときに生じるデンドライトなどの問題を解決し，安全にリチウムを2次電池に利用できるようにしています．

電解液を高分子ゲルに置き換えたものはリチウム・イオン・ポリマ蓄電池と呼ばれ，公称電圧などにやや違いはありますが，基本的な構造やしくみは同じです．

● 充放電特性

図6はリチウム・イオン蓄電池の電気的特性例で，鉛蓄電池に似かよった特性です．しかしリチウム・イオン蓄電池は，エネルギー密度が非常に高く，わずかな電圧変動でも過充電となり電池寿命を極端に縮めることになるため，充電時の電流・電圧の設定は精度良く管理されていることが必須となります．また，温度監視による保護を併用することが一般的です．これらの充電制御は充電する電池に最適なものとなるような複雑な制御が求められます．

● 充放電の反応

充放電時の反応（インターカレーション）は図7の例のように単純です．正極材料のコバルト酸リチウムと負極材料のカーボンとの間を，リチウム・イオン（Li^+）が行き来するだけです．

負極のカーボンにどれだけ多くのリチウム・イオンを取り込めるかが高容量化の鍵で，グラファイトと呼ばれる図8のような格子状の構造をした特殊なカーボンが使われており，構造上の特徴となっています．

● **エネルギー密度が高く事故防止のため保護回路や専用充電器とセットで販売されている**

反応過程においてリチウムは常にリチウム・イオンとして存在するため，金属リチウムとして析出することはありません．ただし，その高いエネルギー密度から充放電には注意が必要で，過充電や過放電などのストレスが加わると電池寿命が極端に短くなったり，電池の内部圧力が上昇して膨張したり破裂や発火事故を引き起こすことがあります．

このため，他の2次電池のように単電池での販売さ

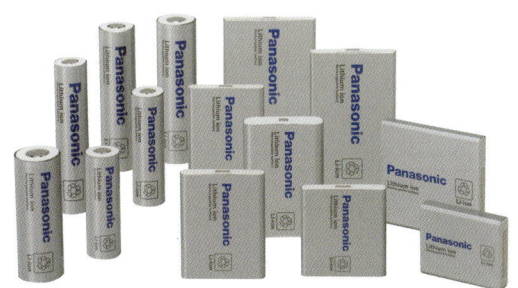

(a) 円筒形と角形

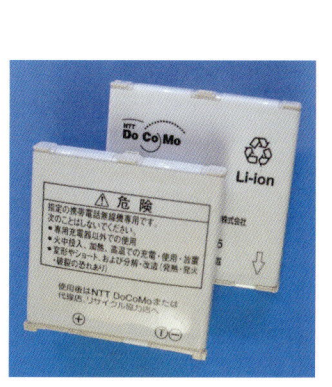

(b) 携帯電話機用

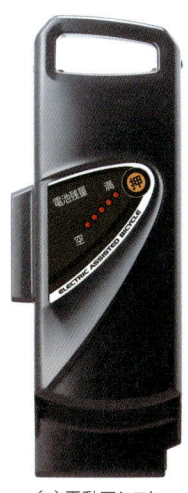

(c) 電動アシスト自転車用

写真2　リチウム・イオン蓄電池の外観
(a)写真提供：パナソニック㈱エナジー社．

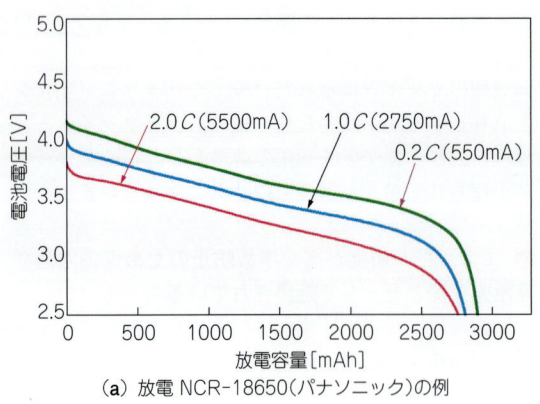
(a) 放電 NCR-18650(パナソニック)の例

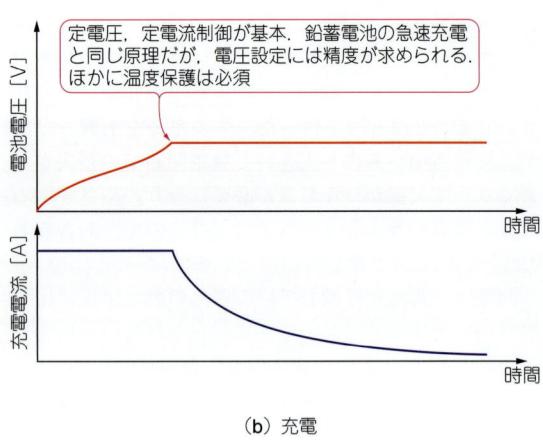
(b) 充電

図6 リチウム・イオン蓄電池の充放電特性

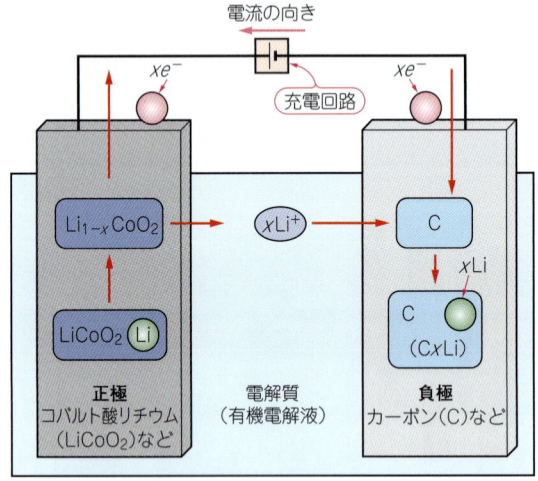

正極での反応：LiCoO$_2$→Li$_{1-x}$CoO$_2$+xLi$^+$+xe$^-$
負極での反応：C+xLi$^+$+xe$^-$→CLi$_x$
全体の反応式：LiCoO$_2$+C→Li$_{1-x}$CoO$_2$+CLi$_x$
ただし，0≦x≦1

(a) 充電時

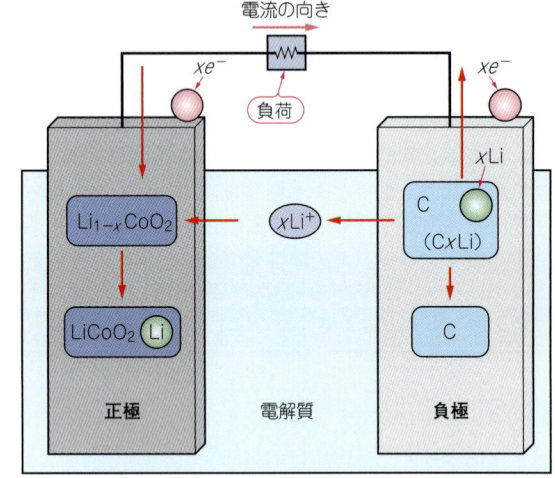

正極での反応：Li$_{1-x}$CoO$_2$+xLi$^+$+xe$^-$→LiCoO$_2$
負極での反応：CLi$_x$→C+xLi$^+$+xe$^-$
全体の反応式：Li$_{1-x}$CoO$_2$+CLi$_x$→LiCoO$_2$+C
ただし，0≦x≦1

(b) 放電時

図7 リチウム・イオン蓄電池を充放電したときの反応

れておらず，保護回路を内蔵したパック電池の形で専用の充電器とセットで使うことが前提となっています．

取り扱いにはいっそうの注意を要するリチウム・イオン蓄電池ですが，信頼性の高い安全措置を施すことで他の2次電池と比較して突出した性能を活用する場面も多くなってきています．

ニッケル水素蓄電池が主流であったハイブリッド自動車や電動アシスト自転車にも採用され始めており，EV車にもリチウム・イオン蓄電池が搭載される予定です．

● **バックアップに活躍する金属リチウム電池**

リチウムは化学的に非常に反応しやすい素材で激烈な反応により発熱や発火をともなったり，針状に結晶が析出するデンドライトという現象が生じ，電池内部でセパレータを突き破りショートするといった危険性がありました．

デンドライトなどの問題から大容量の商品化が進まない金属リチウム蓄電池ですが，100 mAh未満の小容量のものは実用化されており，主にメモリのバックアップ用としてパソコンのマザー・ボードに搭載されるなど，あまり目にすることはない場所で活躍しています．

反応式は極めて簡単で，負極の金属リチウムが電子を放出し，リチウム・イオンとなって電解質内に拡散します．

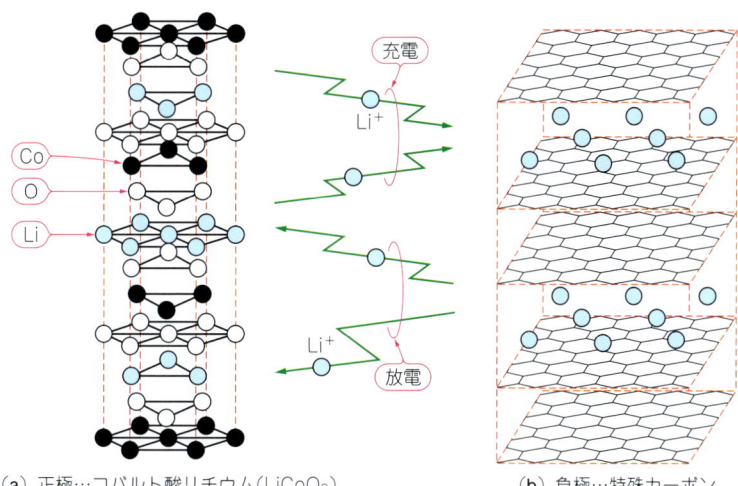

図8
リチウム・イオン蓄電池の充放電は正極と負極間をリチウム・イオン(Li^+)が行き来するだけ

(a) 正極…コバルト酸リチウム($LiCoO_2$)　　(b) 負極…特殊カーボン

- 放電時の負極での反応：$Li \rightarrow Li^+ + e^-$
- 充電時の負極での反応：$Li^+ + e^- \rightarrow Li$

金属リチウムを扱う上で問題となったデンドライトは，負極にリチウムと合金化しやすいアルミニウム合金を使い析出するリチウムをアルミニウムの中に閉じ込める，という方法で解消しています．

金属リチウム蓄電池の多くはコイン型をしており，基板上に直接実装できるものも市販されています．

安価でとても安全「鉛蓄電池」

鉛蓄電池は2次電池の中で最初に発明されたもので，19世紀半ばに誕生しています．正極に二酸化鉛，負極に鉛，電解質に希硫酸を使用した鉛蓄電池の基本的な構造・原理は，誕生当初からほとんど変わっていません．

● 充放電時の電気的特性

鉛蓄電池の代表的な充放電特性例を図9に示します．
放電特性は満充電（充電完了状態）から定電流で放電させたときの代表値を示したもので，ほぼリニアに放電量に応じて電池電圧が低下することが分かります．

この特性は鉛蓄電池の残量を予測するには都合がよいのですが，比較的電圧変動が大きいために電源電圧に敏感な回路に使用する場合には，安定化するなどの工夫が必要になります．

図9の充電特性は急速充電のようすを表しています．鉛蓄電池は，定電流での充電では充電の進行に伴って電池電圧が上昇を続け過充電となってしまうため，電圧制限が必須となります．

● 種類と特徴

構造によって写真3(a)に示すシール形（制御弁式鉛蓄電池）と写真3(b)に示すベント形（開放形）に大きく分けられます．

▶ 開放形

古くから採用されている方式で構造が簡単です．反応に必要な水が蒸発や電気分解により徐々に失われるため，バッテリ液が減少したときは精製水を補充する必要があります．

完全な密閉構造とはなっていないため，電解液の希硫酸が漏れ出す危険性があり，ハンディ・タイプの機

(a) シール形（制御弁式鉛蓄電池）

写真3
鉛蓄電池の外観
写真提供：パナソニック㈱エナジー社．

(b) ベント形（開放形）

器には向きません．このため主に自動車用バッテリに使われています．

▶ **制御弁式鉛蓄電池**

充電時に水が電気分解されることで発生する水素と酸素を再び電極で吸収する（電解液に還元する）よう工夫が施されたものです．さらにセパレータに電解液を浸み込ませて自由に流動しない構造とすることで，補水作業を不要とし密閉構造を実現したものです．

制御弁式鉛蓄電池の登場により鉛蓄電池の携帯機器への応用が広がりましたが，現在ではよりエネルギー密度の高いニッケル水素蓄電池やリチウム・イオン蓄電池に置き換わりつつあります．

しかし他の2次電池と比較して安いコストで高容量なものが得られ，充電の制御方法が比較的容易な上，タフなので，UPSなど非常用電源のバックアップ用途やオートバイ用などに現在も幅広く用いられています．

この蓄電池に関する詳細な解説が第3章にあります．正式な呼称などもこちらをご参照ください．

● **充放電のしくみ**

図10に充放電時の反応のようすを示します．図中に放電時エネルギーを取り出す時の内部での反応式を示します．充電時はこれと逆の反応により，エネルギーを蓄えられます．

● **鉛蓄電池は過放電や放電後に放置するとダメになる**

鉛蓄電池は放電の過程で硫酸鉛（$PbSO_4$）を生成しま

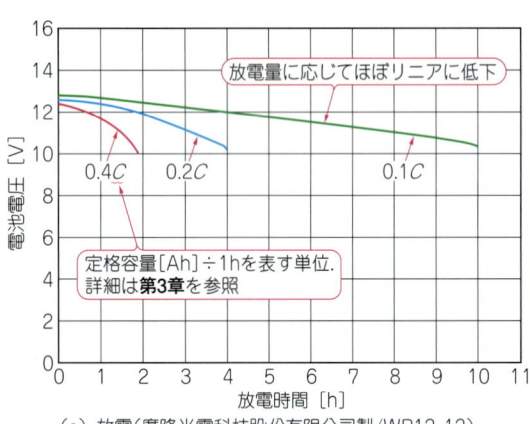

(a) 放電（廣隆光電科技股份有限公司製/WP12-12）

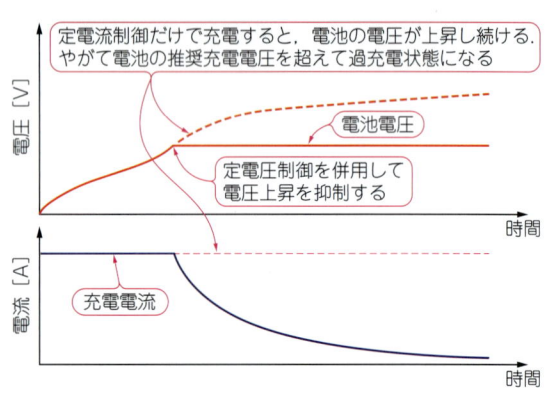

(b) 充電（急速充電）

図9 鉛蓄電池の充放電特性

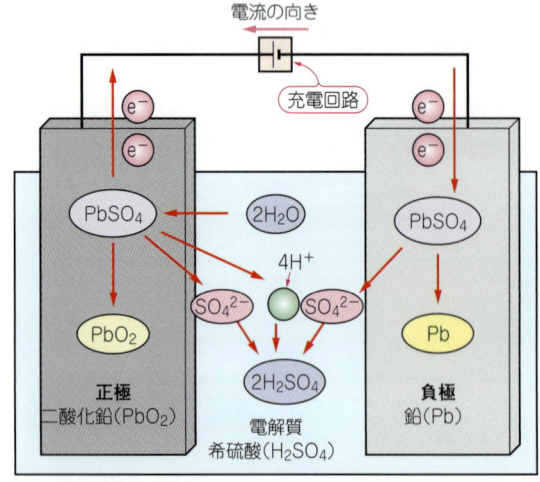

正極での反応：$PbSO_4 + 2H_2O \rightarrow PbO_2 + 4H^+ + SO_4^{2-} + 2e^-$
負極での反応：$PbSO_4 + 2e^- \rightarrow Pb + SO_4^{2-}$
電解液の状態：$4H^+ + 2SO_4^{2-} \rightarrow 2H_2SO_4$
全体の反応式：$PbSO_4 + 2H_2O \rightarrow Pb + PbO_2 + 2H_2SO_4$

(a) 充電時

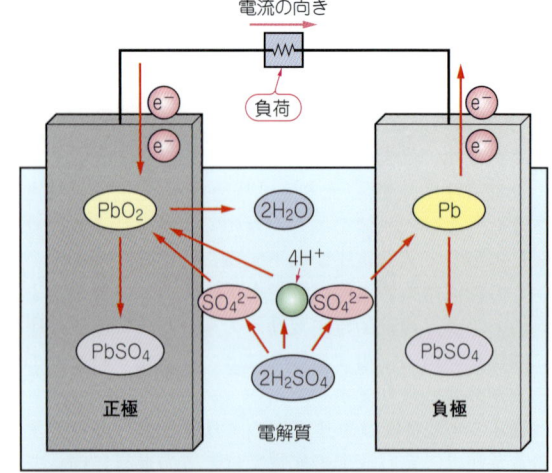

電解液の状態：$2H_2SO_4 \rightarrow 4H^+ + 2SO_4^{2-}$
正極での反応：$PbO_2 + 4H^+ + SO_4^{2-} + 2e^- \rightarrow PbSO_4 + 2H_2O$
負極での反応：$Pb + SO_4^{2-} \rightarrow PbSO_4 + 2e^-$
全体の反応式：$Pb + PbO_2 + 2H_2SO_4 \rightarrow PbSO_4 + 2H_2O$

(b) 放電時

図10 鉛蓄電池を充放電したときの化学反応

す．すぐに充電すれば鉛(Pb^+)と硫酸イオン(SO_4^-)に分解し2次電池としての機能を維持できますが，放電したまま放置したり過放電状態とすると，硬く結晶化します．充電しても分解せず，また電極表面に付着して表面積を減らし充放電を妨げるようになります．

さらに結晶化した硫酸鉛は絶縁物のため，鉛蓄電池の内部抵抗を増加させる原因となり，鉛蓄電池の充電容量が減少して寿命となります．

この硫酸鉛の結晶化現象はサルフェーション(白色硫酸鉛化)現象と呼ばれ，鉛蓄電池の寿命を決める大きな要因となっています．サルフェーション現象を起こしにくくし鉛蓄電池を長期間使用するには，過放電させないことと，放電したらそのまま放置せずすぐに充電することの2点に注意が必要です．

ディープ・サイクル・バッテリと呼ばれる鉛蓄電池は，深い充放電に対応できるよう構成されています．一般のものと比較して過放電には強いので，完全に放電することの多い用途では，このようなタイプを採用することも，電池の交換サイクルを延ばす手法の一つです．

2次電池の放電特性

表1に私たちになじみが深い代表的な2次電池の特性を示します．

● 化学電池の内部では何が起きている？

2次電池は基本的に，正極，電解質，負極から構成されます．特性は，これらの材料によって決まり，用途や性能に合わせてさまざまな組み合わせが開発されてきました．2次電池の名称はほとんどの場合，電池内部の化学反応のキーとなる素材の名称です．

充電時は，図11に示すように負極側に電流の担い手である電子が外部の充電回路から供給され，内部の電解質を介して正極から負極にプラス・イオンが移動します．

放電時には蓄電デバイス内部の化学反応により，充電時とは逆に負極から外部回路を通じて電子が正極に移動し，蓄電デバイス内部では電解質を通してプラス・イオンが移動します．

蓄電デバイスの大分類　　　Column

蓄電デバイスには化学現象を利用した化学電池と，物理現象を利用した大容量キャパシタがあります．

電子機器に使われる電池というと，一般的には化学電池が使われています．化学電池には使い切りの1次電池と充電して繰り返して利用できる2次電池があります．

表Aに電池の分類を示します．

● 化学電池

化学反応を利用した電池には1次電池と2次電池があります．

1次電池は，充電して再利用できない，いわゆる「使い捨て電池」です．電池の種類としては，マンガン乾電池，アルカリ乾電池，酸化銀電池，リチウム電池が一般的に使われています．

本書で主に扱う2次電池は，1次電池と同じように化学反応を利用した電池で，充電して利用できる電池です．種類は，鉛蓄電池，ニッケル・カドミウム蓄電池(ニカド蓄電池)，ニッケル水素蓄電池，リチウム・イオン蓄電池などです．

● 物理電池

大容量キャパシタとして，電気二重層キャパシタ(ELDC)やリチウム・イオン・キャパシタ(LiC)が開発されています．耐圧は低いのですが，静電容量は数100Fから数1000Fのものがあります．

充放電の繰り返し回数が2次電池と比べて多く，内部インピーダンスも極めて低いために大電流が流せ，蓄電エネルギー量を端子電圧から正確に求められるという特徴があります．比較的使用温度範囲が広く，さまざまな用途に利用されようとしています．

〈高橋 久〉

表A　電池の分類

分類		種類
化学電池	1次電池	マンガン乾電池
		アルカリ乾電池
		リチウム電池
		水銀電池
		酸化銀電池
	2次電池(本書で扱う)	鉛蓄電池
		ニッケル・カドミウム蓄電池(ニカド電池)
		ニッケル水素蓄電池
		リチウム・イオン蓄電池
		リチウム・イオン・ポリマ蓄電池

正極と負極を電池の中でただ電解質に浸しただけでは，電池内部で反応が進行して内部で放電してしまいます．そこで，正極と負極との間にセパレータと呼ばれる多孔質の絶縁物を設けて，プラス・イオンの行き来を確保しながら絶縁するしくみを作っています．

充電により可逆的な反応を示し，エネルギーを蓄えられるため，放電してしまっても充電動作により繰り返し使えます．

対して乾電池に代表される1次電池は，外部からエネルギーを注入しても充電の化学反応プロセスが進行しないため使いきりになります．1次電池は充電を前提とした設計をされていないので，充電しようとしても充電できません．異常発熱したり，内部でガスが発生し電池内部の圧力が上昇して，液漏れや破裂事故に至る危険性があります．絶対に充電してはいけません．

● 放電が早すぎると蓄電エネルギーを100％取り出せない

2次電池は放電レート（電池容量に対する放電電流の比）が大きいほど取り出せる容量が少なくなります．

図12はリチウム・イオン蓄電池の放電特性例です．放電電流が大きいほど容量が低下していることが分か

ります．

特にハイ・レート放電では内部インピーダンスなどの影響により必要な電流が取り出せなかったり，電池温度の上昇をまねいて電池寿命を損ねる可能性があります．極端な場合には漏液，破裂，発火などの事故に至るので，データシートや仕様書に記載された最大電流を超えないように電流制限を設けるか，より大きな放電電流に対応した2次電池を選びます．

同じ種類の2次電池でも，大出力に対応したものや低レートでの放電に適したもの，スタンバイ・ユースを想定したものなどいろいろな製品がラインアップされています．用途にあった電池を選択するとともに，特殊な用途の場合はメーカに相談が必要です．

電池容量に対して大きな電流で放電させることを，高率放電やハイ・レート放電と呼びます．

● 電池電圧の下限値である放電終止電圧

2次電池は放電するにつれて電池電圧がしだいに下降し，放電末期に急速に減少します．

過度の放電は，2次電池の電極・電解質を変質させ充電容量の低下をまねくだけでなく，過放電された2次電池を再度充電する際に電池の発熱や漏液，破裂・

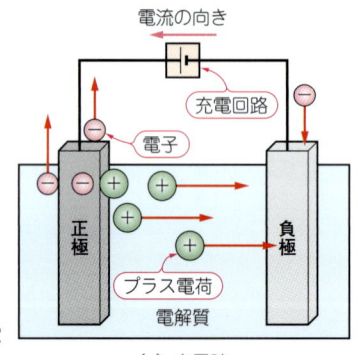

図11
2次電池を充放電したときのプラス・イオンと電子の動き

(a) 充電時　　　(b) 放電時

表1　主な2次電池の特性と材料

電池名	主な仕様	公称電圧 [V]	エネルギー密度 [Wh/kg]	[Wh/l]	正極材料 (充電状態)	電解質	負極材料 (充電状態)	主な用途
鉛蓄電池		約2.0	20～50	50～90	二酸化鉛(PbO$_2$)	希硫酸(H$_2$SO$_4$)	鉛(Pb)	自動車，バイク，UPSなど
ニカド蓄電池		1.2	30～70	70～200	ニッケル酸化物(NiOOHなど)	水酸化カリウム(KOHなど)	カドミウム(Cd)など	各種コードレス機器，電動工具など
ニッケル水素蓄電池		1.2	40～100	170～350	ニッケル酸化物(NiOOHなど)	水酸化カリウム(KOHなど)	水素吸蔵合金(MH)	デジカメ，電動自転車，ハイブリッド車など
リチウム・イオン蓄電池		3.6	100～200	200～500	コバルト酸リチウム(LiCoO$_2$)など	有機電解液	カーボン(C)など	携帯電話，ノートパソコン，ビデオ・カメラなど
金属リチウム蓄電池		約3.0	40～80	130～250	リチウム・マンガン複合化合物(Li$_x$MnO$_y$)など	有機電解液	リチウム・アルミニウム合金(LiAl)など	メモリ・バックアップなど

発火事故を引き起こす可能性があります．必ず個々に定められた値で回路を遮断し放電を停止させるようにします．このとき，主回路だけでなく制御回路や検出回路などを含めたすべての接続回路を，2次電池から切り離さなければなりません．

充電器に着脱する構造の場合，2次電池が充電器に接続されたままで放置されていると，充電器が動作していない場合に充電器の出力に接続されている逆流防止ダイオードの漏れ電流によって放電が進行することがあります．電池は充電が完了したら充電器から取り外すことが必要です．

2次電池ごとの放電終止電圧のだいたいの目安は以下のとおりです．

- 鉛蓄電池：1Cで1.30 V／セル，0.2Cでは1.75 V／セル
- ニカド蓄電池：1.0 V／セル
- ニッケル水素蓄電池：1.0 V／セル

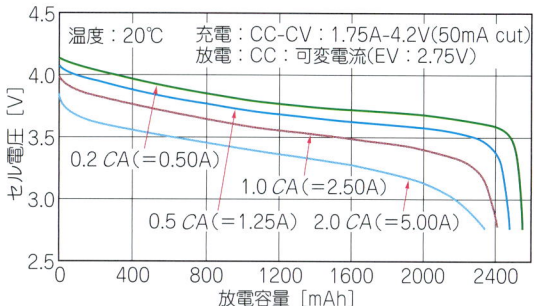

※CAは充放電特性を表す単位．Cは定格容量2.5 Ah，Aは電流

図12 リチウム・イオン蓄電池の放電特性例

- リチウム・イオン蓄電池：3.0 V／セル

放電終止電圧の設定は，個々の電池によってメーカの保証値が異なります．放電終止電圧は，2次電池を使用する際に許容できる電池電圧の下限値のことです．

電池という名の発電デバイス　　　　　　　　　　Column

表Bに示すのは電池と呼ばれているものの，蓄電ではなく発電するデバイスです．

● 燃料と酸化剤による化学反応を利用する燃料電池

1次電池や2次電池と同じように，化学反応を利用した電池で，水素などの燃料と酸素などの酸化剤を供給し続けることで，電力を継続的に取り出すことができる電池です．

エネルギーを取り出す方式として，さまざまな方式がありますが，代表的な方式は以下に示すもので，現在，研究開発が進められています．

- 固体高分子型燃料電池
　（PEFC：Polymer Electrolyte Fuel Cell）
- りん酸型燃料電池
　（PAFC：Phosphoric Acid Fuel Cell）
- 溶融炭酸塩型燃料電池
　（MCFC：Molten Carbonate Fuel Cell）
- 固体酸化物型燃料電池
　（SOFC：Solid Oxide Fuel Cell）

燃料電池の大きな課題はコストが高いことです．製造コストとランニング・コスト共に高いため，燃料電池を普及させるためには，これらを解決することが必要です．

● 光のエネルギーによる物理現象を利用する太陽電池

物理現象を利用した電池で，光の持つエネルギーを直接的に電力に変換する電池です．太陽電池の構造体として，単結晶シリコンと多結晶シリコンが多く使われています．代表的な太陽電池の種類と特徴を以下に示します．

- 単結晶シリコン：変換効率・信頼性共に高く豊富な利用実績がある
- 多結晶シリコン：信頼性が高く量産に向いている
- 単結晶化合物：変換効率，信頼性共に高いが，コストも高い
- 多結晶化合物：変換効率，信頼性共に低く，余り使われていない
- アモルファス：変換効率は低いが，特定の波長で効率が上がる

〈高橋 久〉

表B 発電デバイスの分類

分　類	種　類
燃料電池（化学電池）燃料と酸化剤を供給し続けることで電力を継続的に取り出せる電池	固体高分子型燃料電池
	りん酸型燃料電池
	溶融炭酸塩型燃料電池
	固体酸化物型燃料電池
	アルカリ電解質型燃料電池
	直接型燃料電池
	バイオ燃料電池
物理電池	太陽電池

◆参考・文献◆

(1) トランジスタ技術編集部編；電池応用ハンドブック，CQ出版社．
(2) パナソニック㈱ エナジー社監修；図解入門よくわかる最新電池の基本と仕組み，秀和システム，2005年．
(3) 社団法人 電池工業会 ホームページ，http://www.baj.or.jp/
(4) 一般社団法人 JBRC ホームページ，http://www.jbrc.net/hp/contents/index.html
(5) パナソニック㈱，ホームページ，商品情報［法人］−電子デバイス・産業用機械−商品一覧−電池・電源，http://industrial.panasonic.com/jp/products/battery/battery.html
(6) 古河電池㈱，ホームページ，自動車用バッテリーの基礎知識，http://www.furukawadenchi.co.jp/index.htm
(7) ㈱ジーエス・ユアサバッテリー，ホームページ，http://gyb.gs-yuasa.com/index.html
(8) EVポータル EV（電気自動車）に関連する総合情報ポータルサイト，http://www.ev-life.com/

（初出：「トランジスタ技術」2010年2月号 特集第1章）

Column

モータは負荷であり発電器である

2次電池を電源とする製品でモータを負荷としている場合，減速・停止させるときにモータが発電機となります．モータが発電する電力を適切に制御することで2次電池を充電できます．

この場合，モータの運動エネルギーを電気エネルギーに変換し，その電気エネルギーを蓄電しているので，モータに制動力が働くことになります．このようにモータで発電した電力を電源あるいは電池に送り返すことを電力回生といい，モータへのブレーキ力を得る方法を回生ブレーキと呼びます．

▶電力回生中の回路動作

図Aは回生動作の概念図です．

2次電池とモータは直結することもありますが，一般には速度や回転数，トルク制御するために，駆動回路を通して接続されます．電力回生のための回路は，これと並列に接続され，2次電池を充電するために必要な定電流あるいは定電圧制御を行います．

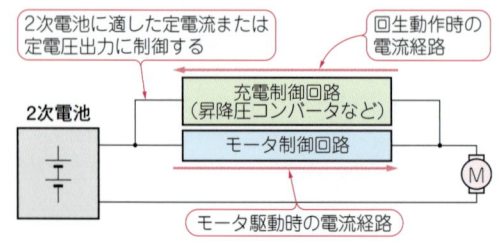

図A モータの発電エネルギーを蓄えてもう一度使う

モータの発電機としての出力は，制動をかけたときの状態により刻々と変化するため，出力電圧は一定とはなりません．充電制御回路は，電池電圧とモータの出力電圧との関係から，昇圧または降圧，あるいは両方の機能を備えたコンバータ回路になります．

回生動作により得られる制動力は，2次電池を充電する電力で決まりますが，単純なコンバータでは2次電池の充電状態やモータの発電量などにより，充電量が変化してブレーキ力が変動します．

一定の制動力を必要とする場合は，モータの状態をモニタしながら充電量・充電電流を逐次調整するなど，細かな制御を付加しなければなりません．モータの発電量が低下する低速回転時や，2次電池が満充電に近く充電電流がほとんど流せない状態では，回生ブレーキの機能が期待できなくなります．

▶電力回生はモータがある機器ですでに採用されている

電車や産業機器向け装置などいろいろなところで採用され，従来は抵抗器で熱として消費されていたエネルギーを蓄電することで，省エネルギー推進の一翼を担っています．

電動アシスト自転車のような2次電池を電力源とする製品にも搭載されてきており，2次電池を使える時間を長くし充電間隔を延ばす役割を果たしています．

〈梅前 尚〉

6000回充放電してもわずかな劣化！新たな2次電池SCiB　Column

　従来のリチウム・イオン蓄電池とは異なり，急速充電ができるにもかかわらず安全性に優れ，寿命が長い電池SCiBが東芝から発売されました．外観を**写真A**に示します．現在，2.4 V，4.2 Ahの産業用セルを量産中です．

● 急速充電しても劣化しにくい

　図BにSCiBの急速充電性能を示します．
　一般に充放電電流値は，Cレート（電流値［A］／容量［Ah］）で表されます．**図B**から$12C$（50 A）でも充電率（SOC：State of Charge）は，約5分で90%に達することが分かります．従来のリチウム・イオン蓄電池に比べて内部インピーダンスが小さく，また大電流で充電しても電解液の還元分解や金属リチウムの析出といった副反応による劣化が起きません．また，内部インピーダンスが小さいので，放電電流による電圧降下も小さいのです．

● 押しつぶしても発熱しない

　満充電状態で押しつぶして強制短絡させても破裂や発火が起こりません．負極に独自の酸化物系材料を使っているからです．これは，従来のリチウム・イオン蓄電池に使われているカーボン系材料とは異なり，燃えることがない熱的に安定な物質です．
　電解液との反応性も低く安全性が高いのです．図CにSCiBの負極材とカーボン系負極材の，リチウム吸蔵時の電解液との反応性を比較した示差熱分析結果を示します．240℃付近にあるカーボン系負極材でのピークが，SCiBの負極材では発生しません．

● 6000サイクルで容量劣化20%と長寿命

　SCiBは熱的に安定なため，従来のリチウム・イオン蓄電池よりも長寿命です．**図D**に$10C$充電，15 A放電での25℃サイクル試験結果を示します．6000サイクル後の容量劣化は20%以下です．従来のリチウム・イオン蓄電池では，$1C$充電，$1C$放電程度でも500サイクル程度で同等の容量になってしまいます．

● 低温の環境を経たのちも容量劣化はしない

　図EにSCiBの-40℃での充放電特性を示します．容量が50%程度に低下するものの，容量劣化はなく，25℃に戻すと容量が元通りになります．〈芦田和英〉

◆参考・引用＊文献◆
(1)＊ 小杉伸一郎 ほか：安全性に優れた新型二次電池 SCiB，東芝レビュー 63. 2. 2008, pp.54-57.
(2)＊ 高見則雄 ほか：耐久性と安全性に優れたハイブリッド自動車用二次電池 SCiB，東芝レビュー 63. 12. 2008, PP.54-57.

（初出：「トランジスタ技術」2010年2月号　特集第1章）

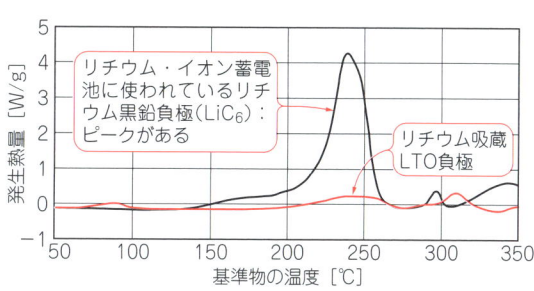

図C[1]　有機電解液中のカーボン系負極とSCiBに使われている負極の示差熱分析からカーボン系負極よりも電解液との反応性が低いことが分かる
示差熱分布は，温度変化に対する試料と参照物質の温度差の関数．

写真A　急速充電できる新たな2次電池「SCiB」（東芝）

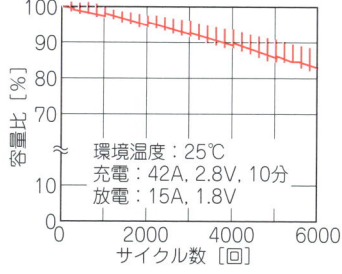

図B[1]　新しい2次電池SCiBの急速充電性能

図D　$10C$急速充電サイクル寿命特性（25℃）

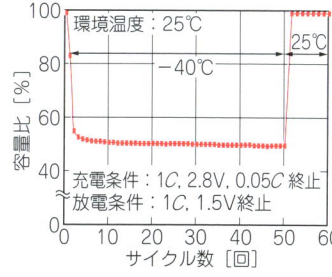

図E[2]　-40℃低温環境下での充放電サイクルを経ても容量が低下しないことが分かる

Appendix A 電池は専門用語がいっぱい
2次電池用語集

梅前 尚／宮崎 仁

● **公称電圧**

2次電池のスペック表示に使われる電圧値です．電池電圧は放電によって徐々に低下していきますが，おおむね実用範囲内での平均的な値が採用されています．

● **開路(開放)電圧**

2次電池が外部回路から切り離された状態で，2次電池のプラス端子とマイナス端子の間に現れる電圧です．特に100%の充電状態にある2次電池の開路電圧は，電池の起電力にほぼ等しくなります．

開路電圧は充電器設計において，出力電圧を決定するパラメータとなります．

● **エネルギー密度**

充電された2次電池から取り出すことができる積算電力値［Wh］（ワット・アワー）を，2次電池の容積比［Wh/ℓ］や重量比［Wh/kg］で表したもので，2次電池の利用可能なエネルギー量を示す指標となります．これらの数値が大きいほど，小型・軽量で大きなエネルギーを蓄えられるということになります．

積算電力値は，

電圧［V］× 電流［A］× 時間［h］＝ 積算電力［Wh］

で算出できますが，

公称電圧［V］× 公称容量［Ah］

によって，だいたいの値を推測できます．

図1に代表的な2次電池の体積エネルギー密度と重量エネルギー密度との関係を示します．

鉛蓄電池はエネルギー密度が小さく，ニカド蓄電池，ニッケル水素蓄電池の順に大きくなり，普及の著しい

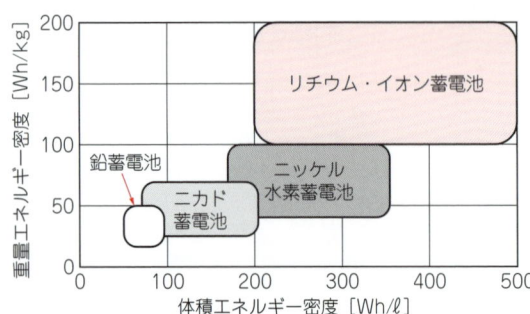

図1　各種2次電池のエネルギー密度

リチウム・イオン蓄電池が最も大きな値で，機器の小型軽量化に寄与していることが分かります．

● **公称容量**

2次電池のスペック表示に使われる値の一つです．［Ah］（アンペア・アワー）や［mAh］（ミリ・アンペア・アワー）の単位で表されています．例えば2400 mAhと表示された2次電池は，目安として240 mAの負荷電流をおよそ10時間連続して取り出せることになります．ただし一般に2次電池は，大きな電流を取り出そうとすると取り出せる容量は小さくなる傾向にあります．2400 mAhの電池で2.4 A (2400 mA) 放電時は，連続して使える時間は，

2400 mAh ÷ 2.4 A ＝ 1 h

から，1時間と算出できます．実際にはこれより短い時間で電池を使えない電圧値まで低下するということです．

放電電流の大きさによって，取り出せるエネルギーの大きさや放電容量が変わるので，公称容量を規定する際は，時間率という考え方が取り入れられています．

● **時間率(Hour Rate)**

2次電池の充放電電流の大きさを表す指標です．100%充電された状態から2次電池が使用できないレベルまで電圧が低下するまでの時間を定め，そのときの放電電流の値を公称容量とするものです．

特にカタログなどで規定されていない場合，乾電池サイズの小型電池や国産車用の鉛電池では5時間率，オートバイ用鉛電池では10時間率，欧州車用鉛電池では20時間率で容量が示されています．

例えば，公称容量が18 Ahと規定されている2次電池では，公称容量は20時間率での表示ですから，「18 Ah ÷ 20 h ＝ 0.9 Aの電流を20時間連続して放電させられる容量を持つ電池である」ということです．

小型制御弁式鉛蓄電池の規格を定めたJIS C 8702では，20時間率定格容量と1時間率定格容量が用語として定義されており，それぞれC_{20}，C_1と表記されています．

2次電池のカタログで複数の容量が記載されているものには，HR(Hour Rate)またはC_N(Nは時間率)が併記されているはずなので，これらをもとに充電回路

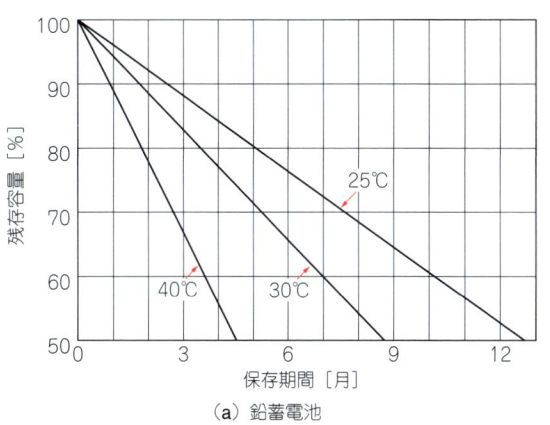
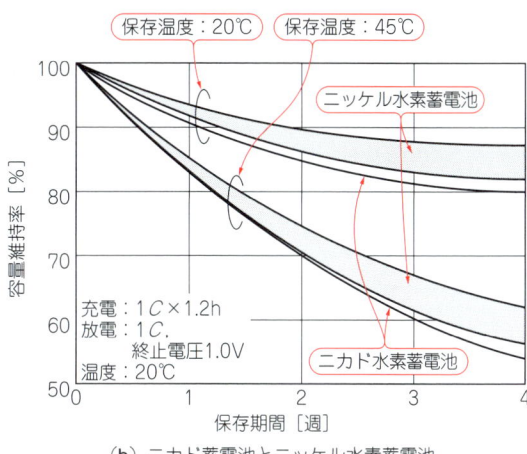

(a) 鉛蓄電池　　(b) ニカド蓄電池とニッケル水素蓄電池

図2　電池は外部回路を接続しない状態でも充電容量が減っていく [1][2]

を設計します．

● **充放電電流**

2次電池を使う回路では，充放電の電流の大きさをA(アンペア)ではなくItまたはCで表記します．

ItまたはC = 定格容量[Ah] ÷ 1[h]

で定義されます．

例えば2400 mAhの2次電池では，$0.2It$充電(= 0.2 × 2400 mAh ÷ 1 h = 480 mAの電流で充電)や，$1/3 C$放電(= 1/3 × 2400 mAh ÷ 1 A = 800 mAの電流で放電)などのように表現します．

● **過充電**

2次電池が100%の充電状態になった後さらに充電を継続した電池の状態のことです．

電池が過充電状態になると，充電回路から注入するエネルギーは充電には寄与せず，すべて2次電池内部で熱になったり余分な化学反応に使われます．異常発熱やガスの発生に伴う電池内圧の上昇などの現象が起こり，電池寿命が短くなったり電池の破損・破裂に至る場合もあります．

充電回路には充電完了を検出して充電を停止するなど，過充電にならない工夫が必要です．

● **放電終止電圧**

2次電池を使用する際に放電を終了する電圧の下限値のことです．

終止電圧はほとんどの場合，個々にメーカで規定されています．この電圧まで電池電圧が低下する前に放電を停止する回路が必要です．

● **過放電**

放電終止電圧を下回るまで2次電池を放電させた状態のことです．

この状態まで2次電池を使うと，電池寿命が極端に短くなるだけでなく，再充電できなくなったり電池の内圧が上昇して膨張したり最悪の場合は電池が破裂することもあります．十分な安全処置が必要です．

● **自己放電**

外部に回路が接続されていない状態で，2次電池自体の充電容量が減っていく現象のことです．2次電池は，放置しているだけで活物質(充放電反応に関係する，電極，電解質材料)の自然反応や，構成物質内に存在する不純物の影響などにより，満充電の状態であっても徐々に充電エネルギーが電池内部で消費されて，充電容量が減少していきます．**図2**に示すように，自己放電は電池温度が高いほど，また保存期間が長いほど大きくなります．

自己放電は，充電完了後に満充電状態を維持するための補充電(トリクル充電)時の充電電流・時間の決定に必要な情報になります．

● **寿命**

充放電が繰り返されることで徐々に放電容量が低下し，同じ使用条件であっても使える時間が短くなってきます．これが2次電池の寿命です．公称容量に対して放電容量が50%～60%に低下する充放電回数(サイクル数)で表記されるのが一般的です．

常時回路に接続されたままのバックアップ電源では，年数で表示されることもあります．

2次電池の寿命は，種類によりその回数は異なり，300サイクル～500サイクルのものが一般的です．高耐久品の中には1000サイクルを超えるサイクル寿命を保証したものもあります．

サイクル寿命は，JISで規定された一定の条件で充

放電させたときの値をもとにメーカが保証するものです．多くの場合，実使用条件下では大きく異なります．2次電池を長く使うためには，次のように電気的，機械的ストレスを避け，用途に合った適切な電池の選定と充電を行います．

- 過充電や過放電をしない
- 高温や低温環境での使用，保管，充電を避ける
- 充放電電流をできるだけ抑える
- 放電終止電圧まで至る深い放電は避ける（鉛蓄電池を除く）
- 電池容量の30％以下のような浅い放電の繰り返しを避ける（鉛蓄電池の場合）
- 素子や保安装置にダメージを与えるような機械的な衝撃を加えない

など．

寿命となった使用済み2次電池は，適切に処分することで再資源化され，材料の一部は再び2次電池として活用されます．

● セル

電池の基本単位です．乾電池型やコイン型の電池がこれにあたります．鉛蓄電池の場合，多くはケースの中に仕切りが設けられていくつかのセルが直列に接続されています．鉛蓄電池の公称電圧は6Vや12Vのものが市販されていますが，これらは2Vのセルを3個または6個が内部で直列に接続されたものです．

● 組電池とパック電池

いくつかの単電池を一つのケースに組み入れた電池のことです．複数の単電池を組み合わせることで，機器に合わせた高電圧化（大容量化）が可能になります．

単電池と比較して大きなエネルギーを蓄えられるため，異常が発生したときに大きな事故になる可能性が高くなります．内蔵された複数の単電池の間でアンバランスが生じたり，意図しない充放電が起きることを防ぐためにも，単電池だけでなく温度センサや保護回路が組み込まれているものがほとんどです．

◆引用*文献◆
(1)* 制御弁式鉛蓄電池のアプリケーション・ノート，パナソニック㈱エナジー社
(2)* ニッケル水素電池のアプリケーション・ノート，パナソニック㈱エナジー社

〈梅前　尚〉

（初出：「トランジスタ技術」2010年2月号　特集Appendix）

希少金属を再利用して環境負荷物質の拡散を防ごう　Column

近ごろ原材料価格の高騰を受け，都市鉱山という言葉をよく耳にするようになりました．2次電池も，構成材料にニッケル（Ni），リチウム（Li），コバルト（Co）などの貴重な金属も含みますす．

また，環境負荷の大きな鉛（Pb），カドミウム（Cd）などの拡散を防止する必要がでてきました．

使わなくなった2次電池をリサイクルし，適正に処理・再資源化することで，希少金属の有効活用と環境への影響を少なくできます．

小型充電式電池は，2001年に施行された，資源の有効な利用の促進に関する法律（資源有効利用促進法）に基づいて回収・再資源化が義務づけられており，電池のメーカや輸入業者，関連団体が主体となってリサイクルが行われています．

ニカド蓄電池，ニッケル水素蓄電池，リチウム・イオン蓄電池と一部の携帯機器用鉛蓄電池は，小売店やスーパ，自治体窓口に設けられたリサイクル・ボックスに入れれば無償で回収されます．リサイクル・ボックスで回収できる2次電池には，図Aのリサイクル・マークが表示されています．

投函の際には，他の電池とショートしたり充電されないよう，＋電極と－電極にセロハン・テープを貼って絶縁するか，備え付けのリサイクル用専用収集袋に入れるようにします．

自動車用やオートバイ用の鉛蓄電池は，交換用の電池を購入した販売店で引き取ってもらえます．

その他の2次電池は，自治体や機器を購入した販売店，電池メーカに問い合わせて適切に処分します．

図A
2次電池に表示されているリサイクル・マーク
リサイクル・ボックスで回収できる．

● 1次電池(プライマリ・セル)と2次電池(セカンダリ・セル)

電気化学反応によって電気エネルギーを発生する電池のうち，元々もっていたエネルギーを使い切ったら終了となる電池を1次電池(プライマリ・セル)と呼びます．それに対して，外部電源から電気エネルギーを供給して，再充電して使用できる電池を2次電池(セカンダリ・セル)と呼びます．1次電池でも反応自体は可逆的なことが多いのですが，安全性や繰り返し性能が低いなどの点で再充電は不適とされています．

最初の2次電池である鉛蓄電池が発明されたのは，商用電源の供給が始まるよりずっと前だったので，せっかく再充電可能な2次電池が発明されても，当初は1次電池を電源として2次電池を充電していました．そこから，1次と2次という呼び方が生まれました．商用電源システムが普及して，2次電池を十分に活用できるようになりました．

現在では，使い切りの1次電池に対して，繰り返し使用できる2次電池はランニング・コスト低減，省資源，廃棄物削減などの面で大きな利点をもちます．2次電池は充電池，蓄電池とも呼ばれます．

● スタンバイ・ユースとサイクル・ユース

2次電池の使い方はスタンバイ・ユースとサイクル・ユースの二つに大別できます．

スタンバイ・ユースは，めったに電気を使わないが，必要なとき即座に使えるように，という使い方です．停電時の非常灯やUPS(無停電電源)が代表的です．通常時は，即座に使える状態で待機しているので，スタンバイ・ユースと呼びます．

サイクル・ユースは，ひんぱんに電気を使い，残量が少なくなったら再充電して繰り返し使う使い方です．携帯電話やノートPCなどの携帯情報機器の他，アイロンや電動工具などの生活機器でもコードレス化が進んでいます．放電と再充電を繰り返すので，サイクル・ユースと呼びます．

この二つは，電池や充電回路に求められる特性が異なります．

スタンバイ・ユースの場合，電池の自己放電で少しずつ失われる電気エネルギーを補充する目的で，一般に細流充電(トリクル充電)を常時行います．電池にも，それに適した特性が求められます．スタンバイ・ユースでも電気を使用した後は再充電しますが，頻度が低いので，サイクル寿命や急速充電性能はあまり求められません．

サイクル・ユースの場合，繰り返し再充電しても劣化しにくいことや，急速充電できることが重視されます．一方，ユーザの使い勝手の面では，継ぎ足し充電しても性能が低下しないことや，使用時以外は充電器に載せたままでも性能が低下しないものが便利でしょう．電動歯ブラシのように使用時間に比べて待機時間が長い機器では，毎日使用する機器でもトリクル充電を用いることがあります．

● ACアダプタ

充電池を内蔵した携帯機器では，外付けのACアダプタでAC-DC変換を行い，DC入力で内蔵充電池を充電する方式が一般的です．これは，AC-DC変換回路を本体に組み込むと機器を小型化しにくいことや，外付けACアダプタの調達コストが一般に安いためと考えられます．

ACアダプタは，初期には降圧・絶縁用の小型トランスと簡単な整流・平滑回路だけを用いたタイプが主流でした．トランスの形状から立方体に近いものが多く，壁のコンセントに直接挿すタイプはウォール・ブリックと呼ばれます．DC電圧は非安定なので，たいていは機器本体に電圧安定化回路をもたせて使います．

その後，より高効率で小型・軽量にできるスイッチング電源のコストが低下し，ACアダプタでも主流になっています．それとともに，電圧も安定化されたものが多くなっています．出力コネクタにUSBを採用するなど，互換性を高めたものも増えています．

● 非接触充電とQi規格

コードレス・ホンや電動シェーバなど，決まった場所に置いて待機させておく時間が長い充電式機器では，コイルを内蔵して非接触で充電可能な専用置台が広く用いられています．非接触充電は端子が露出しないため，物を落としたり水をこぼしたりしても短絡の危険がなく，汚れや摩耗による接触不良もないなど大きな利点があります．

最近では非接触充電の技術が進歩し，比較的充電電流が大きい機器でも効率良く急速に充電できるようになってきました．また被充電機器の種類や位置を適切に検出して充電制御することによって，1台の充電器でさまざまな被充電機器に対応できるようになってきました．そこで，非接触充電方式を標準化して汎用性の高い充電器を実現するための業界団体としてWPC(Wireless Power Consortium)が発足し，2010年に最初の規格Qi(Volume1：Low Power)が発表されました．Qiは漢字の「気」に由来すると言われ，チーと発音します．

最初のQi規格は最大5Wと小電力の用途に対応するもので，電磁誘導方式を採用しています．さらに大電力の用途に対応した規格の策定も進められており，磁界共鳴方式の採用も予定されています．

〈宮崎 仁〉

第2章 電池の動作原理と最新動向

リチウム・イオン2次電池の原理と展望

日比野 光宏

携帯機器の高機能化が進むにつれてその消費電流は増大する傾向にあり，電源を賄う2次電池の大容量化が求められています．電池の重量や容積に対する高エネルギー密度化も求められています．本章では，リチウム・イオン2次電池に的を絞り，充放電の原理や将来的な展望を探ります．

　さまざまな電気機器を動かすために使用されるマンガン電池，アルカリ電池などは馴染み深いものです．最近はデジタル・カメラや携帯電話などで充電式のニッケル水素蓄電池，リチウム・イオン2次電池などもよく目にします．電卓や腕時計などで使用される太陽電池や，最近世間に認知されつつある燃料電池などもあります．

　ただし，電池をその名のとおり「電気をためている池」と考えると，太陽電池は光を電気エネルギーに変換しているのでほかの電池とはちょっと性格が異なります．実際，英語では太陽電池はphotovoltaic deviceとなり，batteryとは区別した名称で呼ばれています．

　最近，電池のなかで特に盛んに研究されているのが，2次電池と呼ばれる充電式の電池と燃料電池でしょう．燃料電池は，まだ実際に普及していないのでそれほど目にする機会はありません．本章では身近な電池として2次電池，特にリチウム・イオン2次電池を例にとって，原理や構造について解説します．

電池の分類と電圧発生のしくみ

● 電池の分類

　電池は大きく分類すると，化学電池と物理電池となります．一般に電池というと化学電池のことを指し，化学反応を利用して電気エネルギーを取り出しています．主には1次電池，2次電池，燃料電池，再生型電池となります（図1）．

　1次電池では，一度使用すると電池としての機能はなくなります．いったん放電してしまうと，はじめの状態に戻すことはできないためです．一方，2次電池は，いったん放電したあと，充電により再び使用可能になります．これは充電により電気のエネルギーを与えられることによって，放電前の状態に戻ることができるからです．

　これらとは別に，燃料電池はその名のとおり，燃料を供給し続けるかぎり，ずっと電気を発生し続けられますので，電池の中にエネルギーを詰め込んだ1次，2次電池とは異なったシステムといえます．

　また，再生型電池は，電気エネルギーを取り出したあと，不活性になった物質を電池の外に取り出して貯蔵し，充電時にその物質を再び電池に導入して賦活する形式の電池です．電力貯蔵に向いた電池であるといえます．

　さて，これらの電池の中では何が起こっているので

図1　電池の分類

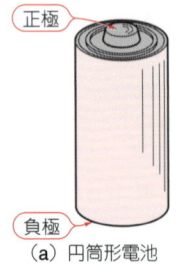
（a）円筒形電池

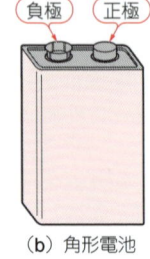
（b）角形電池

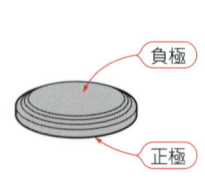
（c）ボタン形電池

図2　乾電池と正負極の例

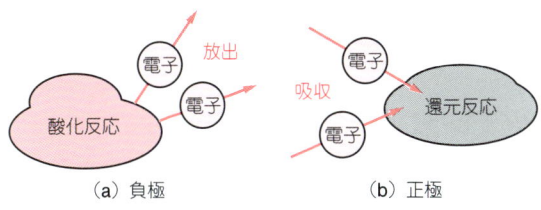

図3　酸化反応と還元反応

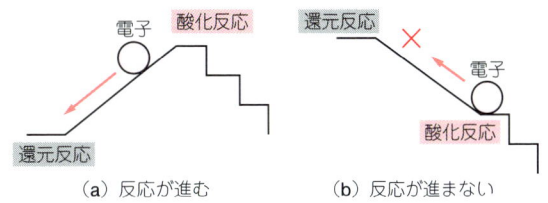

図4　酸化還元反応と滑り台のイメージ

しょうか．どのような化学反応により電圧を発生しているのか考えてみましょう．

● 電池と化学反応

　電池に正極(プラス極)と負極(マイナス極)があるのはご存知のとおりです(図2)．放電あるいは充電中には，電池の中のそれぞれの極で化学反応が進行しています．さまざまな化学反応が利用されていて，各電池の性質を決めていますが，基本的に，正極では電子を吸収する反応，負極では電子を放出する反応が起こります(図3)．

　実際に電池を使用するときには，電子が回路を負極から正極の向きに移動します．すなわち電流は，ご存知のように仮想的なプラス粒子の流れですので，正極から負極に流れると表現します．

　電子を放出する反応や吸収する反応のことを，化学の分野ではそれぞれ酸化反応，還元反応と呼びます．そして，世の中には数え切れないほど多くの酸化反応，還元反応が知られています．

　電池にとって問題は，どのような酸化反応，還元反応を組み合わせるかということです．組み合わせ方によっては，電圧(起電力)が生じません，すなわち電池とはなりません．それでは，組み合わせる反応はどのようにして選ばれるのでしょうか．

● 起電力の発生

　最も大事なことは，全体として化学反応が自発的に起こらなければならないということです．つまり，酸化反応で放出された電子のエネルギーが，還元反応で吸収される電子のエネルギーよりも高ければ，反応の組み合わせによって電子の受け渡しが自発的に進みます．そして，そのエネルギー差のぶんだけ起電力を発生できます．逆に言えば，酸化反応によって放出された電子のエネルギーが，還元反応で要求されているエネルギーをもたない場合には，全体として反応が進まず，起電力を発生できないことになります．

　これらのことは，図4に示すように滑り台と似ています．階段を昇った状態が酸化反応で放出された電子に対応し，滑り降りたあとの状態が還元反応での電子に対応するという具合です．ところが，階段を登った

ときに，滑り台が上に向かっていたら滑り降りることはできません．すなわち反応は進みません．

何が電池の起電力を決めているのか

● 化学反応と電位

　上で述べたように，電池は二つの電極で起こる反応(酸化反応，還元反応)の間での電子のエネルギー差を起電力としています．原子，分子に個性があるのと同様，出入りする電子のエネルギーはそれぞれの反応において固有の値となります．従って，起電力の大きさは，どのような反応の組み合わせを使用するかで決まります(図5)．例えば，ニカド蓄電池(ニッケル-カドミウム2次電池)では，

　　正極：オキシ水酸化ニッケル→水酸化ニッケル
　　　　　［＋0.52 V，SHE基準］
　　負極：カドミウム→水酸化カドミウム
　　　　　［－0.80 V，SHE基準］

となる反応を利用しています．

　［　］の中は，ある基準(SHE；Standard Hydrogen Electrode，標準水素電極)から測った電子のエネルギーに対応した電位で，それぞれの反応ごとに決まっています．ここでは，このSHEという基準については，エネルギーを表示するために便宜上定められたゼロ点と考えてください．

● 電子のエネルギーと電位

　電子のもつ電荷の符号がマイナスなので，実は電子のエネルギーそのものは，このような電位の正負符号を逆にして考える必要があります(図6)．このことは，

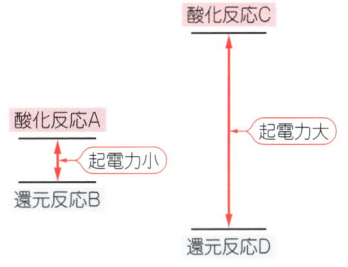

図5　起電力は反応の組み合わせで決まる

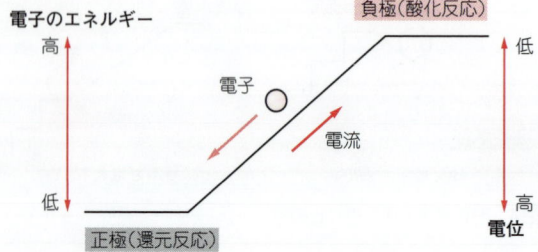

図6　電子のエネルギーと電位

回路を流れる電流について考えるとすぐに分かります．つまり，回路中では電子はエネルギーの低い正極に向かって負極から流れます．電子と逆向きに流れるという約束があるので，ご存知のとおり電流は正極から負極に流れると表現します．正負極でのエネルギー差から，理論的にはニカド蓄電池は，

0.52 − (− 0.80) = 1.32 V

の電圧を発生することができます．実際には，いくつかの理由から約1.2 Vで動作します．次にリチウム・イオン2次電池について述べます．

リチウム・イオン2次電池の昔と今

少々細かい話をする前に，リチウム・イオン2次電池の歴史的な位置づけを見てみましょう．リチウム・イオン2次電池を目にするようになったのはここ10年といったところなので，広く使われるようになった過程は読者もよくご存知なのではないでしょうか．そこで，ここではほかの電池についての歴史も同時に見てみましょう．

● 電池の歴史

電池の歴史として代表的な出来事を非常に簡単にですが，表1にまとめてみました．紀元前後に既にバグダッド電池と呼ばれる電池が使用されていたのは面白いことです．これは，宝飾品のめっき処理などに使用されていたと推測されています．こうしてみると，化学反応で考えた場合，現在使用されている多くの電池の原型はずいぶん前に作られていることがわかります．

マンガン乾電池は現在でも広く使用されていますが，1866年に発明されたルクランシェ(Leclanché)の電池に端を発しています．1888年のガスナー(Gassner)の乾電池以降に多くの改良が加えられ，はるかに高性能になっていますが，基本的には同様の化学反応を利用しています．

燃料電池についても，グローブ卿(Grove)が1839年には水素と酸素から電気を得ることに成功しています．2次電池においても，鉛蓄電池は1859年にプランテ(Planté)により開発されており，大変古くから使用されてきました．これに対し近年，小型電気機器などでも使われているニッケル水素蓄電池(ニッケル-金属水素化物電池)やリチウム・イオン2次電池は比較的新しく，それぞれ1990年，1991年に量産化されています．

それでは，リチウム・イオン2次電池も含めた最近の電池の動向を見てみましょう．

● リチウム・イオン2次電池の登場

1990年頃までは，2次電池といえば鉛蓄電池とニカド蓄電池が主でした．この頃から，水素吸蔵合金を使ったニッケル水素蓄電池が登場し始めました．

ニッケル水素蓄電池は，ニカド蓄電池と起電力が同

表1　電池の歴史
現在では，高エネルギー密度型あるいは高出力密度型のリチウム・イオン2次電池が登場している．

紀元前後	ホーヤットラッパ電池(バグダッド電池)
⋮	
1800	ボルタ電池(Volta)
1839	燃料電池(Grove)
⋮	
1859	鉛蓄電池(Planté)
1866	ルクランシェ乾電池(Leclanché)
1888	マンガン乾電池(Gassner)
1899	ニッケル・カドミウム電池(Jungner)
⋮	
1947	密閉型ニッケル・カドミウム電池(Lange, Neumann)
1949	アルカリ乾電池生産［米国Ray-O-Vac社，日立マクセル(1964年)］
1963	密閉型ニッケル・カドミウム電池量産
1972	リチウム1次電池量産［松下(フッ化黒鉛型)，三洋(1976年，2酸化マンガン型)］
1990	ニッケル水素電池量産(松下，三洋)
1991	リチウム・イオン電池実用化(ソニー)
1999	リチウム・ポリマ電池

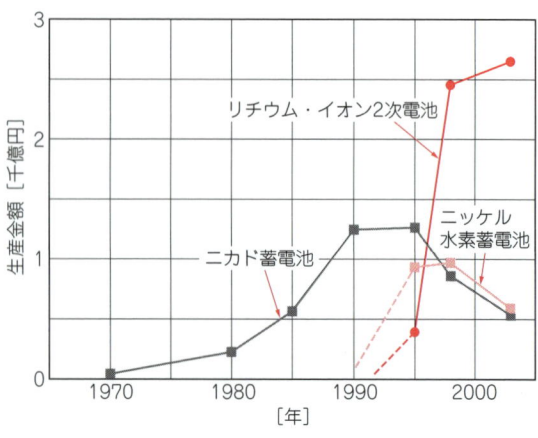

図7　各種電池の年間生産額の推移(2003年度まで)

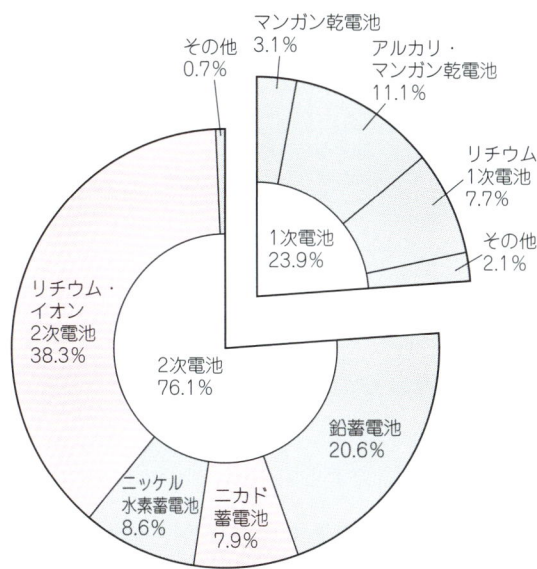

図8 2002年4月から2003年3月までの日本における電池生産額

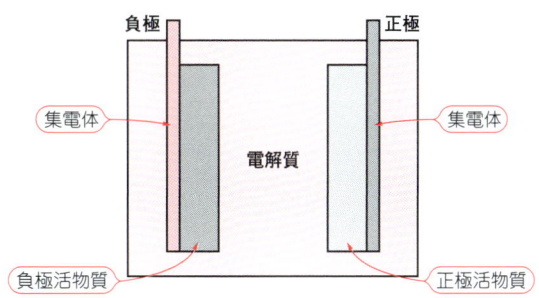

図9 電池の基本構成

程度で互換性があり，そのうえエネルギー密度も高いという利点がありました．また，環境負荷の高いカドミウムを使用しないという利点もありました．その結果，小型電子機器や情報端末の普及ともリンクして広く使われるようになりました．現在では，生産額ではニッケル水素蓄電池はニカド蓄電池を追い抜いています（図7）．もっとも，ニカド蓄電池は大きな電流での動作に向いていることや，低コストであるという利点があり，現在も広く使用されています．

さらに，ノート・パソコンや小型情報機器の普及に要求される高いエネルギー密度に答えるためにリチウム・イオン2次電池が登場しました．最近はニッケル水素蓄電池もエネルギー密度が向上し，体積当たりではリチウム・イオン2次電池に匹敵するほどになっていますが，重量当たりではリチウム・イオン2次電池はニッケル水素蓄電池の2倍ほどあり，特に携帯性に優れているといえます．

● 生産額から見たリチウム・イオン2次電池

ここで，日本における電池の生産額を見てみましょう（2003年度まで，図8）．電池全体で約7000億円あり，そのうち約4分の3が2次電池となっています．2次電池のうち50.3%がリチウム・イオン2次電池，27.1%が鉛蓄電池，さらにニッケル水素蓄電池，ニカド蓄電池はそれぞれ11.3%，10.4%となっています．

電池全体でもリチウム・イオン2次電池は4割弱を占めており，産業にとっても非常に重要な電池となっています．

リチウム・イオン電池の構造と化学反応のあらまし

電池は図9のように基本的には正負の二つの極と電解質から成っています．電極は，化学反応に関与する活物質と化学反応には関与しない集電体とから構成されており，電池は化学反応により起電力を発生します

ナトリウム・イオン2次電池 Column

リチウム・イオン2次電池では将来の継続的な供給が不安視されるリチウムが使用されており，ナトリウムやマグネシウムで置き換える研究が盛んに進められています．エネルギー密度の高さからリチウム・イオン2次電池が主流となっていますが，ナトリウム・イオン2次電池用正極材料の歴史もリチウム・イオン電池用正極材料に劣らず古いものです．最近，現状のリチウム・イオン電池用正極よりも多くの電気量を蓄えられる材料[1]や高起電力が期待される[2]材料が正極として開発されており今後のナトリウム・イオン電池の進展が期待されます．

◆参考文献◆

(1) N. Yabuuchi, et al.：P2-type $Na_x[Fe_{1/2}Mn_{1/2}]O_2$ made from earth-abundant elements for rechargeable Na batteries, Nat. Mater. 11, 512-517, 2012.

(2) 野瀬雅文ら；Na電池用の新規正極活物質$Na_4M_3(PO_4)_2$ (P_2O_7[M=Ni, Co, Mn])の電気化学特性，第53回電池討論会講演要旨集, p. 309, 2012.

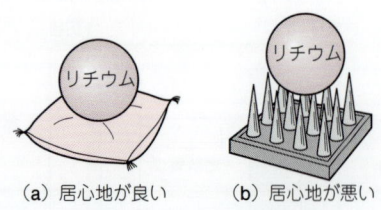

図10 リチウムの居心地の良さは物質により異なる

(a) 居心地が良い　(b) 居心地が悪い

から，活物質と電解質とが最も重要な要素といえます．それでは，これらがどのような役割をしているかもう少し詳しく見てみましょう．

● リチウム移動の駆動力

水にインクをたらしたときを想像してください．インクは全体に広がり均一になるでしょう．つまり，濃度の高い部分と薄い部分があると，可能ならば濃いほうから薄いほうへ粒子が移動して均一になろうとします．薄いほうが居心地がよいとも言えるでしょう．気体や液体の場合には，このような濃度差そのものを物質移動の駆動力として考えることで，多くの事象が理解できます．

一方，電池の電極のような固体内で粒子が動く場合には，濃度とともに化学的な結合で決まる「居心地の良さ」も重要になります．本章では理由については論じませんが，居心地の良さはリチウムの居場所を提供する物質によって異なります（図10）．

● 正極と負極の活物質

居心地に違いがあれば，リチウムは2種類の材料間で居心地の悪いほうから居心地の良いほうへ移動したがります．

実は，リチウム・イオン2次電池では，リチウムにとって居心地の良い物質を正極活物質，悪い物質を負極活物質として使用し負極にリチウムを入れることで，リチウムは居心地の良い正極に移動したがるのです．

● 電解質

電池では正負極間は，イオンだけが動くことのできる電解質という物質により隔てられています．居心地の違いにより電極間を移動しようとするとき，リチウムはいったんリチウム・イオンになって電解質中を移動しなければなりません．

電極内からリチウムがリチウム・イオンになって電解質に出ると，電子を一つ電極内に残すことになり，電極はマイナスに帯電してしまいます．このようなマイナスの状態に，さらにリチウム・イオンが出ていくのは難しく，リチウムはほとんど電解質に出ていきません（図11）．

リチウム・イオンが入る場合も状況は同様で，電極がプラスに帯電してしまうため，ほとんどリチウム・イオンは入れません．

それでは，電線で正極と負極をつないでみたらどうでしょうか．すると，電線を電子が移動することでこうした帯電は起きません（図12）．すなわち負極で生じた余分な電子は，電線を通じて正極に移動します．同時に，負極から正極へリチウム・イオンの状態で次々に移動できます．このように，イオンしか通れない性質をもつ電解質を使用することで，リチウムが移動したがっている力を利用して電線中に電子を流すことができるのです．

● リチウム・イオン2次電池での化学反応

先に電池の原理のところで，電池は酸化反応と還元反応を組み合わせると述べましたが，リチウム・イオン電池でも正極では電線を通ってきた電子を吸収するので還元反応が，負極では電子を放出するので酸化反応が進行しています．

実用化されているリチウム・イオン電池のうち，最も代表的な正極材料であるコバルト酸リチウム（化学式：$LiCoO_2$）という物質と，負極の炭素（化学式：C）という物質を例にとって説明します．

リチウムはLi，コバルトはCo，酸素はO，炭素はCで表します．式の右下に出てくる数字は，物質を構成している原子数を表します．1のときには表示しません．したがって，$LiCoO_2$は，リチウム：コバルト：酸素＝1：1：2で作られた化合物を意味します．

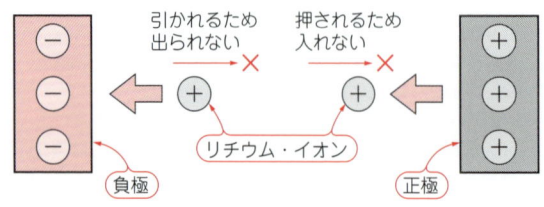

図11　正極と負極をつなぐ前の状況

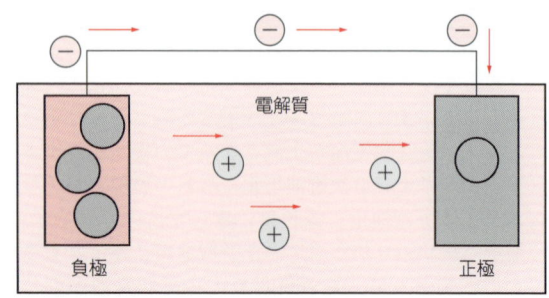

図12　正極と負極をつなぐと電流が流れる

● 電極における反応

正極と負極での反応は次式のようになります．以下の式で，右向き矢印は充電，左向き矢印は放電を表しています．

正極：
$$LiCoO_2 \rightleftarrows Li_{1-x}CoO_2 + xLi^+ + xe^-, \quad 0 < x < 0.5,$$
[約 $+ 0.87$ V vs. SHE] ･････････････････････ (1)

負極：
$$C_6 + xLi^+ + xe^- \rightleftarrows Li_xC_6, \quad 0 < x < 1,$$
[約 $- 2.83$ V vs. SHE] ･･････････････････････ (2)

通常，リチウム・イオン2次電池の研究などではSHEを基準とはしませんが，ここでは上と関連した説明のため先ほどと同様に便宜上SHEを基準にとりました．

$0 < x < 0.5$

とあるのは，コバルト酸リチウムでは，特性上$LiCoO_2$と$Li_{0.5}CoO_2$の間でリチウムを出し入れしているからです．負極の炭素材料(黒鉛)では，炭素6原子に対してリチウム1原子が吸蔵/放出の限界とされているので，ここではC_6と表現しました．

● 電池全体の反応

電池全体での反応は，理想的には各電極での反応を，式(1)と式(2)とで左辺同士，右辺同士で足して，

$$LiCoO_2 + C_6 \rightleftarrows Li_{1-x}CoO_2 + Li_xC_6 \cdots (3)$$

となります．

ここで，放電/充電時のリチウムの出入りを見てください．放電前には，式(3)の右辺の状態であり，負極の炭素内部にあったリチウムは，放電によって居心地の良い正極のコバルト酸リチウム($Li_{1-x}CoO_2$)に移動します．その際には，前節で述べたように，いったんリチウム・イオンとなりますので，余った電子は電極間を結んだ電線を通って負極から正極に流れます．

こうして，リチウムが居心地の良さを求めて移動することが駆動力になって，電線に電子の流れを作ります．すなわち回路に電流を流します．また，そのときに発生する起電力は，それぞれの反応での電子のエネルギーから，

$0.87 - (- 2.83) = 3.7$ V

となります．従って，これがリチウム・イオン2次電池の起電力となります．

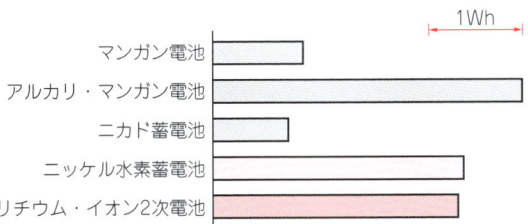

図14 単三電池サイズでの各電池のエネルギー

リチウム・イオン2次電池の特徴

● 高起電力

リチウム・イオン2次電池は，ニカド蓄電池やニッケル水素蓄電池の約1.2Vと比べると3.7Vという非常に高い電圧を発生できることがわかりました．その理由は，負極での反応がニカド蓄電池の場合($- 0.8$ V)と比べてマイナス符号で大きな値($- 2.83$ V)となっているからです．

実は，そのような下限は，

$Li^+ + e^- \rightleftarrows Li$

という反応の約$- 3.0$ V(SHE基準)なのです．現状でもリチウム・イオン2次電池の負極の電位はかなり下限に近いといえます．従って，今後起電力を大きくするのには，正極の電位を上げることになります．そのような観点でも現状，盛んに研究されています(図13)．

● 高エネルギー密度

図14と図15に，いくつかのメーカの市販単三電池の容量と，容量を重量で割ったエネルギー密度を示し

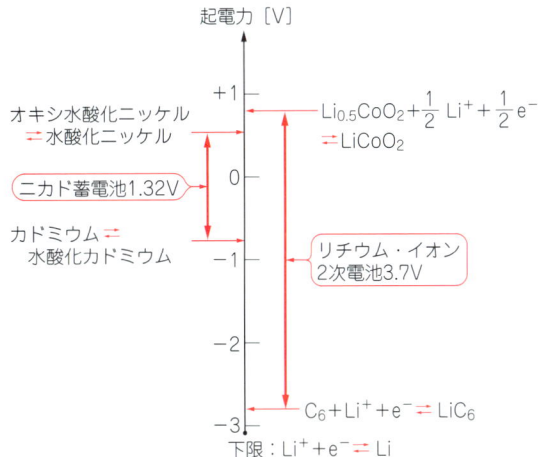

図13 化学反応と起電力
現状のリチウム・イオン2次電池で，すでに負極の電位は下限に近い．したがって，今後は正極の電位を上げる方向で開発が進んでいくことになる．

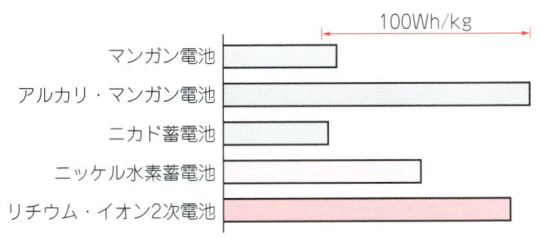

図15 単三電池サイズでの各電池の重量エネルギー密度

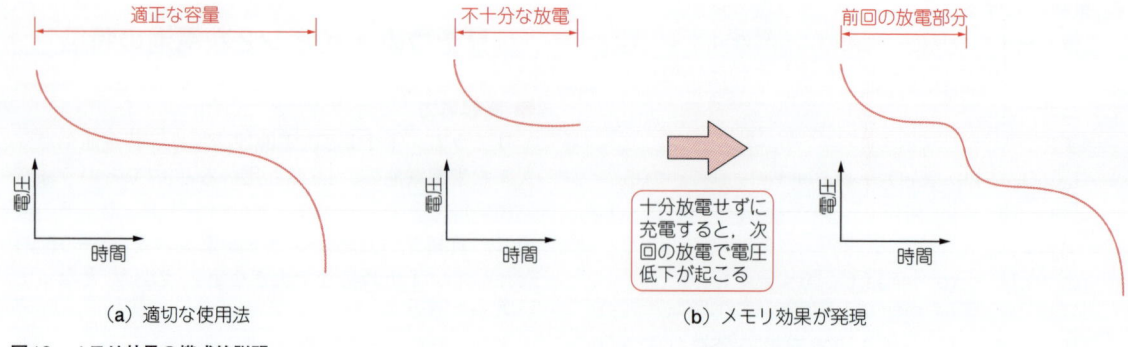

図16 メモリ効果の模式的説明

ました．リチウム・イオン2次電池は電圧が異なるためほかの電池との互換性がなく，厳密には単三型ではないのですが同サイズの製品の値を使用しました．

これを見ると，リチウム・イオン2次電池の容量はほぼニッケル水素蓄電池と同様です．これは最近のニッケル水素蓄電池の性能向上のためです．ところが重量を考慮すると，ニッケル水素蓄電池は重量の大きな水素吸蔵合金を使用しているため不利になり，リチウム・イオン2次電池が大きなエネルギー密度をもつことがわかります．

● メモリ効果がない

メモリ効果とは，ニカド蓄電池やニッケル水素蓄電池において，放電しきる前に再度充電を行うと，電池の電圧が下がってしまう現象のことです（図16）．

以前の放電の経過の影響がまるで記憶（メモリ）のように残るために付いた用語です．この現象は，しっかりと放電を行うことで通常は解消し回復しますが，デジタル・カメラなど高い電圧を必要とする場合には，メモリ効果によって電池の電圧が下がってしまうと機器が短時間しか動作しません．

ニカド蓄電池やニッケル水素蓄電池いずれでも起きることから，使用されている正極剤（オキシ水酸化ニッケル）に原因があると考えられていますが，実際の原因は現在のところ明らかになっていません．リチウム・イオン2次電池では，このようなメモリ効果がな

いことも特徴です．

● 繰り返し特性が良好

リチウム・イオン2次電池では正負極ともインターカレーション反応といって，電極材料の構造の隙間をリチウム・イオンが出入りします（図17）．

そのため，電極材料は充放電により若干の膨張や収縮を行いますが，比較的安定で，充放電の繰り返しにより構造が壊れるというようなことは起こりにくく，良好な繰り返し特性が期待できます．

リチウム・イオン2次電池の問題点と展望

実際に使用されているとはいえ，性能面ではさらなる高エネルギー密度化，高パワー密度化が求められるのは当然です．ここではそれ以外で，用途を限定する最も大きな要因と考えられるものについて述べます．

● 高価な電極材料の使用

リチウム・イオン2次電池は，大きな特徴である高エネルギー密度のため，小型でありながら長時間持続して使用できます．従って，小型情報機器やノート・パソコンでの使用に力を発揮します．

ただし，充電器や電池そのものの価格が高いことは好ましくありません．実際には，リチウム・イオン2次電池を使用する機器そのものの価格が高いため，電池の割合は相対的には低くなるものの，例えば安い玩具や景品などに搭載されることはありません．仮に搭載されても高価格になってしまい，競争力が落ちて売れなくなってしまうでしょう．

充電器が高価なのは，電池を充電する際に過充電を防ぐ機構があるからです．また，電池が高価なのは現在使用されている正極材料のコバルト酸リチウムに含まれるコバルトが高価なためです．現在，多くの研究者がほかの良い材料を検討しており，将来的にマンガン系，鉄系，ニッケル系などの材料に置き換わればもっと安価になると期待されます．

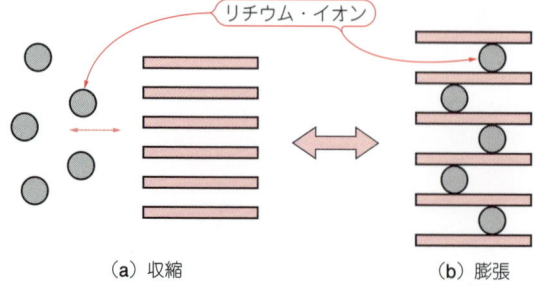

図17 リチウム・イオンの出入りによる構造の膨張と収縮

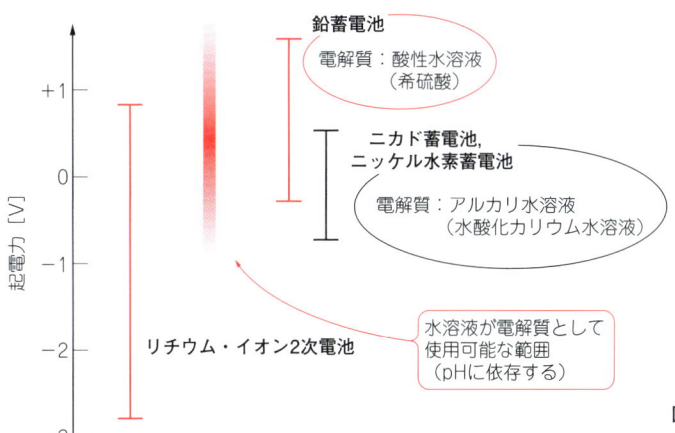

図18
各電池の反応電位と水溶液の使用可能範囲

● 可燃性電解質の使用

リチウム・イオン2次電池は,高起電力であることがその特徴です.このように高い起電力を発揮するためには,電解質に水溶液を使うことはできません.なぜなら,負極のあまりに低い電位のために水が電気分解してしまうからです(図18).

そのため,有機物を電解質として使用しているのですが,可燃性であり,また電極材料が化学的に活性であることから,定められた使用法をしっかりと守って使わなければなりません.

とはいえ,ニカド蓄電池,ニッケル水素蓄電池などでも過充電により正極で電解液の水が分解して酸素ガスが発生します.設計により,このガスが負極と反応して問題にならないようにしているのですが,定められた使用法を守らなければ危険ということは,どの電池についても共通して言えることです.

● 最新技術

最近「ナノテク」というのが一種のブームとなっていて,ナノ・レベルで構造や状態を制御することで高性能化や新しいデバイスを作ることに関心が集まっています.必ずしもそのような流れのなかで行われているとは言えないのですが,電極材料をナノ・レベルで構造制御して高性能リチウム・イオン2次電池の電極として利用しようという研究もあります.

ハイブリッド式電気自動車あるいは電気自動車では

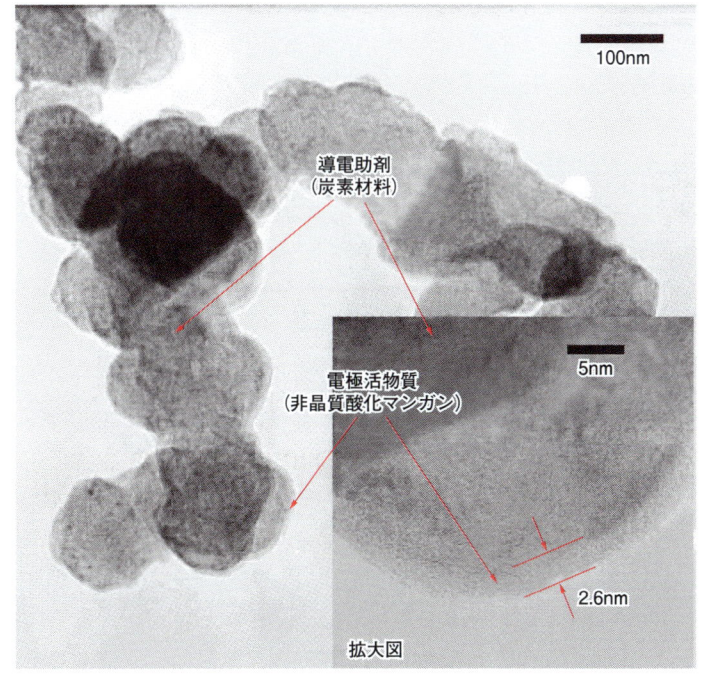

写真1
ハイ・パワー動作用に開発した酸化マンガン-炭素複合材料の透過電子顕微鏡写真
非晶質酸化マンガンが炭素粒子の表面を数nmで均一にコートしているようすが見られる.

多くの場合，高パワー時と低パワー時ではエネルギー源を切り替えます．これは一般に，電池は高パワー供給には適さないためです．そのため，高パワーが必要なときには，それに適したガソリン・エンジンやキャパシタが使用されます．

これに対して，リチウム・イオン2次電池の高パワー動作のために，**写真1**に示すようなナノ・レベルで制御した構造の電極を使用することで電極での反応を高速化して，高パワー供給を可能とする研究などが進められています．

● 今後の展望

筆者はリチウム・イオン2次電池における材料の研究を行っているので，その観点から想像される今後の発展としては，そう遠くない将来，コバルト酸リチウムに替わる材料の使用により低価格化が進み，またリチウムをより多く収納する材料の使用により，高容量化が進行するでしょう．

こうした技術的進展が速く進めば，分散型電力貯蔵（各家庭などでの比較的小規模な電力貯蔵）や電気自動車用にリチウム・イオン2次電池が使用される日も遠くはないかもしれません．

● 最後に…リサイクルについて

リチウム・イオン2次電池について，原理やそれに基づいた特徴を述べてきましたが，あまり意識されていないのではないかと思うので，この機会にリサイクルについて触れておきます．

使用済み乾電池は，現在では水銀を使用していないので通常は基本的に「不燃ゴミ」として廃棄してよいことになっています．しかし，自治体によっては自主的判断に基づいて分別回収を行っているところもあるので，廃棄の方法については各市区町村の指示に従ってください．

リチウム・イオン2次電池は，コバルトのような希少資源を使用しているためリサイクルしています．「充電式リサイクル協力店くらぶ」に設置された「充電式電池リサイクルBOX」で回収しています．リサイクル協力店は電池工業会のホームページで検索できます．回収の際に電極間の短絡などを防ぐため，電極はセロファン・テープなどで絶縁することをお忘れなく．

なお，ニカド蓄電池，ニッケル水素蓄電池，小形シール鉛蓄電池もニッケル，カドミウム，鉛を含むため同様です．

◆参考文献◆

(1) 電池便覧編集委員会編；電池便覧，第三版（第三章，おもな二次電池），丸善，2001年．
(2) 電気化学会編；電気化学便覧，第五版（第三章，電気化学的物性値），丸善，2000年．
(3) 経済産業省；機械統計月報，平成14年4月～15年3月，p.105（電池）．
(4) 芳尾真幸，小沢昭弥編；リチウムイオン二次電池　材料と応用，日刊工業新聞社，1996年．
(5) H. Kawaoka, et al.；Sonochemical synthesis of amorphous manganese oxide coated on carbon and application to high power battery, Journal of Power Sources, 125(1), 85-89, 2004.

（初出：「トランジスタ技術」2004年4月号）

第3章 無停電電源や電動工具に使われる低価格で長寿命の電池

小形シール鉛蓄電池

江田 信夫

2次電池の中で最も古い歴史をもつ鉛蓄電池は，エネルギー密度は低いものの，安全性が高く経済性にも優れた2次電池として進化を続けてきました．ここでは，転倒しても漏液がなくメンテナンス・フリーで使える密閉型（シール）鉛蓄電池について解説します．〈編集部〉

小形シール鉛蓄電池とは

　カー・バッテリとしてよく知られる鉛蓄電池は，1860年にフランス人プランテによって発明され，既に150年の歴史と実績をもつ完成度の高い電池です．

　この小形シール鉛蓄電池と通称される蓄電池はJISでは小形制御弁式鉛蓄電池と呼ばれています．小形制御弁式鉛蓄電池は，「蓄電池の内部圧力が高くなると開放する弁構造を備え，負極で酸素を吸収する機能をもつ小形鉛蓄電池」(JIS C8702-1:2009)と定義されています．

　この蓄電池の特徴を具体的に説明します．①硫酸電解液を必要最少量にし，ガラス繊維などのマットに保持させたり，ケイ酸と混合してゲル化させるなどの方法で固定させ，横置きや倒置姿勢でも漏液無く使え（ポジション・フリー），②充電過程で発生する酸素ガスを負極に吸収させることで補水の必要をなくし（メンテナンス・フリー），かつ③安全弁を備えた密閉型の鉛蓄電池です．

　小形シール鉛蓄電池を**写真1**に示します．

● 鉛蓄電池の充放電反応

　鉛蓄電池は基本的に，負極に金属鉛(Pb)，正極に二酸化鉛(PbO_2)，電解液に希硫酸(H_2SO_4)の水溶液で構成されています．充放電過程で起こる正負極の化学反応を以下に示します．

$$Pb + PbO_2 + 2H_2SO_4 \underset{充電}{\overset{放電}{\rightleftarrows}} 2PbSO_4 + 2H_2O$$

　この蓄電池は，他の電池系とは違って，放電で電解液の硫酸が消費されます．つまり，電解液も活物質（発電の主体となる材料）であり，放電するにつれて硫酸濃度が低下します．充電時には上記の反応式を左の方向に進みます．

　単電池（セル）の公称電圧は2Vで，水溶液系の電池の中で最も高い電圧を有します．通常は，この単電池を複数個電気的に接続した6Vあるいは12Vの構成に

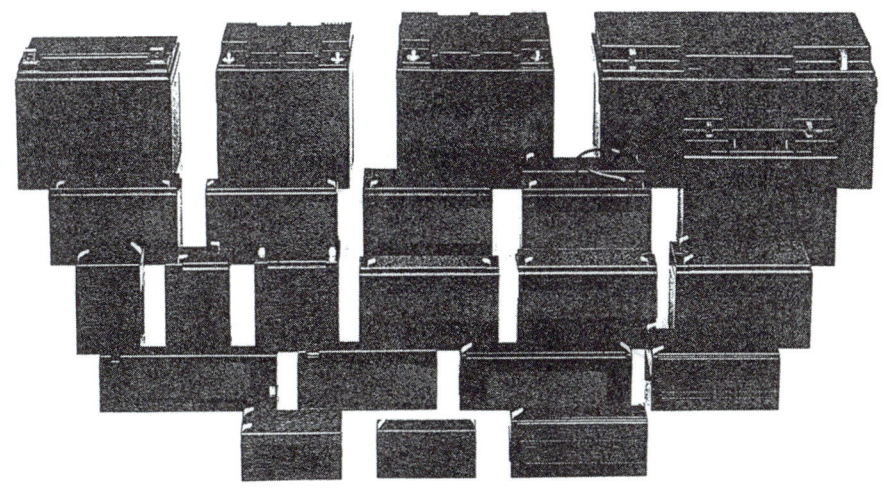

写真1[8]　小形シール鉛蓄電池

しています．ちなみに，バッテリとは単電池を複数個組み合わせたもの(組電池)を指します．

● 密閉化のメカニズム

この電池は正極の充電効率がさほど高くなく，充電の後半では正極から酸素ガスが発生します．一方，負極からは水素ガスはほとんど発生しません．電池の密閉化にはこの現象を利用します．正極から発生した酸素ガスは，電池内部を移動拡散し，負極(Pb)の表面において酸化物の形で吸収されます．この酸化物(PbO)は，次に電解液の硫酸と反応し，硫酸鉛(PbSO$_4$)に変化します．この過程を反応式で以下に示します．つまり，発生した酸素ガスは水に，負極は硫酸鉛となって消費され，放電状態に戻ります．

$$Pb + \frac{1}{2}O_2 \rightarrow PbO$$

$$PbO + H_2SO_4 \rightarrow PbSO_4 + H_2O$$

これを酸素サイクル機構と呼び，ニッケル-水素蓄電池でも採用されています．ガス吸収能力以上の速さ(電流)で充電が続いた場合は，電池の内圧が上昇して危険となるため，安全弁を介して外部に排気します．安全弁の作動圧は0.98 kPa〜196.1 kPaに設計されています．

● 用途

メンテナンス・フリーと無漏液の特徴が評価され，広く使用されています．主にサイクル用(主電源用)とバックアップ用に大別され，前者は電動工具や電動車，医療機器の電源に，後者はUPS(無停電電源装置)や通信システム機器，非常用機器などです．両方の用途に使える電池も数多くあります．電池の形状は設置効率の高い角形が一般的で，強度に優れたABS樹脂製の成型電槽を使用しています．米国製には金属缶の円筒形電池もあります．

小形シール鉛蓄電池の特性

● 放電特性

▶放電電流と放電終止電圧

6 Vおよび12 V蓄電池の放電電流値に応じた，推奨放電終止電圧例を図1に示します．放電電流が小さい場合は活物質の利用率が大きくなるので，放電し過ぎないように終止電圧を高めに設定しています．電流が大きい場合は逆に低めにしています．放電電流は定格容量(20時間率)の1/20〜3倍(0.05〜3 CA)になるように設定するのが適切です．この条件の外側では電池から取り出せる容量が著しく減少したり，繰り返しの使用回数(寿命)が減少したりすることがあります．

▶放電の温度範囲

電池を使用する周囲温度は，-15〜+50℃が適切です．電池は化学反応で生じるエネルギーを電気エネルギーに変換する電気化学反応を利用しています．-15℃以下では反応が遅くなるため，取り出せる容量が大きく減少します．一方，+50℃を越える高温では，樹脂製の電槽が変形したり，電池反応が進みすぎることにより，寿命の低下につながります．

▶放電特性への温度の影響

放電容量は周囲温度と電流の大きさにより図2に示すように変化します．

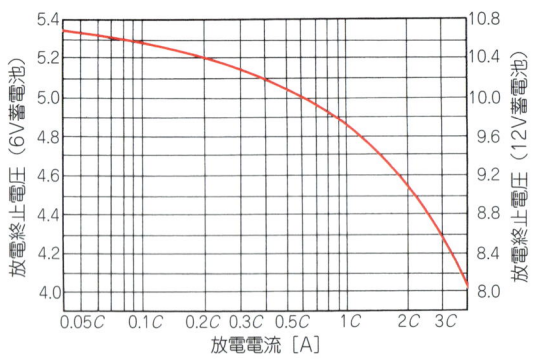

図1(7) 小形シール鉛蓄電池の放電電流と放電終止電圧

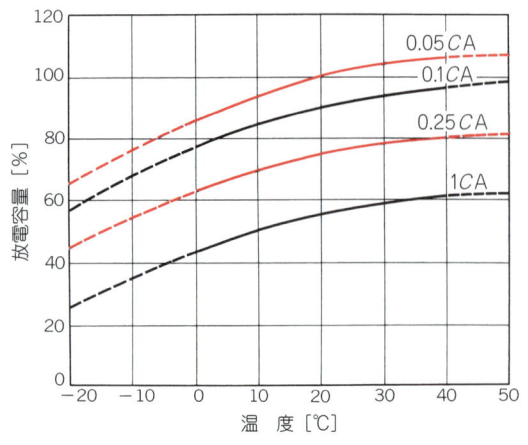

図2(7) 小形シール鉛蓄電池の温度と電流による放電容量

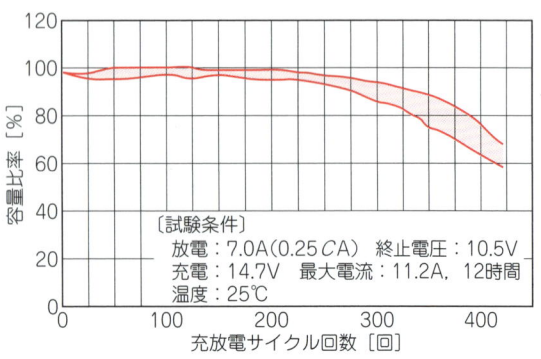

図3(7) 小形シール鉛蓄電池(LC-XC1228AJ)のサイクル寿命例

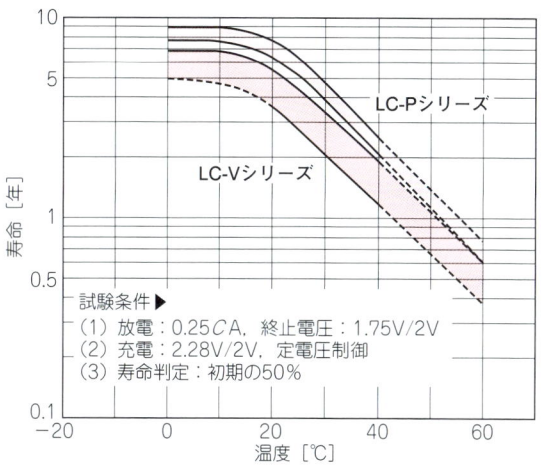

図4⁽⁷⁾ 小形シール鉛蓄電池の温度とトリクル寿命の関係(LC-V およびLC-Pシリーズ)

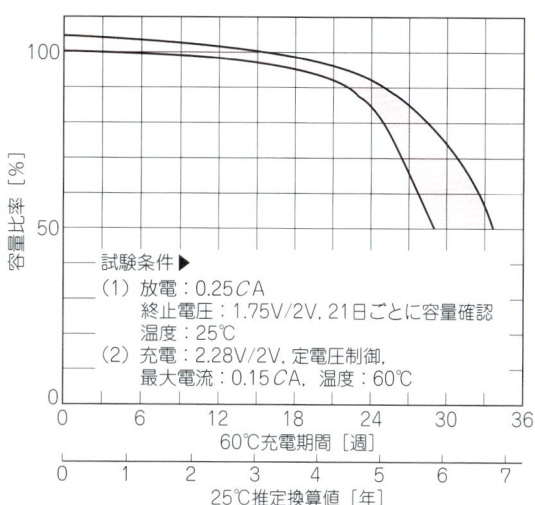

図5⁽⁷⁾ 小形シール鉛蓄電池の寿命特性例(LC-Pシリーズ)

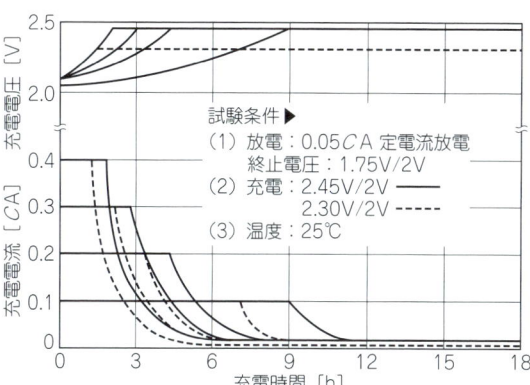

図6⁽⁷⁾ 小形シール鉛蓄電池の定電圧流定電圧充電の例

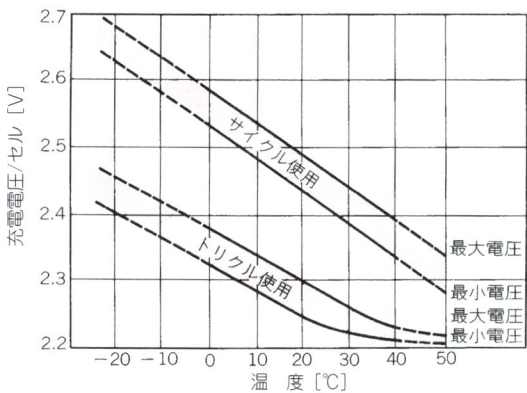

図7⁽⁷⁾ 小形シール鉛蓄電池の周囲温度による充電補償

● 寿命

▶ サイクル寿命

サイクル寿命は電池の構成条件や充電方式,周囲温度,充放電間の休止期間,放電深さなどに影響されます.実際の寿命は充電器や機器を使用して確認する必要があります.参考のためサイクル専用電池(LC-XC1228AJ)のサイクル寿命例を図3に示します.

▶ トリクル/浮動寿命

トリクル/浮動寿命(期間)は使用する機器が電池に与える温度条件により大きな影響を受けます.この寿命は充電方法や電池の種類,充電電圧,放電電流値などによっても影響を受けます.トリクル寿命に及ぼす周囲温度の影響および寿命特性の例を図4と図5にそれぞれ示します.

● 充電

充電方式には,用途により数種類がありますが,電池の特性を十分に発揮させる定電圧定電流充電方式を推奨します.充電特性例を図6に示します.詳細は第2部や参考文献(1)～(3)などを参照してください.

充電する際の留意点を以下に示します.

① サイクル用途で定電圧充電をする場合:
　初期電流は $0.4CA$ 以下にする
② Vテーパ充電制御方式の場合:
　初期電流は $0.8CA$ 以下にする
③ トリクル用途で定電圧充電する場合:
　初期電流は $0.15CA$ 以下にする

充電は周囲温度0～40℃,好ましくは+5～+35℃の範囲で行い,充電電圧は周囲温度により、図7のように温度補償を行うことが望まれます.これは高温での安全性と低温での充電容量の確保の点から推奨するものです.

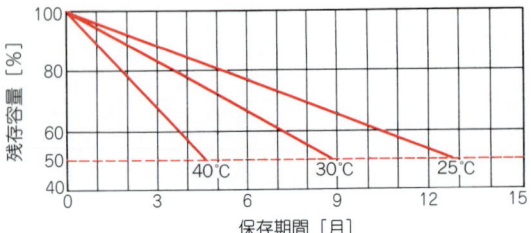

図8[(7)] 小形シール鉛蓄電池の保存特性

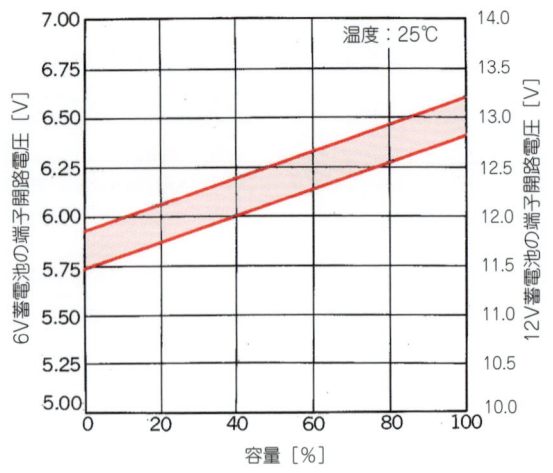

図9[(7)] 小形シール鉛蓄電池の開路電圧と残存容量

表1[(7)] 小形シール鉛蓄電池の保存温度と補充電

保存温度	補充電期間
20℃未満	9ヵ月
20℃～30℃	6ヵ月
30℃～40℃	3ヵ月

表2[(7)] 標準的な小形シール鉛蓄電池の定格［パナソニック㈱］

品番	公称電圧 (V)	定格容量 (Ah)	タイプ	トリクル期待寿命 (年・25℃)	寸法 (mm) 長さ	幅	高さ	総高	質量 (kg)	端子形状	電槽材質 (UL規格)
LC-P0612J	6	12	1	6	151	50	94	100	2	ファストン187 ファストン250	難燃 (UL94V-0)
LC-P067R2J	6	7.2	1	6	151	34	94	100	1.3	ファストン187 ファストン250	難燃 (UL94V-0)
LC-P1212J	12	12	2	6	151	101	94	100	4	ファストン187	難燃 (UL94V-0)
LC-P1220J	12	20	1	6	181	76	167	167	6.2	M5ボルトナット	難燃 (UL94V-0)
LC-P122R2J	12	2.2	2	6	177	34	60	66	0.8	ファストン187	難燃 (UL94V-0)
LC-P123R4J	12	3.4	2	6	134	67	60	66	1.2	ファストン187	難燃 (UL94V-0)
LC-P127R2J	12	7.2	1	6	151	64.5	94	100	2.5	ファストン187 ファストン250	難燃 (UL94V-0)
LC-P1242ACJ	12	42	2	6	175	165	197	175	14.3	M5ボルトナット	難燃 (UL94V-0)
LC-P1265CJ	12	65	2	6	175	166	350	175	20	M6ボルトナット	難燃 (UL94V-0)
LC-PA1212J1	12	12	2	6	151	101.5	94	98	3.8	ファストン250	難燃 (UL94V-0)
LC-PD1217J	12	17	2	6	181	76	167	167	6	M5ボルトナット	難燃 (UL94V-0)
LC-V063R4J	6	3.4	1	3-5	134	34	60	66	0.6	ファストン187	難燃 (UL94V-0)
LC-V122R2J	12	2.2	1	3-5	177	34	60	66	0.8	ファストン187	難燃 (UL94V-0)
LC-V123R4J	12	3.4	1	3-5	134	67	60	66	1.2	ファストン187	難燃 (UL94V-0)
LC-V1212J1	12	12	1	3-5	151	98	94	101.5	3.8	ファストン250	難燃 (UL94V-0)
LC-VD1217J	12	17	1	3-5	181	76	167	167	6	M5ボルトナット	難燃 (UL94V-0)
LC-VD1233J	12	33	1	3-5	195.6	130	155	180	6	M6ボルトナット	難燃 (UL94V-0)
LC-XC1228AJ	12	28	3	－	165	125	175	175	10	M6ボルト埋込み	標準 (UL94HB)
LC-XC1238AJ	12	28	3	－	197	165	175	175	15	M6ボルト埋込み	標準 (UL94HB)

注：タイプ1…サイクルバックアップ共用　タイプ2…バックアップ専用　タイプ3…サイクル専用

表3[5] 国内各社との互換性

JIS形式	公称電圧(V)	20時間率定格容量(Ah)	Panasonic形式	GSユアサ形式	新神戸電機形式
6PM3	6	3.0		NP3-6	
6P34		3.4	LC-V063R4J		
6P40		4.0		NP4-6	
6P45		4.5		P6V4.5E	
6P70		7.0		RE7-6	
6P72		7.2	LC-P067R2J	P6V7.2	
6P80		8.0		PE6V8	
6P100		10		NP10-6	
6P120		12	LC-P0612J	PE6V12	
12P8	12	0.8		NP0.8-12 PE12V0.8	
12P12		1.2		NP1.2-1.2	
12P20		2.0		NP2-12 PE12V2 NPH2-12	
12P22		2.2	LC-P122R2J LC-PV063R4J	PE12V2.2	
12P23		2.3		NP2.3-12 PXL12023	
12P26		2.6		PX12026	
12P32		3.2		NPH3.2-12	
12P34		3.4	LC-P123R4J LC-V123R4J		
12P50		5.0		NPH5-12 PX12050 PXL12050 PX12050SHR RE5-12	
12P65		6.5			HP6.5-12
12P70		7.0		NP7-12 RE7-12	HF 7-12 HV7-12
12P72		7.2	LC-P127R2J	PE12V7.2 PXL12072	
12P120		12	LC-P1212J LC-PA1212J1 LC-PV1212J1	NPH12-12 PE12V12 RE12-12	HF12-12 HV12-12
12P150		15		PWL12V15	HP15-12A LHM-15-12
12P160		16		NPH16-12T	
12P170		17	LC-PD1217J LC-VD1217J	PE12V17	HF17-12 HV17-12
12P200		20	LC-P1220J		
12P240		24		NP24-12B PE12V24 PE12V24A PWL12V24	HC24-12A HP24-12A LMH-24-12
12P280		28	LC-XC1228AJ		
12P330		33	LC-V1233J		
12P380		38	LC-XC1238AJ		
12P380		38		PWL12V38	HC38-12A LMH-38-12
12P400		40		PE12V40	
12P420		42	LC-P1242ACJ		
12P440		44			LHM-44-12
12P650		65	LC-P1265CJ		LHM-65-12

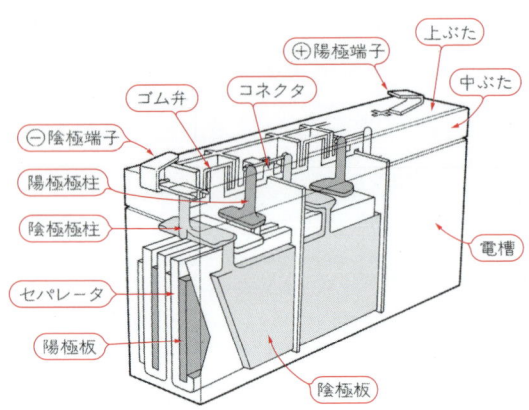

図10⁽⁸⁾ 小形シール鉛蓄電池の構造

表4⁽⁸⁾ 小形シール鉛蓄電池(LC-P127R2J)の定格

公称電圧		12 V
定格容量(20時間率)		7.2 Ah
寸法	長さ	151.0 mm
	幅	64.5 mm
	高さ	94.0 mm
	総高*	100.0 mm
質量		約2.5 kg

＊:「ファストン250穴あき」タイプの総高は101.5 mmです．

表5⁽⁸⁾ 小形シール鉛蓄電池(LC-P127R2J)の特性

容量(25℃)		20時間率(360 mA)	7.20 Ah
		10時間率(650 mA)	6.50 Ah
		3時間率(1933 mA)	5.80 Ah
		1時間率(4900 mA)	4.90 Ah
		1.5時間率放電 放電終止電圧10.5 V	3.5 A
内部抵抗		満充電状態(25℃)	約21 mΩ
容量の温度依存性 (20時間率)		40℃	102%
		25℃	100%
		0℃	85%
		−15℃	65%
自己放電 (25℃)		3ヶ月放置後残存容量	91%
		6ヶ月放置後残存容量	82%
		12ヶ月放置後残存容量	64%
充電方法(定電圧)	主電源 (サイクル使用)	初期電流	2.88 A以下
		制御電圧	定電圧 14.5 V - 14.9 V (12 V電池当たり, 25℃)
	バックアップ電源 (トリクル使用)	初期電流	1.08 A以下
		制御電圧	定電圧 13.6 V - 13.8 V (12 V電池当たり, 25℃)

● 保存

電池を保存する場合は，周囲温度が−15〜+40℃，相対湿度が25〜85％で，直射日光や雨滴などの当たらない，静かな場所が適切です．自己放電は少ない電池ですが，図8に示すように高温および長期の保存後には初期に比べて容量は低下しています．容量を回復させるには，サイクル用の場合は数回充放電を繰り返し，トリクル/浮動用では機器で48〜72時間充電します．なお，残存容量は電池の開路電圧値から推定できます．その特性を図9に示します．3ヶ月以上の長期保存をする場合は12ヶ月を上限として表1に基づいて補充電します．

一般的な小形シール鉛蓄電池

● 構造

この蓄電池の一般的な構造を図10に示します．電槽内では正極板と負極板が交互に圧迫された形で組み合わさっており，極板上部で各極板ごとに連結させて，正極・負極とし，単電池を構成しています．この単電池を複数個直列に連結して蓄電池としています．

容量65 Ahまでの電池の定格を表2に示します．この電池系は品種が多く，参考までに日本の主なメーカの互換性を表3に記します．

● 実際の特性

UPS用に広く用いられている蓄電池(LC-P127R2J)を例にとり，その特性を紹介します．電池の定格を表4に，特性仕様を表5に示します．25℃における放電特性および各温度における放電電流と放電時間の関係をそれぞれ図11および図12に示します．

● 特徴

▶ 安定した放電特性と優れた容量維持特性(自己放電率：約10％/3ヶ月)
▶ ポジション・フリー：
ただし，天地逆転での充電は不可
▶ メンテナンス・フリー
▶ 低価格で長寿命：
サイクル用で約400回．バックアップ用で3〜6年．中には，期待寿命が13年の電池もある
▶ メモリ効果がない
▶ 経済性に優れる

以上のように，小形シール鉛蓄電池は高性能だけでなく，品質・価格・供給のバランスの良さが高く評価され，35年以上にわたる使用実績を誇っています．また，新技術の導入により，急速充電受け入れ性が改良される一方，超長寿命(期待寿命13年)を特徴とする電池も開発されています．

◆参考・引用＊文献◆

(1) 日本工業規格；小形制御弁式鉛蓄電池：JISC8702-1：2009, C8702-2:2009, C8702-3:2009.
(2) トランジスタ技術編集部編；電池応用ハンドブック, PP.100-110, CQ出版社, 2005年.
(3) 電気化学会 電池技術委員会編；電池ハンドブック, 第3章および第2章, オーム社, 平成22年版.

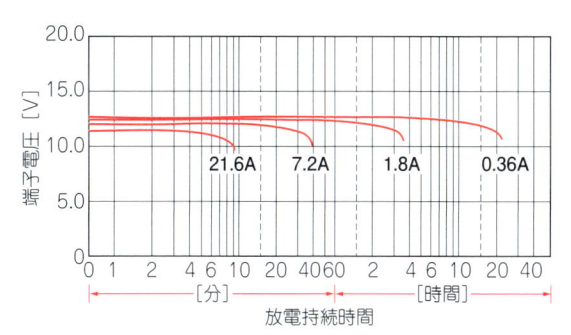

図11[8] 小形シール鉛蓄電池(LC-P127R2J)の放電特性

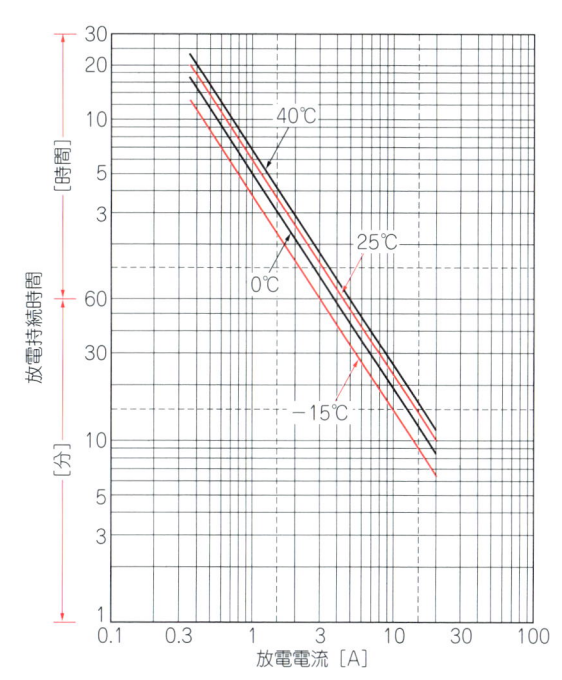

図12[8] 小形シール鉛蓄電池(LC-P127R2J)の各温度における放電電流と持続時間

(4) 小林哲彦,宮崎義憲,太田璋編;図解でナットク！ 二次電池,pp.30-39,日刊工業新聞社,2011年.
(5) パナソニック，GS YUASA及び新神戸電機 各社のウェブ・ページ掲載電池特性資料.
(6)＊松下電池工業株式会社,カタログ
(7)＊パナソニック ストレージバッテリー株式会社，小形制御弁式鉛蓄電池 技術説明書.
(8)＊パナソニック ストレージバッテリー株式会社，小形制御弁式鉛蓄電池 カタログ.

Appendix B 繰り返し回数が多く放置時間が長いほどダメになる
研究！ニッケル水素蓄電池の耐久テスト

下間 憲行

　充電池は使い始めはいいのですが，しばらく使っていると調子が悪くなってきて，もう寿命なの？と感じます．「1000回使えるということは毎日使っても3年はもつはずだ」という思いがそのように感じさせるのでしょう．どうもメーカが発表している充電池の寿命と使用感が合わないのです．

　そこで電池試験回路（**写真A**）を作って，ニッケル水素蓄電池エボルタ（パナソニック，HHR-3MRS）に対し，400サイクルの充放電を行いました．

● サイクル耐久特性はJISが規定する試験に基づく

　市販されているニッケル水素電池の寿命は，**表A**に示すJIS C8708:2007(7.4.1.1)で規定される条件で試験されます．この条件で試験して得られた充放電回数を充電池の繰り返し使用回数と称しているわけです．

　充放電の条件をご覧ください．サイクル2～49の充電は$0.25C$で3時間10分，定格に対しておよそ8割の時間だけ充電，そして放電が$0.25C$で2時間20分ですから，充電分のおよそ7割半を放電しています．いわゆる，継ぎ足し充電を繰り返している状態になっているわけです．

　サイクル50のタイミングで，1.0Vまでの放電維持時間を調べ，これが定格の6割を切ると充電池の寿命と判定されます．電池メーカが言う「約1000回使える」「寿命20％アップ」などの試験条件はこの規格が元になっています．

　50サイクルを試験しようとすると約13日，1000サイクルだとおよそ9ヵ月かかります．

テストの条件と結果

● 充放電電流の大きさと温度

　充電式エボルタHHR-3MRSの定格容量（2000mAh）に合わせて充放電電流を設定します．$0.25C$の充放電なら0.5A，$0.2C$の放電だと0.4Aです．

　今回の実験でJISに合わない条件は周囲温度です．夏場を通しての連続実験でしたので室温30℃を越えることもありました．

● 400サイクル充放電後の結果

　200サイクルの充放電を2回行って得られた値をグラフにしたのが**図A**です．放電を始めてから電圧が下がるまでの経過分数を記録しています．サイクルが増えるとともに放電時間が減少し，放電維持電圧が下がっているのが見えます．

　50サイクル目と400サイクル目を比べると，1.00Vでは5％，1.10Vでは7％，1.15Vでは約12％放電時間が減少しています．

● 400サイクル終えた電池を急速充電してみる

　この実験の直後，市販の充電器BQ-390（パナソニック）で急速充電して放電時の電圧変化を見てみました．

表A　サイクル耐久試験の手順（概略）

JISでは電池容量（単位mAh）をIt [A]としているが，ここではCを使う．

① 試験を開始する前に$0.2C$の一定電流で1.0Vまで放電する
② 周囲温度は20±5℃
③ 電池容器温度は35℃以下にする．必要なら強制通風
④ 50サイクルを1単位として以下の手順を繰り返す

サイクル数	充電	充電状態での静置	放電
1	$0.1C$で16時間	なし	$0.25C$で2時間20分(a)
2～48	$0.25C$で3時間10分	なし	$0.25C$で2時間20分(a)
49	$0.25C$で3時間10分	なし	$0.25C$で1.0Vまで
50	$0.1C$で16時間	1～4時間	$0.2C$で1.0Vまで(b)

注(a)：放電電圧が1.0V未満に低下した場合は放電を停止する
注(b)：51サイクル目の開始まで，十分な休止時間をとってもよい
⑤ 50サイクル目の放電維持時間が3時間未満ならば寿命とする

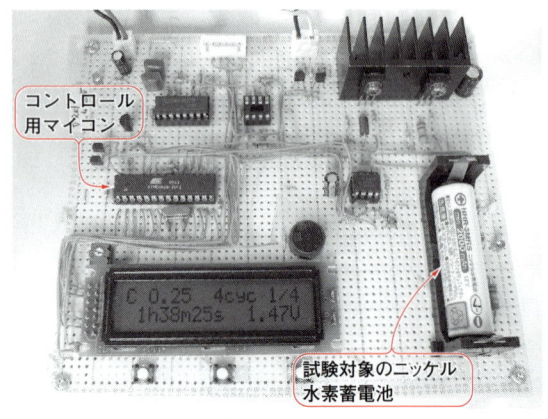

写真A　テスト回路を作って耐久試験を実施

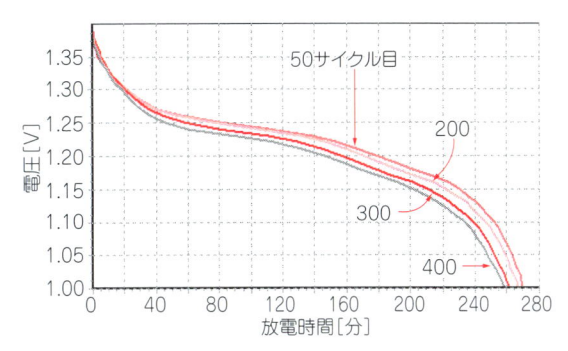

図A　50～400サイクル目の放電のようす
充放電を繰り返すと放電時間が短くなり維持電圧も下がる．

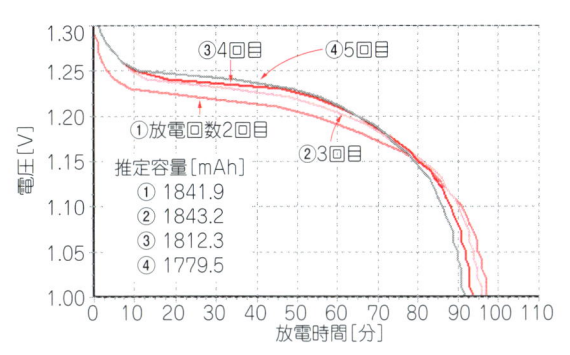

図B　購入直後に1Ωの抵抗をつないで放電させると…
新品の電池が徐々に活性化する．

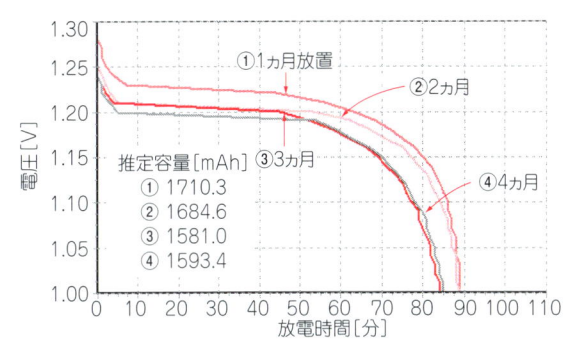

推定容量[mAh]
① 1841.9
② 1843.2
③ 1812.3
④ 1779.5

図C　充電後1～4ヵ月放置してから放電させると…
自己放電のようすがわかる．

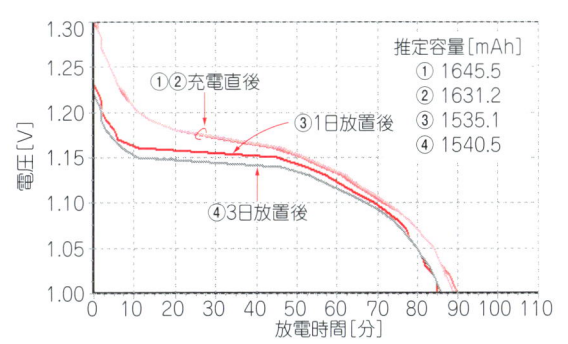

推定容量[mAh]
① 1710.3
② 1684.6
③ 1581.0
④ 1593.4

図D　400サイクル後に急速充電して放電させると…
放置日数が長いほど劣化している．

推定容量[mAh]
① 1645.5
② 1631.2
③ 1535.1
④ 1540.5

　まず，この電池を買った直後の特性を見てもらいましょう．図Bは1Ωの抵抗をつないで放電させたようすです．JISのサイクル耐久試験より重負荷の放電となっています．新品の電池からの放電回数2回目～5回目（買った直後，未充電状態での放電を1回目とカウント）を示しています．新品の電池が徐々に目覚める様子がうかがえます．グラフ中，mAh単位で表示している数値は電池電圧と負荷抵抗，それにスイッチしているMOSFETの飽和電圧から推定した電池容量です．

　図Cは充電後に放置したときのようすです．1, 2, 3, 4ヵ月放置した後に1Ω抵抗で放電した電圧変化です．気温が低い冬季をまたぐ実験でしたので，自己放電に関しては有利な条件だったのではないでしょうか．

　図Dが400サイクル後に充電直後，1日/3日放置してからの放電です．継ぎ足し充電といえども電池の劣化が進んでいるようすが出ています．

寿命が短く感じるのは規格の充放電条件と違う使い方をしているから

　JISの規定では0.2C放電で1.0Vが寿命判断の基準です．ところが実際には，内部抵抗が増大して大電流時に電圧が落ちる，急速充電できなくなる，充電後の保存ができない，などの現象が現れて徐々に使えなくなってきます．

　しかし，急速充電できなくなった電池でも，JISの試験を行うとまだまだ元気，という結果が出ます．JISのサイクル耐久試験では保存性が考慮されていないのも原因かと思います．50サイクル目の静置時間が，日単位で長ければと思います．

　電池は化学反応を使っているだけに周囲温度の影響を大きく受けます．急速充電や大電流放電では電池そのものが発熱し，これが寿命に関係します．調子の悪い電池はプラス極周辺の色が変わっていませんか．発熱でガスが発生すると内部にある安全弁が働き，外装絶縁チューブが変色したりします．このあたりも寿命判断の一つかと思います．

　JIS C8708では充放電電流を大きくした加速試験の手順も規定されています．しかし，家庭用として販売されているニッケル水素蓄電池でのデータは公表されていないようです．

● 充放電試験回路の動作

　図Eに測定回路を示します．ワンチップ・マイコンATmega88（アトメル）を使って制御しています．16文字×2行の液晶で充放電状態や設定値を表示し，試験結果はシリアルで出力（9600 bps）します．電源は外部から安定化した5Vを供給します．制御回路の消費

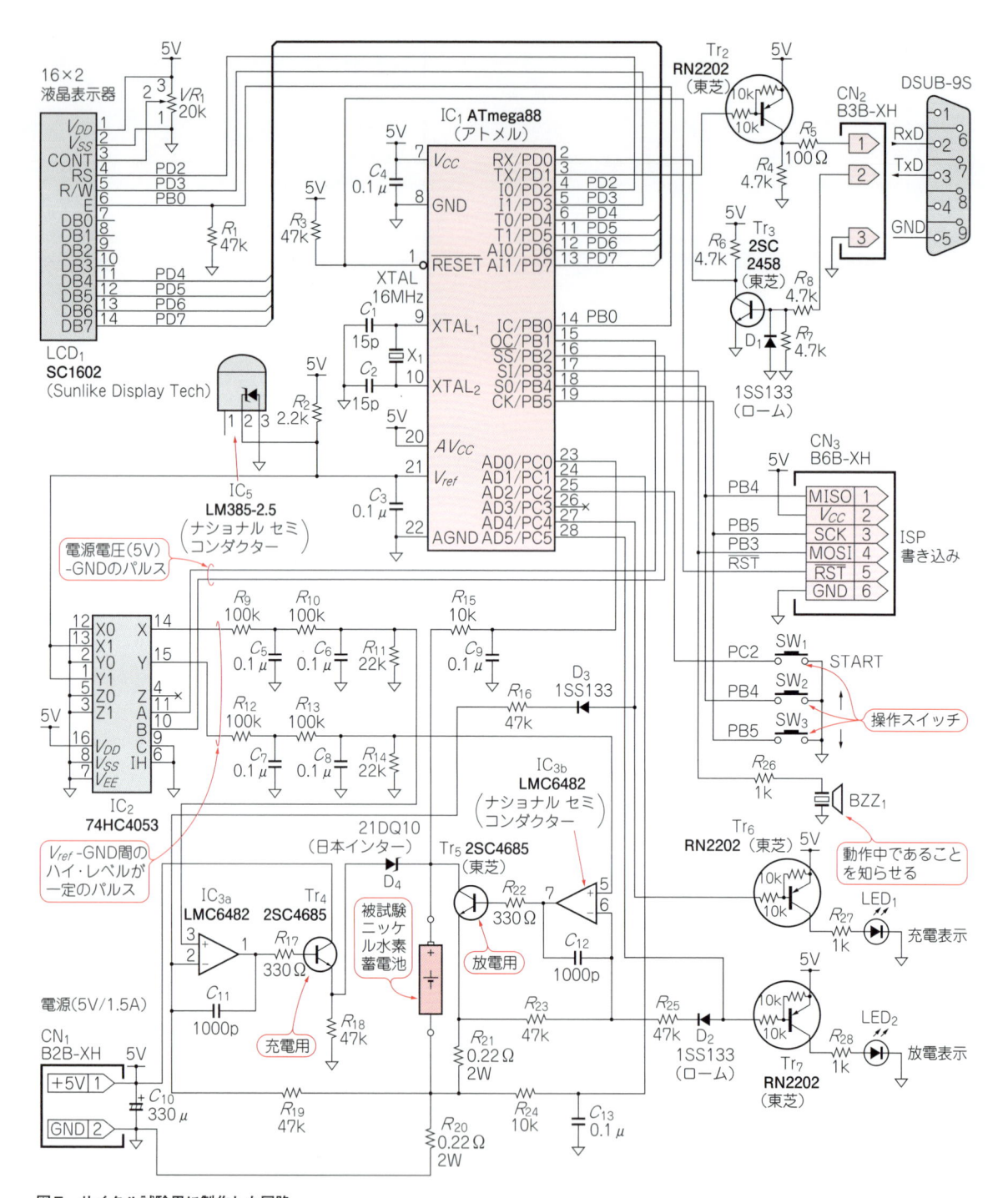

図E　サイクル試験用に製作した回路

電流に加え電池の充電電流を賄えなければなりません．
▶ **PWM制御**
　充放電電流はPWMを使ったD-A変換で設定します．ATmega88内蔵の16ビット・タイマ・カウンタを10ビットPWMモードで初期化し，供給クロックは2 MHzで，PWM周期は0.512 msです．充電と放電は別個のPWM出力で設定するようにしました．
▶ **充放電のON/OFF**
　出力ポートPC4で充電回路を，PC5での放電回路をON/OFFしています．ポートが"H"になるとそれぞれの定電流回路がOFFします．リセット時に両方同時にON("L"でON)しないよう抵抗内蔵PNPトランジスタを利用してポートをプルアップし，そのコレクタ

に充放電表示LEDをつないでいます．

PWM出力を0Vにすることで充放電を停止しようとしても，積分回路($R_9 \sim R_{13}$, $C_5 \sim C_8$)の遅れで素早い制御ができません．そこで充放電電流の設定とは別にON/OFF制御できるようにしました．

▶定電流回路

充電と放電，別個の回路で制御しています．充電はOPアンプIC_{3A}とトランジスタTr_4を使い，抵抗R_{20}(0.22Ω)の両端に発生する電圧と充電制御側PWMが発生する電圧が同じになるように制御されます．例えば0.5Aなら0.11Vです．

OPアンプIC_{3B}とトランジスタTr_5で放電を制御しています．抵抗R_{21}(0.22Ω)両端に発生する電圧と放電側PWM電圧が同じになります．なお，GNDと電池負極間の抵抗R_{20}，放電時はここに電流は流れないので0Vとなり，電池負極がGNDにつながっているのと同等になります．

ここで使ったパワー・トランジスタ2SC4685は電流増幅率h_{FE}が高いタイプです．

▶A-D変換

電池正極と負極の電圧を別個にA-D変換し，その差を電池電圧としています．放電時の負極は0Vになっていますが，充電時はR_{20}に電圧が生じるのでその分を差し引くわけです．

1msタイマ割り込みでA-D変換を開始，A-D変換完了割り込みで10ビットのA-Dデータを読み出しています．そのデータを2チャネル分64回で加算平均処理し，128msごとにA-D値が確定します．最大値は基準電圧の値になります．

▶ブザー報知

充放電試験は長期間かかります．回路が動いているのを確認するためと操作スイッチの応答用に圧電ブザーを設けました．8ビット・タイマを使い4kHzの方形波で駆動しています．充放電を始めると1分ごとにピッと音を鳴らし，液晶表示を見なくても回路が動作中であることが分かるようにしています．

▶パラメータ設定

充放電電流を決めるPWM設定値など，各種パラメータをマイコン内蔵EEPROMに保存しています．

(1) 0.10C充電PWM値：サイクル1とサイクル50での充電電流設定
(2) 0.25C充電PWM値：サイクル2〜49での充電電流設定
(3) 0.20C放電PWM値：サイクル50での放電電流設定
(4) 0.25C放電PWM値：サイクル1〜49での放電電流設定
(5) 0.10C充電時間：サイクル1，50での充電時間
(6) 0.25C充電時間：サイクル2〜49での充電時間
(7) 0.25C放電時間：サイクル1〜48での放電時間
(8) 50サイクル目の待ち時間
(9) 放電停止電圧
(10) A-D V-ref値
(11) 1分サイクルでのデータ出力有無
(12) 充放電実行サイクル数
(13) 1分計時タイマ・スピードアップ設定

- (1)〜(4)：0〜1023の値で，電池容量に合わせて設定します．電流値を実測してPWM設定値を決めます．
- (5)〜(8)：規格で16時間とか3時間10分などと充放電時間は決まっていますが，テストのため自由に設定できるようにしています．
- (9)：規格では1.0Vです．これも変えられるようにしています．
- (10)：LM385で作っている基準電圧値(約2.5V)です．A-D値を電圧値に計算するときに使います．
- (11)：充放電途中の電池電圧を毎分ごとにシリアル送出するかどうかを設定します．
- (12)：50サイクルで一回の試験ですが，これを短くしてテストできるようにしています．
- (13)：デバッグ時のテストを早く進めるため，内部の1秒計時タイマを増速することができます．

▶放電データの記録

50サイクルごとに行う1.0Vまでの放電状況をEEPROMに記録し，シリアル・データとして出力します．記憶できるのは50サイクル4回分で，200サイクルの充放電が終わるまで自動運転します．このデータを元にWindowsのプログラムでグラフ描画を行いました．

放電が始まり徐々に低下する電池電圧を見て，その経過時間(分値で)を記録します．1.50V〜1.00Vは0.01V単位で，1V未満は0.80Vまで0.05V単位で測定します．0.2C放電ですので，定格で5時間＝300分程度の放電時間です．

200サイクルの試験が終わると，充放電をやめて待機状態になります．このときデータ送出スイッチを押すと，EEPROMに保存された放電状況をシリアル出力します．電文は単純なテキストです．

■ダウンロード・サービスのお知らせ

制御マイコン・プログラムのソース・ファイルとフラッシュROM書き込みデータ，Windowsの描画プログラム(実行型式のみ)をトランジスタ技術ウェブ・ページ(http://toragi.cqpub.co.jp/tabid/319/Default.aspx)から提供しています．2010年2月号のコーナーにあります．

(初出：「トランジスタ技術」2010年2月号　特集Appendix)

ニッケル水素蓄電池の充電を止めないとどうなる？　Column

　市販のニッケル水素蓄電池の一つである「エネループ（三洋電機，現パナソニック）」は，単3形で電池容量約2000 mAh，繰り返し充電回数1500回と1日おきに充電しても寿命が8年以上です．

● **充電時間の短い充電回路ほど作るのが難しい**

　電池メーカでは専用の充電器以外は利用しないようにと取扱説明書に記載していますが，輸入品と思われる安価な充電器が数百円で販売されているようです．

　充電電流を大きくすれば充電時間を短くできます．ただし大電流で充電すると，電池の発熱や内部ガスの発生の危険が高まり保護回路の難易度が高まります．

　例えば30分で充電が完了する充電器が販売されています．電池の容量を2000 mAhとして単純計算すると，4 Aの大電流で充電していることになります．この充電器は電池の端子電圧と充電電流だけでなく電池の温度も管理しているようです．

　一般的な充電器の充電時間は8時間なので，単純計算すると250 mAで16倍も充電電流が異なります．

　少ない充電電流であれば，簡単な保護回路で済むので充電器は安価にできます．安価な充電器は，定電流回路で充電するようです．

● **安価な充電器を模した低電流での定電流充電の実験**

▶ **条件**

　実験回路を**図a**に示します．エネループを3本直列にし30 mAの定電流で充電しました．エネループは2400 mAhなので，30 mAは約0.013Cとかなり低い充電電流といえます．

　電池はあらかじめ抵抗負荷を接続し，放電しました．

　充電中は抵抗R_Sの両端電圧を測定し，充電電流をモニタします．温度条件は室温放置で実験中は15℃から30℃でした．

▶ **結果**

　充電開始後の端子電圧の変化を**図b**に示します．充電開始時に3.7 Vだった端子電圧は4時間後に4.0 Vを超えました．その後時間と共に端子電圧は上昇し，24時間後に4.14 Vとなりました．充電開始から96時間後に端子電圧は約4.5 Vとなり，電池電圧は安定しました．

　ここまで問題はないようです．

　充電を継続し，17日後の状態を**図c**に示します．端子電圧は一定となり，周囲温度に従って変化します．15℃で4.61 V，31℃で4.47 Vと負の温度係数を示します．

　このときの電池を**写真a**に示します．写真では見えにくいですがケースの包装が膨らみ変形しています．

　ニッケル水素蓄電池を過充電すると内部で酸素が発生し，内圧が高まります．長期間にわたり過充電の状態を保持したため，内圧の上昇を防ぐために安全弁が開いたのでしょう．性能は低下していると思われます．

〈神戸和泉〉

◆**参考文献**◆

(1) ダヴィッド・リンデン著，高村 勉 監訳；電池ハンドブック，朝倉書店．
(2) パナソニックのホームページ http://panasonic.co.jp/sanyo/

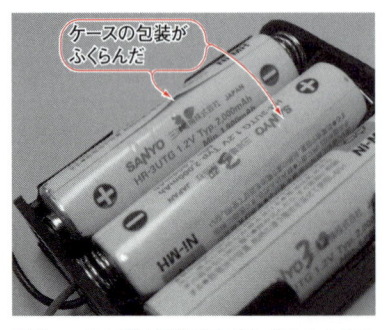

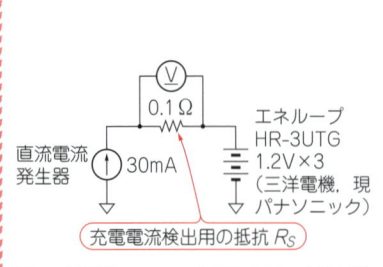

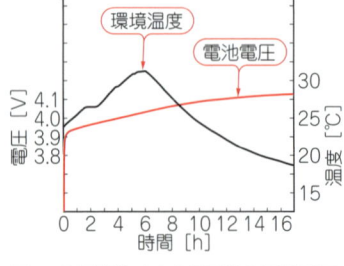

写真a　17日間定電流充電をし続けたら膨らんでしまった

図a　低電流における定電流充電の実験回路

図b　充電開始時の充電電流と電池電圧

図c　満充電時は周囲温度によって端子電圧が変動するので終止電圧は温度を考慮して決める

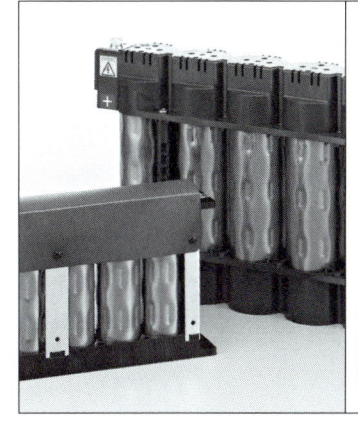

第4章 大電流で充放電を繰り返しても劣化しにくいのはなぜ？
電気二重層キャパシタの蓄電のメカニズムと性質

鈴木　敏厚

電気二重層キャパシタは，電池では得られない大電流の充放電や高速応答，繰り返し使用しても劣化しないなどの特徴から，電源用途にも使われ始めています．本章ではその原理から将来の展望まで紹介します．　〈編集部〉

写真1　電気二重層キャパシタ
日本ケミコン製DLCAP．

電気二重層キャパシタ（**写真1**）は一般的な2次電池と比較し，大電流の充放電や繰り返しのサイクル特性が非常に優れたデバイスです．エネルギー密度は年々向上していますが，電池と比べるとその差はまだまだ大きいです．

これからは電気二重層キャパシタの特徴を生かした短時間でのエネルギーの出し入れなどの用途で，さらに市場が広まっていくと考えています．2次電池と競合ではなく，それぞれ得意な面で住み分けていくと思います．

地球温暖化防止など環境への取り組みが各産業で急ピッチに進んでおり，環境対策に大きな貢献が期待できる電気二重層キャパシタに注目が集まっています．

本稿では電気二重層キャパシタの原理や構造，特徴，応用例を紹介します．

電気二重層キャパシタの特徴

● **数十万～数百万サイクルの大電流の充放電が可能**

一般のアルミ電解などのコンデンサは**図1（a）**のように誘電体（絶縁物）を挟んだ電極に電圧を加えると，双極子が一定方向に分極（配向という）して電荷が蓄えられます．

それに対し電気二重層キャパシタは**図1（b）**のように電解液と電極の界面に極めて短い距離を隔てて電荷が配向する現象（電気二重層）を利用し，物理的に電荷を蓄えています．

電気二重層キャパシタは，活性炭表面のイオンの物理的吸着のみでエネルギーを蓄積します．界面の面積が増えると容量も増えることから，電極には比表面積の大きな活性炭が用いられています．

また，2次電池は電気化学的な反応を起こすことによって電荷を蓄えますが，電気二重層キャパシタは一般のコンデンサと同じように，蓄電するのに化学反応を伴いません．

このため電気二重層キャパシタは以下の特徴を持っています．

- 劣化が少なく数十万～数百万サイクルの充放電が可能
- 出力密度が高く，急速（大電流）充放電が可能
- 充放電効率が高い
- 構成材料に鉛やカドミウムなどの重金属を使用していないため環境に優しい
- 異常使用時の安全性が高く，外部短絡しても故障しない
- 使用温度範囲が広い

例えば，電気二重層キャパシタをインバータとバッテリの間に追加することで，バッテリに代わり電気二重層キャパシタが，モータとの間での大電流の入出力

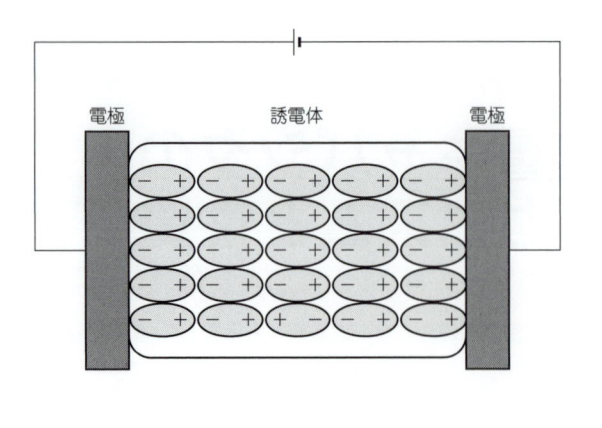

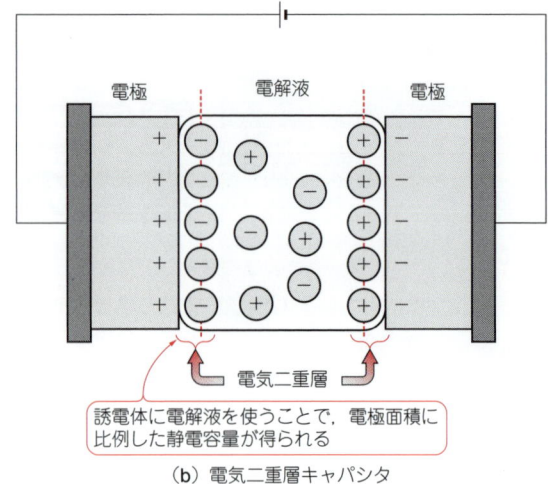

(a) 一般的なコンデンサ

(b) 電気二重層キャパシタ

誘電体に電解液を使うことで，電極面積に比例した静電容量が得られる

図1 電気がたまるしくみ

を担うことが可能となります．このことにより，バッテリ寿命の改善や，電気二重層キャパシタの充電効率の良さを生かし，回生による，より大きな燃費改善などが期待されます．

● **電荷残量が正確にわかる**

電気二重層キャパシタは物理的な蓄電のため，放電終止電圧のある電池と異なり0Vまで放電が可能です．また放電特性は電池と異なり，図2のように電圧変化が直線的で，電荷残量の予測が容易です．

● **キャパシタならではの充電制御**

電気二重層キャパシタ・セルは一般的に定格2.5V～2.7V程度です．そのため，高い電圧で使用するには直列接続が必要です．また容量が必要な場合は並列数を増やします．このような，セルを直列・並列に組んだものをモジュールといいます．

直列接続では，個々のセル残電圧の違いや，特性のばらつきなどにより一部のセルに定格電圧以上の過電圧が加わる恐れがあります．過電圧が連続的にセルに加えられると，安全弁が作動する場合があります．また，外観的に異常がない場合でも寿命は短くなるので，定格電圧以下で使用する必要があります．

電気二重層キャパシタを直列に接続して使用する場合には，個々のセルに電圧のアンバランスによる過電圧が加わるのを防止するため，各セルと並列に分圧抵抗や電圧を均等化するための回路を入れるなどの措置が必要です．

写真2のように電圧を均等化する回路を内蔵したモジュールもあります．これらを直列・並列に組み合わせて接続することで容易に高電圧，高容量，低内部抵抗のモジュールを構成できます．

電気二重層キャパシタの概要

● **電極や電解液の進化で大容量化が進んでいる**

電気二重層キャパシタの原理自体は100年以上前にヘルムホルツにより発見されていました．当時は電圧が低く，容量も小さいことから蓄電デバイスとして発展することはありませんでした．

しかし近年，電極として用いられる活性炭の賦活（穴

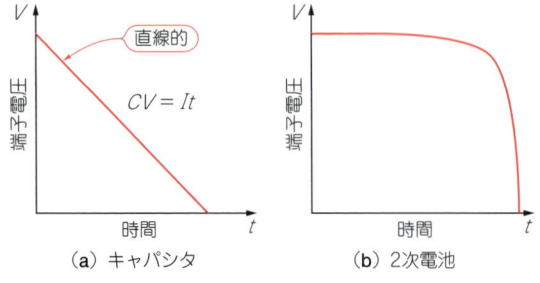

(a) キャパシタ　　　(b) 2次電池

$CV = It$

図2 定電流放電時の端子電圧の変化

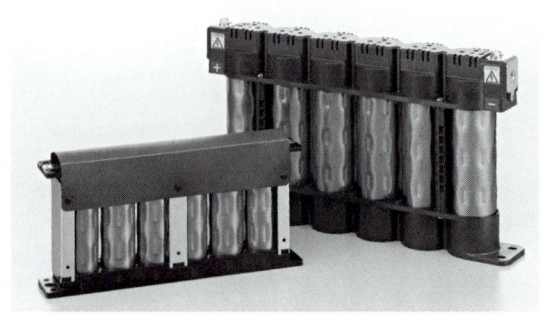

写真2 各キャパシタの充電電圧を均等化する回路を内蔵したモジュール
日本ケミコンの15Vモジュール．

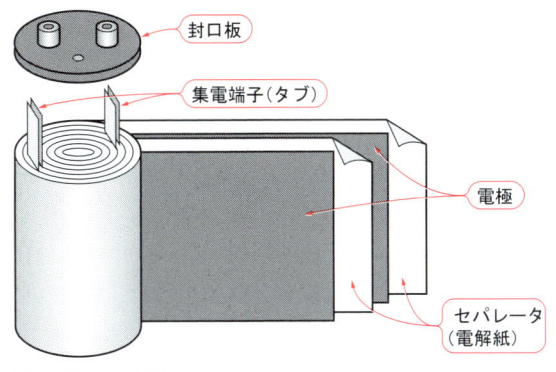

図3 電気二重層キャパシタの構造

をあけ表面積を大きくする)技術が進んでいます．グラム当たり2000 m²程度の非常に大きな比表面積を持つ材料が出てきたことにより，容量を大きくできるようになりました．同時に電解液の開発などにより特性の優れた電気二重層キャパシタが製品化できるようになりました．

当初はメモリ・バックアップ用途に小型のコイン型などが広く普及していました．近年，**写真1**のように数百F〜数千Fの大型品の開発が進んでおり，大電流の充放電用途などパワエレ分野への採用例も増えてきています．英語の頭文字を取ってEDLC(Electric Double Layer Capacitor)とも呼ばれます．

● 量産性に優れた円筒形キャパシタ

電気二重層キャパシタは**図3**のような構造です．以下の三つから構成されています．
① 素子本体(アルミはく・活性炭からなる電極とセパレータを巻き，電解液を浸したもの)
② 電極からそれぞれ引き出された集電端子(タブ)
③ これらを封止する封口板とケース

円筒形はアルミ電解コンデンサと同様の巻き構造になっています．この構造はアルミ電解コンデンサ・メーカであれば同じ構成部品を使用できることや，生産技術を応用できるため量産性に優れています．

電極の厚さや製法，活性炭，電解液の組み合わせにより内部素子が設計されます．

電気的特性

電気二重層キャパシタの基本特性には，容量，直流内部抵抗，漏れ電流などがあります．いずれの特性も温度変化があるので，変化分を考慮のうえ設計，使用することが大切です．

① 容量(Capacitance)

電荷を蓄える能力で，単位は[F](ファラッド)です．3000 F程度の製品もあります．

一般に，ごく低温では容量が小さくなる傾向があります．

② 直流内部抵抗(DCIR：DC Internal Resistance)

構成材料(電極，電解液など)の固有抵抗と内部接続抵抗からなる抵抗成分で，単位は[Ω](オーム)です．1 mΩ以下の製品もあります．電気二重層キャパシタは直流用途のデバイスなので，内部抵抗も直流での測定となっています．

簡易的に1 kHzの等価直列抵抗(ESR)を測る場合もありますが，直流内部抵抗＞$ESR@1 kHz$という関係になります．

一般に，低温では内部抵抗が大きくなる傾向があります．

③ 漏れ電流(Leakage Current)

電気二重層キャパシタに定電圧を加え続けた際に流れる微少な電流を漏れ電流(LC)といいます．単位は[A](アンペア)です．定格電圧を加えると漏れ電流の値は時間とともに小さくなり，安定していきます．漏れ電流は，電気二重層キャパシタの保管状態などによっても変化します．真の漏れ電流を規定することは難しく，目安として電圧を加えてから数十時間後に測定します．

一般に，高温では漏れ電流が大きくなる傾向があります．

④ 電圧保持特性(自己放電特性)

漏れ電流とも関係します．充電された電気二重層キャパシタの，端子間を開放状態にしたときの電気二重層キャパシタ端子間に保持している電圧の特性で，自己放電特性とも呼ばれます．充電後端子間を開放すると端子電圧が徐々に低下していきます．この特性は充電時間と充電電圧による影響を受け，充電時間が短いときは電圧保持率が低くなります．常時充電状態でなく放置するような用途では電圧保持特性を考慮した機器設計が重要です．

漏れ電流と同様に，高温では電圧保持特性が悪くなる傾向があります．

二つのキー・パラメータ

● 出力密度とエネルギー密度

各社のカタログを見たときに，大きさも特性も異なると，どちらが良い性能なのか分かりづらいと思います．大きさや特性の例を**表1**に示します．

そういうときに製品の単位質量(または体積)当たりの出力やエネルギーで比べると選定の目安となります．主に出力密度(パワー密度)と呼ばれるものとエネルギ

一密度と呼ばれるものがあります．出力密度は瞬発力，エネルギー密度は持続力とイメージしてもらえば分かりやすいかも知れません．

また時定数などで用途に応じて電気二重層キャパシタを選定する方法もあります．

出力密度とエネルギー密度の算出式は以下になります．

▶出力密度(パワー密度)：高いと大電流が引き出せる

充電された電気二重層キャパシタから取り出せる単位質量または単位体積あたりの最大の電力です．単位は[W/kg]または[W/ℓ]です．一般に公称内部抵抗と定格電圧を用いて算出します．出力密度が高いほど，大電流を効率良く引き出せます．

$$P_{DM} = \frac{1}{4} \times \frac{V_{UR}^2}{RM}$$

ただし，P_{DM}：最大出力密度[W/kg]または[W/ℓ]，V_{UR}：定格電圧[V]，R：内部抵抗[Ω]，M：電気二重層キャパシタの質量または体積[kg]または[ℓ]

▶エネルギー密度：高いと電流を長時間引き出せる

充電された電気二重層キャパシタから取り出せる単位質量または単位体積あたりの電力量です．単位は[Wh/kg]または[Wh/ℓ]です．エネルギー密度が高いほど，同じ質量(体積)なら電流を長時間引き出せます．

表1 電気二重層キャパシタ・セルの大きさや特性

定格電圧 [V]	外形寸法 [mm]	容量 [F]	内部抵抗 [mΩ]
2.5	φ 35 × 65 L	350	8.0
	φ 35 × 105 L	700	4.0
	φ 40 × 150 L	1,400	2.2
		1,200	0.8
	φ 50 × 172 L	2,300	1.2

$$E_{DM} = \frac{1}{2} \times \frac{C V_{UR}^2}{M} \times \frac{1}{3600}$$

ただし，E_{DM}：エネルギー密度[Wh/kg]または[Wh/ℓ]，V_{UR}：定格電圧[V]，C：容量[F]，M：電気二重層キャパシタ質量または体積[kg]または[ℓ]

▶コンデンサと2次電池の中間の特性を持つ

蓄電デバイスのパワー密度とエネルギー密度の関係を図4のように表したものをラゴーン・プロット(Ragone Plot)といいます．電気二重層キャパシタはコンデンサと2次電池の中間の特性を持つ蓄電デバイスであることが分かります．

実際の応用例

● 急速加熱

通常時は電気二重層キャパシタに蓄電し，使用時に大電流で急速加熱するという用途に使用されています．例えば複写機で印刷待機時に使用していた電力の一部を電気二重層キャパシタに蓄え，定着ローラの急速加熱時に利用している事例があります．常時加熱していなくても良いので消費電力を大きく削減でき，また大電流を出すために契約電力を上げなくてもよいなどの利点があります．

● エネルギー回生

エンジンと電気二重層キャパシタのハイブリッドで，クレーンなどで使用されています．コンテナの巻き下げ時に発生するエネルギーを電気二重層キャパシタに蓄電し，巻き上げ時にこのエネルギーを使用することで，従来に比べ大幅な燃費の削減を可能にしました．これによりエンジンも小形化することが可能となり排ガス，騒音も削減できました．

同様に回生用途でハイブリッド自動車，電気自動車，

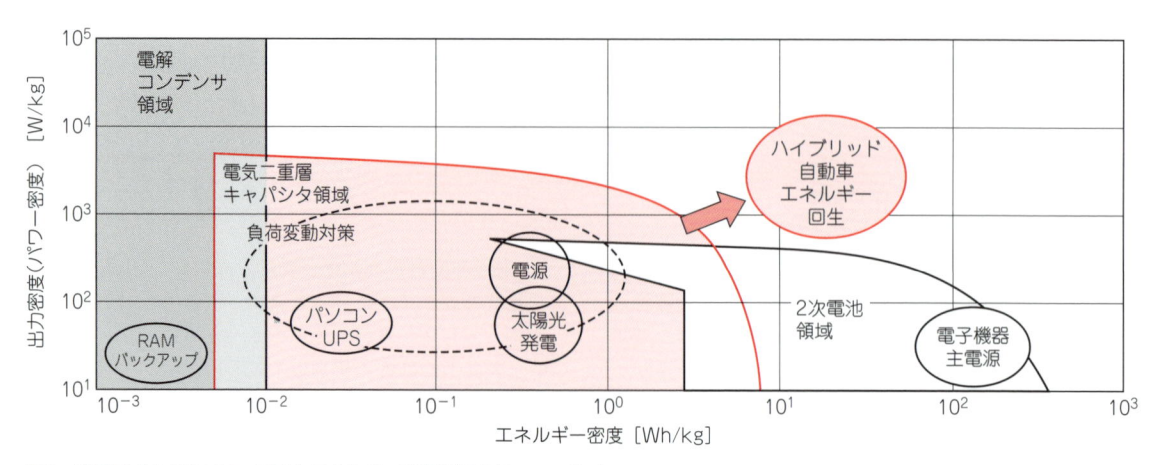

図4 蓄電デバイスのパワー密度とエネルギー密度の関係(Ragone Plot)

燃料電池車などで検討が進んでいます．加速・発進時など大電流が必要なときに電気二重層キャパシタがアシストを行い，減速時にはエネルギーを回生して充電するシステムが乗用車，バス，トラックなどで検討が始まっています．減速時に今まで熱として捨てていたエネルギーの有効利用が電気二重層キャパシタにより可能となります．

エコランなどの燃料電池車，鉛電池車レースにおいても電気二重層キャパシタがブレーキ回生用途のキー・デバイスとして使われています．写真3のような電気二重層キャパシタ搭載車が連続優勝するなど，電気二重層キャパシタの有効性を証明しています．

鉄道車両においても回生用途で電気二重層キャパシタが搭載され実車での試験が行われています．また油圧シャベルなど建設機械の旋回時の回生用に電気二重層キャパシタが使用され，実用化されています．

● 自然エネルギーの蓄電・平準化

風力・太陽光発電などの自然エネルギーはクリーンである半面，出力が気象条件などに左右されるため不安定となる問題があります．そこで電力を平準化させるために電気二重層キャパシタを採用する例が増えています．例えば，風力発電でバッファ用と電力貯蔵用に採用されています．

また道路びょうなどでは従来の2次電池の代替として採用されています．昼間にソーラ・パネルで電気二重層キャパシタに充電し，暗くなると自動でLEDが点滅します．近年LEDの低消費電力化が進み，電気二重層キャパシタのエネルギーのみでも数日の点灯が可能となっています．2次電池から電気二重層キャパシタに置き換えることで電池交換などのメンテナンス・フリーを実現しています．

● 2次電池や燃料電池とのハイブリッド

2次電池では並列に電気二重層キャパシタを接続することで電池寿命を延ばす検討が行われています．2次電池で大電流放電を繰り返し行うと特性劣化が大きくなります．電気二重層キャパシタと並列につなぐことでピーク電流を電気二重層キャパシタに負担させ，電池寿命を延ばそうとしています．また2次電池で弱点となっている低温特性を電気二重層キャパシタが補っています．鉛電池と電気二重層キャパシタを組み合わせた電動フォークリフトが量産化されています．

燃料電池はエネルギーを出力する際効率が良い長所がありますが，大電流出力を行おうとすると大形化，

写真3 鉛電池と電気二重層キャパシタを搭載したエコラン・カー「ファラデー・マジック2（東海大学）」

高コスト化してしまう欠点があります．そこで燃料電池からの余剰出力を，いったん電気二重層キャパシタにためてバッファとして使用することにより負荷変動を吸収する検討が進められています．電気二重層キャパシタを入れることで燃料電池容量の低減，高効率発電，負荷追従の高速化などのメリットがあります．家庭用など需要規模が小さいものほど負荷変動が激しいため電気二重層キャパシタの効果は大きくなります．現在燃料電池は高価なため，小さな燃料電池で瞬時に大電流を使えることは大変有効であり，システムの小形化も期待できます．

● 瞬時電圧低下補償装置

落雷などによる瞬時電圧低下対策に電気二重層キャパシタを使用した装置が半導体工場などで導入されています．従来使われてきた2次電池と比べ，メンテナンスが少なくなることと，出力密度が大きい利点から採用が進んでいます．

● 今後の開発トレンド

電気二重層キャパシタが市場で要求されている性能は他の蓄電デバイスと同様に小型・軽量と，広い使用温度範囲です．

前述したように電気二重層キャパシタは直列・並列接続してモジュール化し使用する場合がよくあります．そのためセルを高容量化すれば並列数が減らせますし，耐電圧を上げれば直列数が減らせます．また高耐熱化すれば，例えばファンなどの冷却機器を使用していた場合，不要となるため小型化が可能となります．

そのため各社とも主にセルの高容量・低抵抗化，高電圧化，高耐熱化に重点を置いて開発を行っています．

（初出：「トランジスタ技術」2010年7月号）

第2部 充放電の特性と回路技術

第5章 リチウム・イオンからニッケル水素まで
安全かつ短時間にエネルギーを満たす

2次電池の充電回路の基本

梅前 尚

2次電池の充電回路は，電池の特性や用途に合わせて構成する必要があります．本章ではニカド／ニッケル水素蓄電池からリチウム・イオン蓄電池まで，電池各種に適した充電回路を紹介します．

充電用電池の使われ方は2通り

図1に示すとおり2次電池（充電用電池）の使い方は，充電装置や電池，負荷，接続状態によって，大きくスタンバイ・ユースとサイクル・ユースの二つに分けられます．

① バックアップ

スタンバイ・ユースと呼びます．常時2次電池が充電された状態に保たれ，必要なときに負荷を駆動する使い方です．2次電池の自己放電を補う程度の小さな電流で充電するのが基本です．表1に，バックアップ用に適した電池の種類や，充電電圧と充電電流特性の代表例を示します．

負荷が交流電源などから常時電力供給されている回路中に2次電池を取り付け，停電などで交流電源からの電力供給が途絶えたときにバックアップする使い方がこれにあたります．

▶ 電源が遮断したときに電力供給するトリクル充電

正常時，2次電池は微小電流で充電されており，常に満充電の状態に保たれています．通常は，2次電池の充放電がないため2次電池の負担は軽いのですが，電源遮断時の切り換え回路が必要です．負荷が電源の切り替え時に生じる瞬断に対応していない場合はバックアップの回路が必要です．

常時充電電圧が印加されているので，電圧変動により2次電池が過充電とならないよう精度良く制御する必要があります．

▶ 電源と負荷との経路上に接続して常時電力を供給するフロート充電

平滑コンデンサの接続位置と同じです．電源が遮断しても変わらず2次電池から給電して瞬断を生じません．負荷にラッシュ電流が生じても2次電池でこれを補うため，電源回路は定格負荷を供給できるだけの容量で済みます．

ただし，2次電池を直結しているので，回路電圧を負荷変動分も含め2次電池に精度良く合わせなければ電池寿命を短くします．

電源の供給能力よりも負荷電流が大きいと2次電池

スタンバイ・ユース
AC電源などから常時電力供給されている回路中に2次電池を取り付けて使う方法．停電などでAC電源からの電力供給が途絶えたときの非常灯やUPS（無停電電源装置）などがこれにあたる

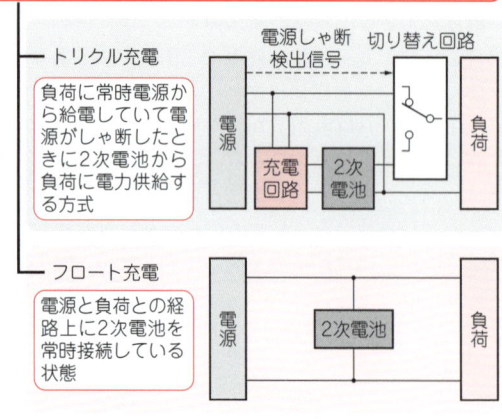

- トリクル充電：負荷に常時電源から給電していて電源がしゃ断したときに2次電池から負荷に電力供給する方式
- フロート充電：電源と負荷との経路上に2次電池を常時接続している状態

サイクル・ユース
充電と放電を繰り返す使い方．携帯機器の電池や乾電池と置き換え可能な汎用型の2次電池，太陽電池などの自然エネルギを利用した夜間照明用の電池などがこれにあたる

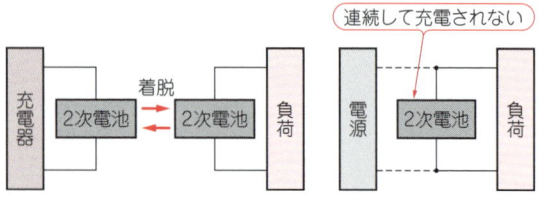

(a) バックアップ　　　　　　　(b) 充電と放電の繰り返し

図1 2次電池の使い方の違いと接続

に補充電されず電池容量が次第に減少します．負荷電流に対し十分な供給能力を持った電源を使います．

② 充電と放電の繰り返し

2次電池が充電回路から着脱可能なもの，常時充電されない使い方はサイクル・ユースです．

充電回路から切り離された状態で放電され，充電します．充電時間が短いことが要求され急速充電が基本となります．充電方法を**表2**に示します．

鉛蓄電池では，データシートにスタンバイ・ユース時とサイクル・ユース時それぞれで異なる充電電圧が規定されています．

ニカド蓄電池とニッケル水素蓄電池は，定電圧充電は過充電となる恐れがあるため推奨されていません．スタンバイ・ユースにこれらの2次電池を使う場合には，$1/20C \sim 1/30C$ 程度の微小電流に制限されたトリクル充電とするか，充電タイマを併用して過充電とならないよう充電量を制限します．

充電用定電流・定電圧電源の回路構成と特徴

● 充電回路には定電流と定電圧の二つの制御が必要

2次電池に供給されるエネルギーは，充電電流と充電時間で決まります．充電時間は充電電流によって制御されるので，充電器は電流を制御する機能が必須です．

鉛蓄電池やリチウム・イオン蓄電池では，定められ

表1 バックアップ用電池に適した充電方法

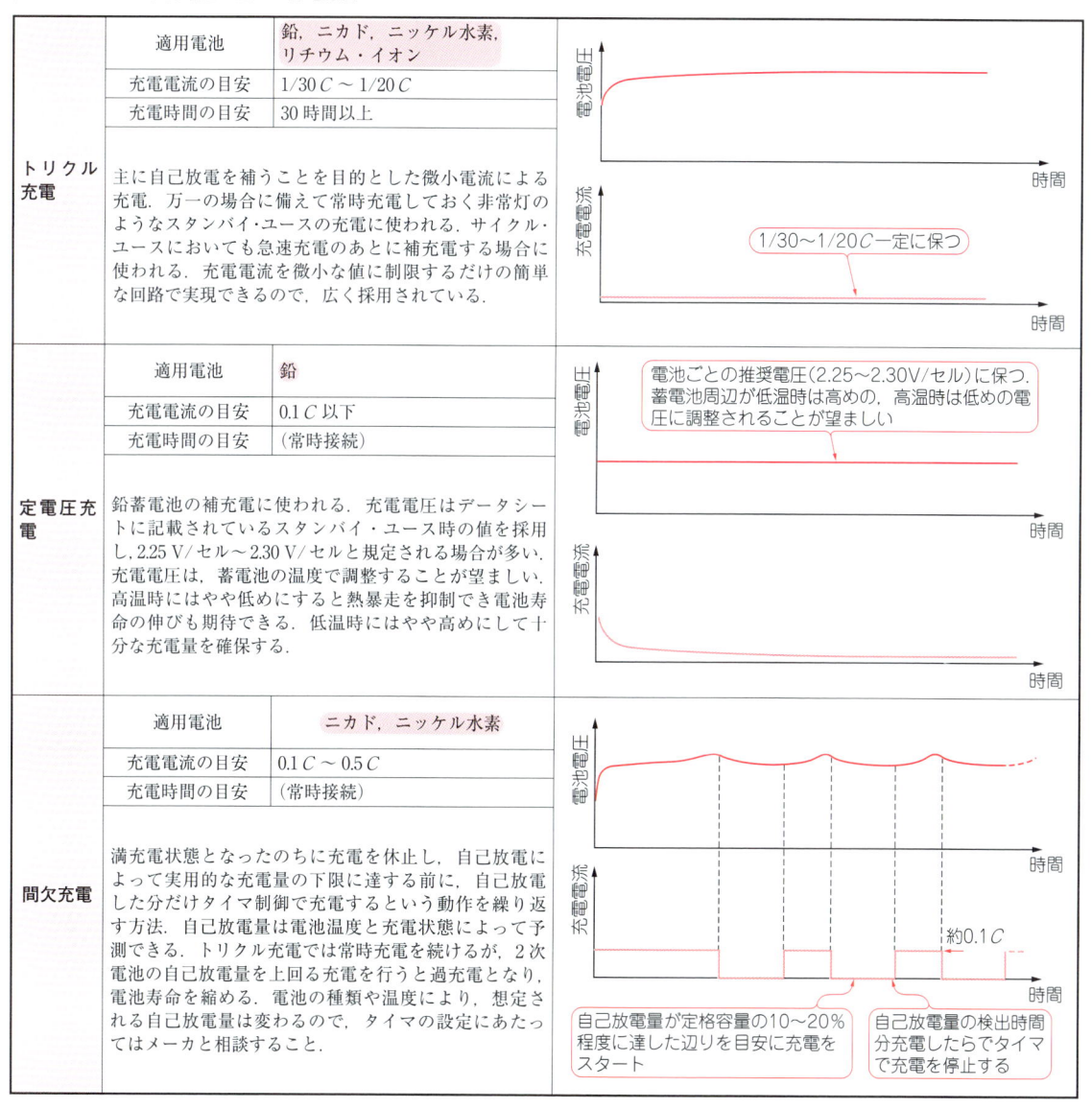

充電方式	項目	内容	特性
トリクル充電	適用電池	鉛, ニカド, ニッケル水素, リチウム・イオン	電池電圧／時間グラフ 充電電流：$1/30C \sim 1/20C$ 一定に保つ
	充電電流の目安	$1/30C \sim 1/20C$	
	充電時間の目安	30時間以上	
	主に自己放電を補うことを目的とした微小電流による充電．万一の場合に備えて常時充電しておく非常灯のようなスタンバイ・ユースの充電に使われる．サイクル・ユースにおいても急速充電のあとに補充電する場合に使われる．充電電流を微小な値に制限するだけの簡単な回路で実現できるので，広く採用されている．		
定電圧充電	適用電池	鉛	電池ごとの推奨電圧（2.25〜2.30V/セル）に保つ．蓄電池周辺が低温時は高めの，高温時は低めの電圧に調整されることが望ましい
	充電電流の目安	$0.1C$ 以下	
	充電時間の目安	（常時接続）	
	鉛蓄電池の補充電に使われる．充電電圧はデータシートに記載されているスタンバイ・ユース時の値を採用し，2.25 V/セル〜2.30 V/セルと規定される場合が多い．充電電圧は，蓄電池の温度で調整することが望ましい．高温時にはやや低めにすると熱暴走を抑制でき電池寿命の伸びも期待できる．低温時にはやや高めにして十分な充電量を確保する．		
間欠充電	適用電池	ニカド, ニッケル水素	約 $0.1C$ 自己放電量が定格容量の10〜20%程度に達した辺りを目安に充電をスタート．自己放電量の検出時間分充電したらでタイマで充電を停止する
	充電電流の目安	$0.1C \sim 0.5C$	
	充電時間の目安	（常時接続）	
	満充電状態となったのちに充電を休止し，自己放電によって実用的な充電量の下限に達する前に，自己放電した分だけタイマ制御で充電するという動作を繰り返す方法．自己放電量は電池温度と充電状態によって予測できる．トリクル充電では常時充電を続けるが，2次電池の自己放電量を上回る充電を行うと過充電となり，電池寿命を縮める．電池の種類や温度により，想定される自己放電量は変わるので，タイマの設定にあたってはメーカと相談すること．		

表2 サイクル・ユースに適した充電方法

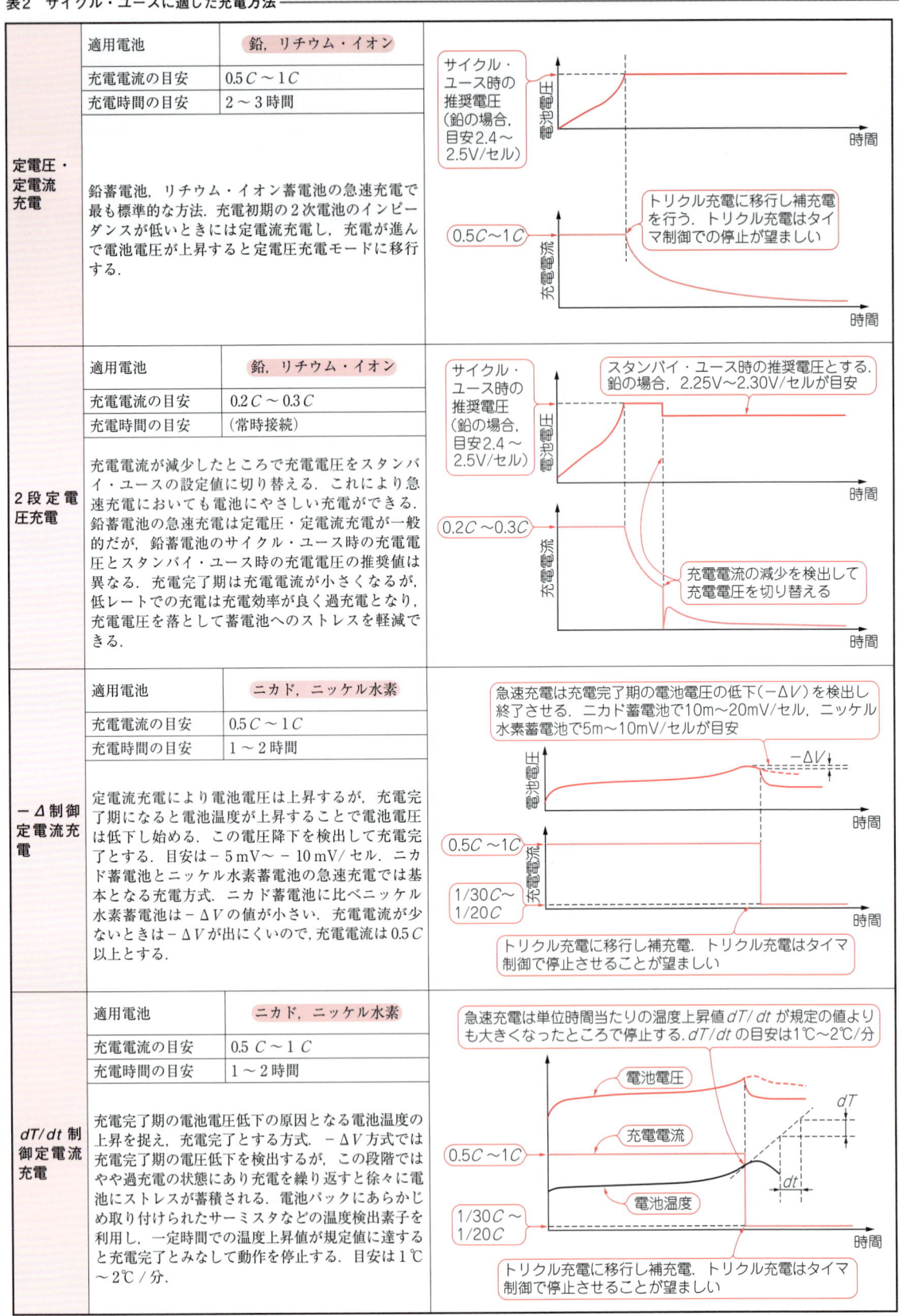

方式	項目	内容	グラフ説明
定電圧・定電流充電	適用電池	鉛, リチウム・イオン	サイクル・ユース時の推奨電圧（鉛の場合, 目安2.4〜2.5V/セル） トリクル充電に移行し補充電を行う. トリクル充電はタイマ制御での停止が望ましい 0.5C〜1C
	充電電流の目安	0.5C〜1C	
	充電時間の目安	2〜3時間	
	説明	鉛蓄電池, リチウム・イオン蓄電池の急速充電で最も標準的な方法. 充電初期の2次電池のインピーダンスが低いときには定電流充電し, 充電が進んで電池電圧が上昇すると定電圧充電モードに移行する.	
2段定電圧充電	適用電池	鉛, リチウム・イオン	サイクル・ユース時の推奨電圧（鉛の場合, 目安2.4〜2.5V/セル） スタンバイ・ユース時の推奨電圧とする. 鉛の場合, 2.25V〜2.30V/セルが目安 0.2C〜0.3C 充電電流の減少を検出して充電電圧を切り替える
	充電電流の目安	0.2C〜0.3C	
	充電時間の目安	（常時接続）	
	説明	充電電流が減少したところで充電電圧をスタンバイ・ユースの設定値に切り替える. これにより急速充電においても電池にやさしい充電ができる. 鉛蓄電池の急速充電は定電圧・定電流充電が一般的だが, 鉛蓄電池のサイクル・ユース時の充電電圧とスタンバイ・ユース時の充電電圧の推奨値は異なる. 充電完了期は充電電流が小さくなるが, 低レートでの充電は充電効率が良く過充電となり, 充電電圧を落として蓄電池へのストレスを軽減できる.	
$-\Delta$制御定電流充電	適用電池	ニカド, ニッケル水素	急速充電は充電完了期の電池電圧の低下（$-\Delta V$）を検出し終了させる. ニカド蓄電池で10m〜20mV/セル, ニッケル水素蓄電池で5m〜10mV/セルが目安 0.5C〜1C 1/30C〜1/20C トリクル充電に移行し補充電. トリクル充電はタイマ制御で停止させることが望ましい
	充電電流の目安	0.5C〜1C	
	充電時間の目安	1〜2時間	
	説明	定電流充電により電池電圧は上昇するが, 充電完了期になると電池温度が上昇することで電池電圧は低下し始める. この電圧降下を検出して充電完了とする. 目安は$-5mV$〜$-10mV$/セル. ニカド蓄電池とニッケル水素蓄電池の急速充電では基本となる充電方式. ニカド蓄電池に比ベニッケル水素蓄電池は$-\Delta V$の値が小さい. 充電電流が少ないときは$-\Delta V$が出にくいので, 充電電流は$0.5C$以上とする.	
dT/dt制御定電流充電	適用電池	ニカド, ニッケル水素	急速充電は単位時間当たりの温度上昇値dT/dtが規定の値よりも大きくなったところで停止する. dT/dtの目安は1℃〜2℃/分 電池電圧 充電電流 0.5C〜1C 電池温度 1/30C〜1/20C トリクル充電に移行し補充電. トリクル充電はタイマ制御で停止させることが望ましい
	充電電流の目安	0.5C〜1C	
	充電時間の目安	1〜2時間	
	説明	充電完了期の電池電圧低下の原因となる電池温度の上昇を捉え, 充電完了とする方式. $-\Delta V$方式では充電完了期の電圧低下を検出するが, この段階ではやや過充電の状態にあり充電を繰り返すと徐々に電池にストレスが蓄積される. 電池パックにあらかじめ取り付けられたサーミスタなどの温度検出素子を利用し, 一定時間での温度上昇値が規定値に達すると充電完了とみなして動作を停止する. 目安は1℃〜2℃/分.	

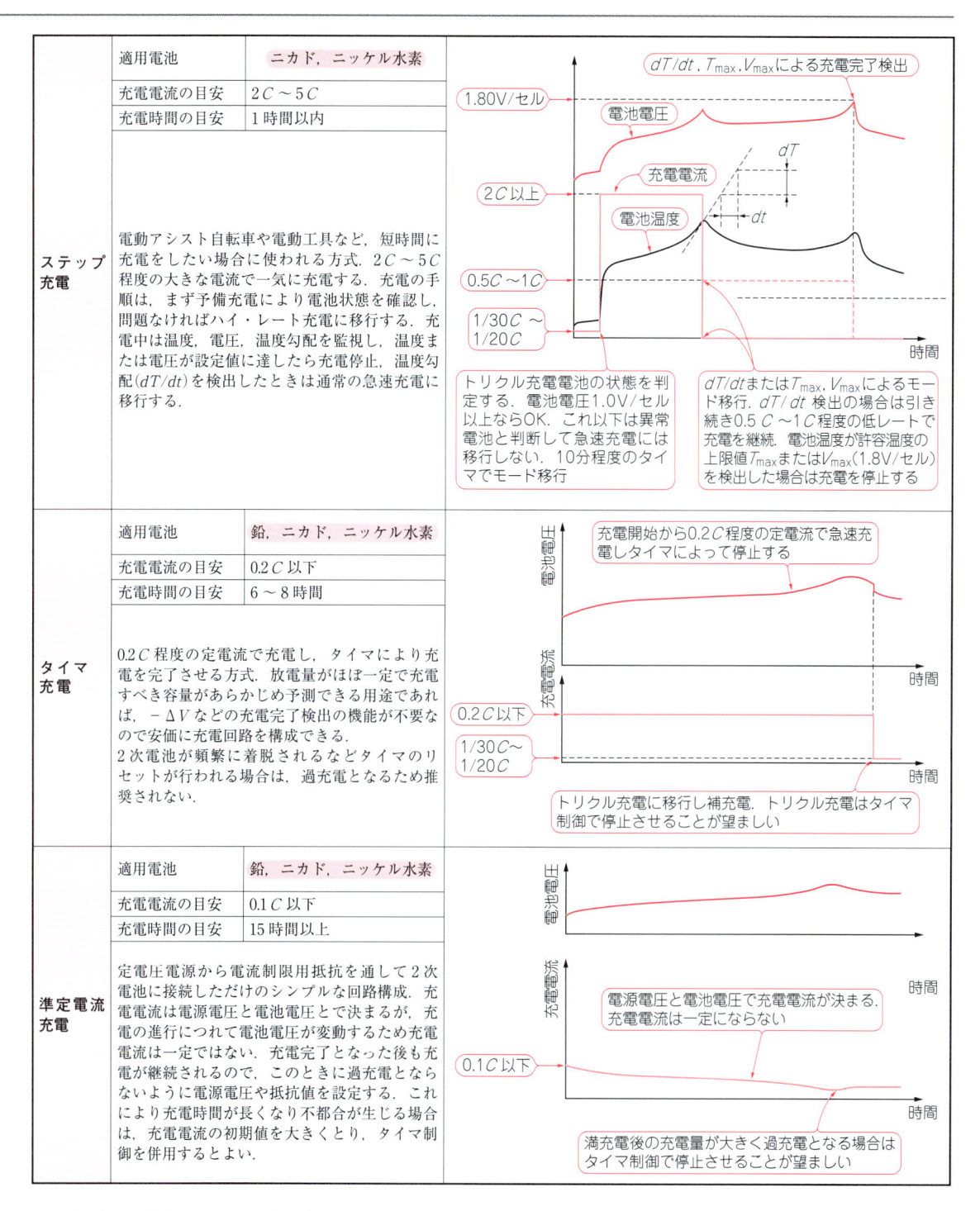

	適用電池	ニカド, ニッケル水素	グラフ説明
ステップ充電	充電電流の目安	$2C \sim 5C$	dT/dt, T_{max}, V_{max}による充電完了検出 / 1.80V/セル / 電池電圧 / $2C$以上 / 充電電流 / 電池温度 / $0.5C \sim 1C$ / $1/30C \sim 1/20C$
	充電時間の目安	1時間以内	
	電動アシスト自転車や電動工具など,短時間に充電をしたい場合に使われる方式.$2C \sim 5C$程度の大きな電流で一気に充電する.充電の手順は,まず予備充電により電池状態を確認し,問題なければハイ・レート充電に移行する.充電中は温度,電圧,温度勾配を監視し,温度または電圧が設定値に達したら充電停止,温度勾配(dT/dt)を検出したときは通常の急速充電に移行する.	トリクル充電電池の状態を判定する.電池電圧1.0V/セル以上ならOK.これ以下は異常電池と判断して急速充電には移行しない.10分程度のタイマでモード移行	dT/dtまたはT_{max},V_{max}によるモード移行.dT/dt検出の場合は引き続き0.5$C \sim 1C$程度の低レートで充電を継続.電池温度が許容温度の上限値T_{max}またはV_{max}(1.8V/セル)を検出した場合は充電を停止する
タイマ充電	適用電池	鉛,ニカド,ニッケル水素	充電開始から0.2C程度の定電流で急速充電しタイマによって停止する / 0.2C以下 / $1/30C \sim 1/20C$
	充電電流の目安	0.2C以下	
	充電時間の目安	$6 \sim 8$時間	
	0.2C程度の定電流で充電し,タイマにより充電を完了させる方式.放電量がほぼ一定で充電すべき容量があらかじめ予測できる用途であれば,$-\Delta V$などの充電完了検出の機能が不要なので安価に充電回路を構成できる.2次電池が頻繁に着脱されるなどタイマのリセットが行われる場合は,過充電となるため推奨されない.		トリクル充電に移行し補充電.トリクル充電はタイマ制御で停止させることが望ましい
準定電流充電	適用電池	鉛,ニカド,ニッケル水素	電源電圧と電池電圧で充電電流が決まる.充電電流は一定にならない / 0.1C以下
	充電電流の目安	0.1C以下	
	充電時間の目安	15時間以上	
	定電圧電源から電流制限用抵抗を通して2次電池に接続しただけのシンプルな回路構成.充電電流は電源電圧と電池電圧とで決まるが,充電の進行につれて電池電圧が変動するため充電電流は一定ではない.充電完了となった後も充電が継続されるので,このときに過充電とならないように電源電圧や抵抗値を設定する.これにより充電時間が長くなり不都合が生じる場合は,充電電流の初期値を大きくとり,タイマ制御を併用するとよい.		満充電後の充電量が大きく過充電となる場合はタイマ制御で停止させることが望ましい

た電池電圧に制御しなければ充電量が不足したり過充電になるので,定電圧制御が欠かせません.

ニカド蓄電池やニッケル水素蓄電池でも,充電器の出力電圧が不足すると充電電流が不安定になって充電完了を正しく検出できなくなったり,逆に不必要に高い出力電圧で定電流制御用の素子で大きな損失を生じたりします.

電池の着脱が可能な充電器で2次電池を取り外した場合は,回路電圧が過度に上昇して端子部分に危険な電圧が生じるなどの問題があるため,電池の種類を問わず電圧制御が必要です.

つまり,充電器には,定電流・定電圧制御の機能が

必要ということになります．

図2に定電流・定電圧制御を実現するためによく使われる回路構成を示します．

● 定電圧出力に定電流回路を簡単に加える方法

図2(a)に定電圧出力に定電流回路を加える回路構成例と出力特性を示します．

電源トランスを使った定電圧電源やACアダプタ出力に定電流回路を加えて，定電圧・定電流を実現する方法です．回路構成が比較的簡単で，手持ちのACアダプタを活用できるため，手軽に充電器を作れます．

電源の出力電圧と2次電池の電池電圧との差が定電流回路の両端に印加されるため，電圧差や充電電流が大きい場合には，定電流回路の損失が大きくなり，発熱量も大きくなります．制御素子の放熱には十分な余裕を見ておく必要があります．

定電流回路で5Wを超える損失が見込まれる場合は，スイッチング方式の定電流回路を検討する方が良いでしょう．

● 電源出力を定電圧・定電流で制御する複雑だが高効率な方法

図2(b)にスイッチング電源をベースとした方式を示します．通常の電源では出力電圧を制御回路にフィードバックして安定化させますが，これに出力電流のフィードバック信号を加え，電源出力を定電圧・定電流としています．

回路はやや複雑になりますが，スイッチング電源出力が定電流制御されるので，電源の損失は定電流回路を加える方法に比べて少なくなり効率が良い充電器を構築できます．

電源の出力電圧は電池電圧に連動して上下します．このため，電池電圧が低い過放電状態の2次電池を接続すると出力電圧が下がりすぎてしまい，電源内部の制御回路の電圧が確保できなくなって動作が不安定になることがあります．このような場合は，制御回路用の電源を外部から供給するか，電源出力を2出力として制御回路用の電源を確保するようにします．

● 電圧制限機能だけを設ける方法

図2(c)に，電圧制限機能だけの回路構成を示します．

太陽電池のように電流供給能力に制限がある電力源を使うとき，電圧をクランプするだけで電流・電圧制御ができる場合があります．

定電流機能は持たないため，ニカド・ニッケル水素蓄電池の急速充電には不向きです．多少の電流変化があっても2次電池にストレスを与えないトリクル充電とします．

鉛蓄電池は，急速充電時に充電電流の増減があっても充電完了検出には影響が無いため，この方法に相性の良い電池といえます．2段定電圧充電あるいはスタンバイ・ユースで規定された充電電圧に制御し，電源側の制限電流が2次電池の許容充電電流を超えない組み合わせとなるように設計します．

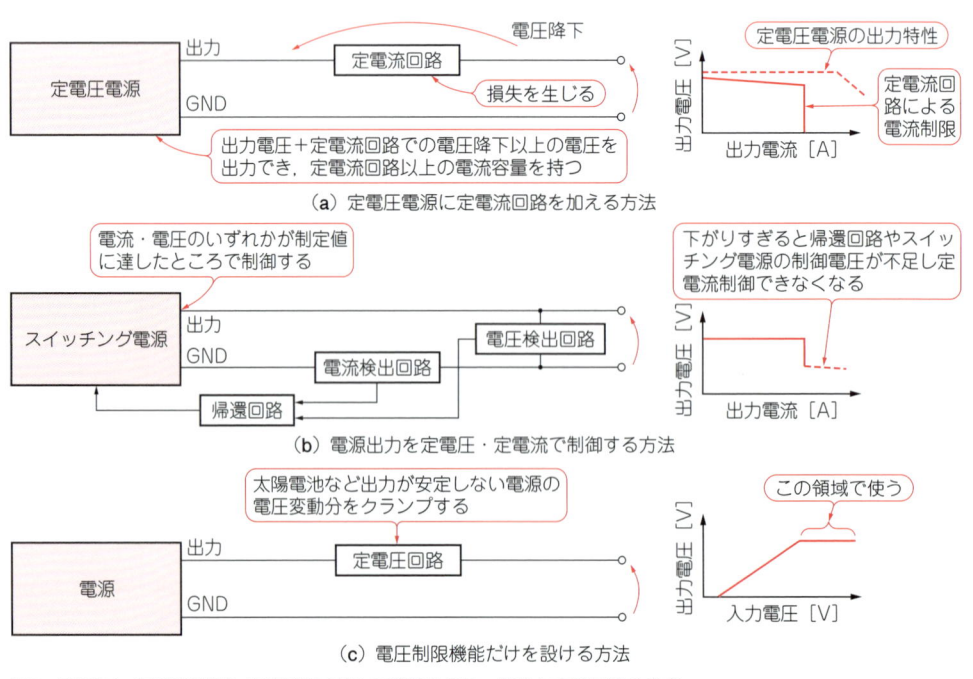

図2 定電圧・定電流制御および定電圧だけの制御をする一般的な充電回路の構成

電池の種類に合った充電回路を採用する

■ 鉛蓄電池サイクル・ユース用の急速充電器

鉛蓄電池の2段定電圧方式急速充電器を設計してみます．鉛蓄電池は秋月電子通商で通販でも購入できる公称容量(C_{20})8AhのWP8-12(Kung Long Batteries Industrial)を選びました．

● 設計に必要な電池情報をカタログから読み取る

表3はWP8-12のカタログの抜粋です．カタログではサイクル・ユースでの充電電圧は14.4V～15.0V，充電電流は最大で2.4Aと規定されています．最初の急速充電は14.8V，2.4Aで行い，その後充電電流が(1/3)Cとなる0.8A付近まで低下したところで13.6Vのトリクル充電モードに移行する仕様とします．

電源出力は，定電流モードから定電圧モードに移行するポイントが最大出力となり，その値は14.8V×2.4A＝35.52Wとなるので，40W程度のスイッチング電源をベースに作成します．電池電圧や容量・充電電流が異なる場合は，それぞれの設定値にあった容量の電源を使用します．

● 定電流制御から定電圧制御に切り替わる充電回路

図3は，定電圧・定電流制御の充電回路の設計例です．この回路で最大のポイントは，フィードバック回路です．定電圧出力の電源では，出力電圧をモニターしてシャント・レギュレータICなどの基準電圧と比較して，誤差信号をフォトカプラを介して1次側のスイッチング制御ICに送り，スイッチング動作を制御して出力電圧を一定保ちます．

電圧検出に加え電流検出も行い，それぞれOPアンプで基準電圧と比較して1次側にフィードバックしています．

充電初期の電池電圧が低い状態では，電圧制御がはたらく前に電流制限により定電流動作となり，充電の進行に伴って電池電圧が上昇し，電圧制御の設定値まで達すると電圧制御側のOPアンプが機能し始め，自動的に定電圧動作に移行します．

2段定電圧制御の電圧切換は，出力電流を検出するOPアンプを別に設け，電圧設定側の基準電圧を切り替えることで実現しています．

■ ニカド蓄電池とニッケル水素蓄電池の充電回路

定電流充電に$-\Delta V$ならびにdT/dtによる充電完了検出を備えた急速充電方式が一般的です．電圧設定が

表3 鉛蓄電池WP8-12の特性

公称電圧	12 V	
公称容量	20時間率	(0.4 A で10.50 V まで充電) 8 Ah
	10時間率	(0.8 A で10.50 V まで充電) 8 Ah
	5時間率	(1.36 A で10.20 V まで充電) 6.8 Ah
	1C	(8 A で 9.60 V まで充電) 3.6 Ah
	3C	(24 A で 9.60 V まで充電) 2.88 Ah

(a) 基本特性

サイクル・ユース	充電電圧	14.4 V ～15.0 V
	最大充電電流	2.4 V
スタンバイ・ユース	フロート充電電圧	13.50 V ～13.80 V　電流制限なし

(b) 充電方法(25℃)

適切でないと正しく充電できなかったり，充電器に大きな負担が加わるため，定電圧制御も欠かせません．

● 充電の手順と回路構成例

充電フローを図4に示します．記載されている電圧値とタイマ時間などは目安です．

図5は，1800 mAhニッケル水素蓄電池6セル直列接続の電池パックを充電する回路ブロックです．制御はA-Dコンバータを備えたマイコンで行い，電池電圧や電池温度の監視をしながら，充電用トランジスタ・スイッチを制御します．充電電流や出力電圧は電源で制御します．

電池装着を検出すると，まず電池電圧をチェックします．電池電圧が0.9 V/セルを下回る電池は過放電状態にあり，すでに2次電池としての機能が失われている(寿命となっている)可能性があるので，そのまま充電するのは危険と判断して充電しません．

低電圧バッテリと判断された電池の中には，端子の汚れなどにより電池電圧が正常に検出できていないものや，寿命には至らないものの一時的に不活性となり電池電圧が上昇しないものも含まれます．

このような電池を救済する目的で，次のような制御をする場合もあります．

① 2次電池が接続された際に1時間程度のタイマを設けて1/3C程度の予備充電を行う
② タイマ期間中に電池電圧が復帰すれば急速充電に移行する
③ タイマ終了時にまだ電圧が上昇しない場合は異常電池を判断して充電を停止させる

● 急速充電時は電池の温度や電圧を監視する

接続された2次電池が急速充電できる状態にあれば，急速充電モードに移行します．移行と同時に充電タイマをスタートし，タイマ時間の経過，$-\Delta V$の検出，

規定値以上のdT/dtの検出のいずれかで充電完了と判断します．

この間，電池温度と電池電圧は常に監視し，温度が許容値条件に達したり，電池電圧が2.0 V/セルを超えるような異常上昇を示した場合は，即座にすべての充電動作を停止します．タイマ時間は予想される充電時間の1.5倍程度を目安に設定します．

充電完了を検出したのちは，トリクル充電モードに移行します．トリクル充電は2次電池の自己放電を補い，満充電状態を維持するための充電で$1/20C$～$1/30C$に設定します．

充電完了後も2次電池が充電器に接続されたままとなる場合は，過充電を防止するためタイマでトリクル充電も終了するシーケンスを取り入れたほうが，2次電池に与えるストレスは小さくなります．

■ ニッケル水素蓄電池の急速充電器

MAX713はニカド蓄電池とニッケル水素蓄電池の急速充電制御用に開発されたICです．

図6は，公称容量1100 mAhのニッケル水素蓄電池4セル直列接続の充電回路例です．

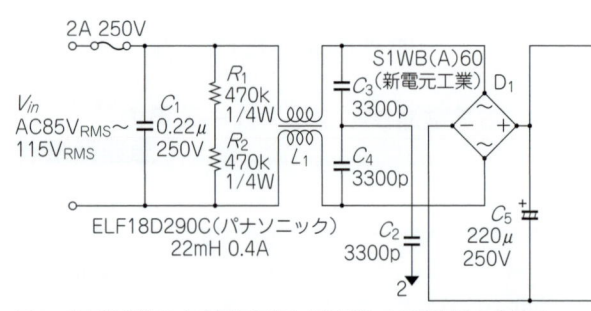

図3 定電流制御から定電圧制御に切り替わる鉛蓄電池の充電回路
充電ターゲットの鉛蓄電池WP8-12．

端子接続の組み合わせにより1セル～16セルの直列電池に対応し，充電完了検出は$-\Delta V$とタイマを併用しています．温度検出用端子も備えており，充電中に高温となったときは急速充電を停止します．さらに充電に適さない低温状態で電池が接続された場合は急速充電は行わず，電池温度が上昇するまで待機する機能ももっています．

急速充電完了後は自動的にトリクル充電モードに移行し，補充電を続けます．端子接続の組み合わせでセル数や容量に適したタイマ時間，急速充電・トリクル充電の電流値を設定できます．

温度検出用の端子は備えていますが，dT/dt検出は行っていません．急速充電前の予備充電やトリクル充電のタイマ制御には対応していません．

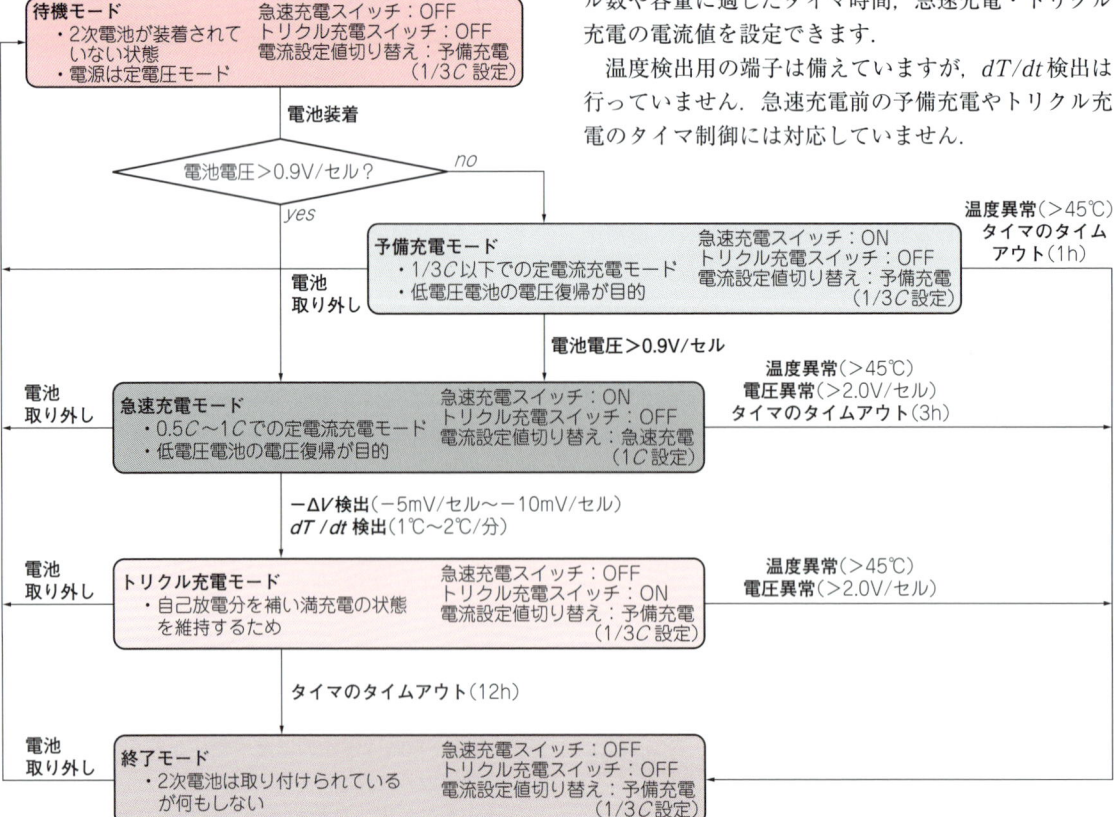

図4 ニカド蓄電池とニッケル水素蓄電池の充電の手順例

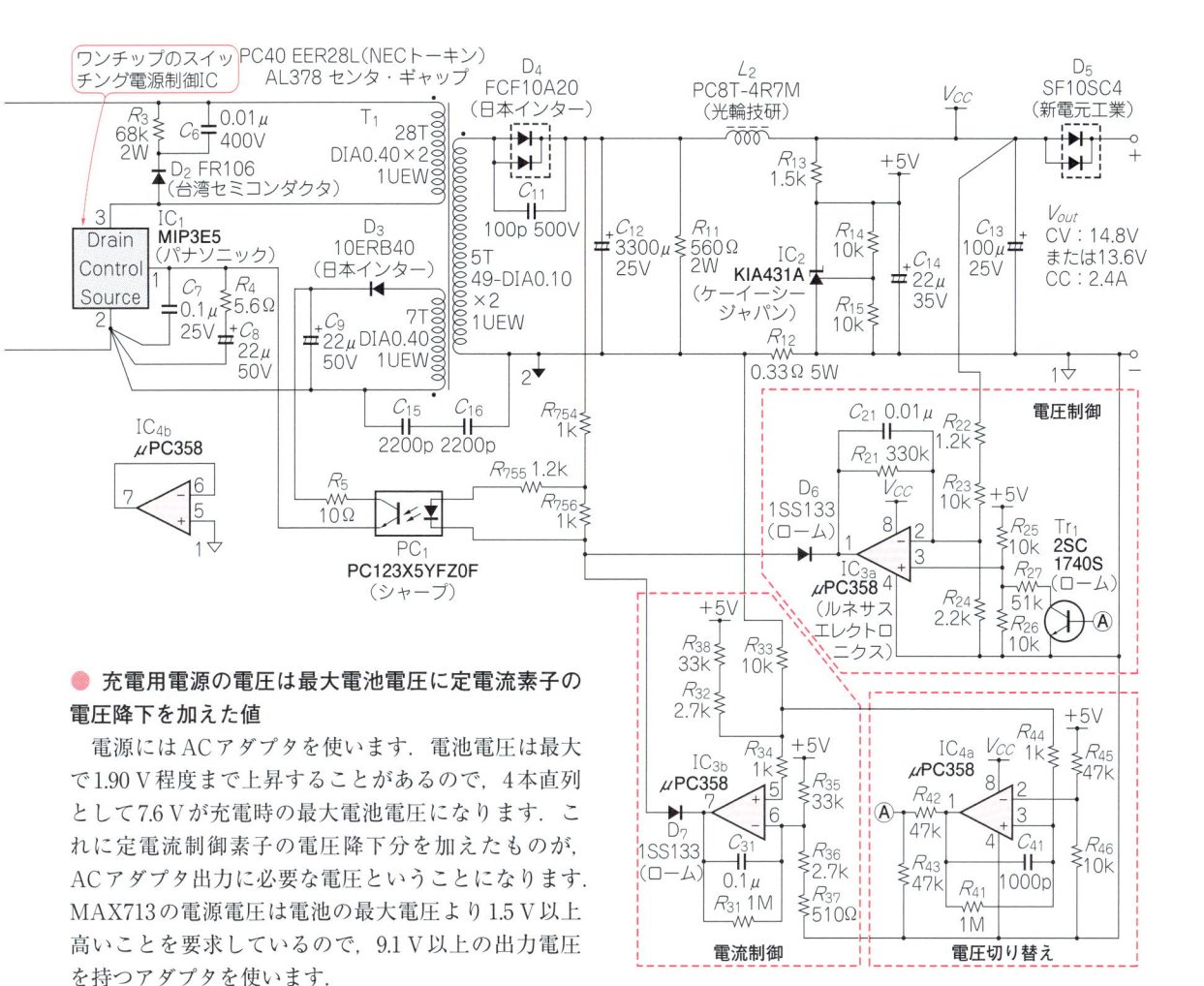

● 充電用電源の電圧は最大電池電圧に定電流素子の電圧降下を加えた値

電源にはACアダプタを使います．電池電圧は最大で1.90V程度まで上昇することがあるので，4本直列として7.6Vが充電時の最大電池電圧になります．これに定電流制御素子の電圧降下分を加えたものが，ACアダプタ出力に必要な電圧ということになります．MAX713の電源電圧は電池の最大電圧より1.5V以上高いことを要求しているので，9.1V以上の出力電圧を持つアダプタを使います．

ここでは入力変動やリプル電圧の谷の影響を加味して12V出力のアダプタを使いました．直列セル数が違う場合はACアダプタを選び直します．

● 定電流値とタイマを設定する

Tr_1は充電制御用のトランジスタです．充電制御IC MAX713のDRV端子により直接駆動し，定電流動作を行います．

▶定電流値の設定

充電電流はR_3の値とPGM3端子の設定で決まり，PGM3端子がREF端子に接続されている場合，BATT−端子への印加電圧が0.25Vとなる電流値を1C充電として制御します．ここでは1100mAhの電池を使うので，

　　0.25V÷1100mA＝0.227Ω

から0.22Ωにしています．

▶接続するセル数の設定

適用する電池のセル数の設定は，PGM0端子とPGM1端子をV+端子，REF端子，BATT−端子のいずれかに接続，またはオープンとする組み合わせで決まります．**表4**に示すセル数ごとのプログラム表に従い接続します．今回は4セルなので，PGM0をV+に，PGM1をBATT−に接続します．

▶充電タイマの設定

充電タイマは，セル数の設定と同様にPGM2端子とPGM3端子の接続またはオープンとする組み合わせで決まります．設定方法は，**表5**に示すデータシートの最大充電時間のプログラム表を参照して求めます．ただし，充電電流を1Cにするために PGM3端子をREF端子に接続しているので，90分または132分のどちらかを選択します．1C充電ならばほぼ1時間で充電を完了するので，ここでは90分の設定とし，PGM2端子をREF端子に接続します．

▶トリクル充電の電流設定

初期値では急速充電の電流設定で一意的に決まり，1C設定の時には1/16Cになりますが，このままでは推奨値の1/20C〜1/30Cより少し大きいので，回路を付加して電流検出抵抗R_3にバイアス電流を流し，トリクル電流を減少させます．

電池の種類に合った充電回路を採用する

制御回路用レギュレータ
電池の電圧が4.5V程度まで低下(0.7V/セル時)するため，3V出力低飽和電圧の3端子レギュレータを使う

急速充電スイッチ
急速充電，予備充電時にONする

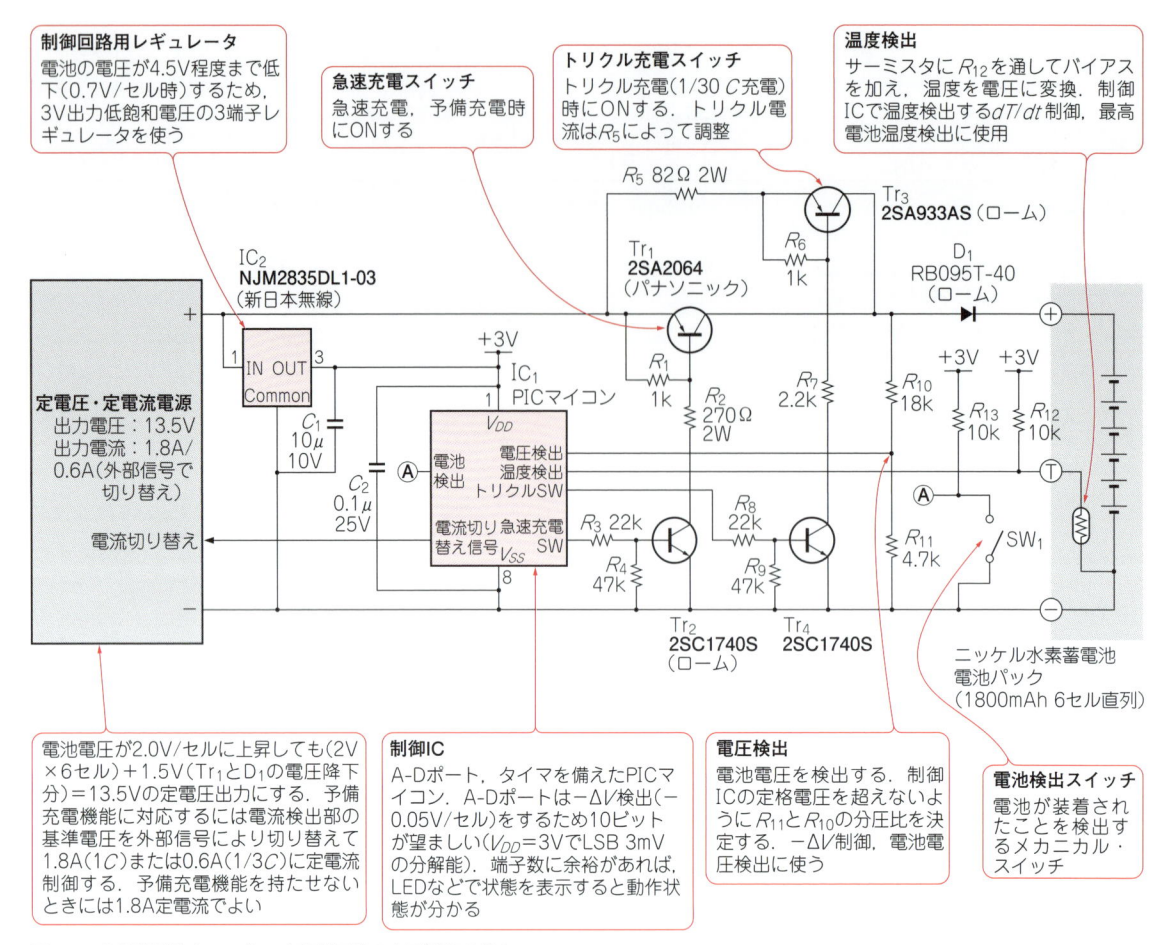

トリクル充電スイッチ
トリクル充電(1/30 C 充電)時にONする．トリクル電流は R_5 によって調整

温度検出
サーミスタに R_{12} を通してバイアスを加え，温度を電圧に変換．制御ICで温度検出する dT/dt 制御，最高電池温度検出に使用

定電圧・定電流電源
出力電圧：13.5V
出力電流：1.8A/0.6A(外部信号で切り替え)
電流切り替え

電池電圧が2.0V/セルに上昇しても(2V×6セル)+1.5V(Tr_1とD_1の電圧降下分)=13.5Vの定電圧出力にする．予備充電機能に対応するには電流検出部の基準電圧を外部信号により切り替えて1.8A(1C)または0.6A(1/3C)に定電流制御する．予備充電機能を持たせないときには1.8A定電流でよい

制御IC
A-Dポート，タイマを備えたPICマイコン．A-Dポートは-ΔV検出(-0.05V/セル)をするため10ビットが望ましい(V_{DD}=3VでLSB 3mVの分解能)．端子数に余裕があれば，LEDなどで状態を表示すると動作状態が分かる

電圧検出
電池電圧を検出する．制御ICの定格電圧を超えないように R_{11} と R_{10} の分圧比を決定する．-ΔV制御，電池電圧検出に使う

電池検出スイッチ
電池が装着されたことを検出するメカニカル・スイッチ

ニッケル水素蓄電池 電池パック (1800mAh 6セル直列)

図5 ニカド蓄電池とニッケル水素蓄電池の充電制御の流れ

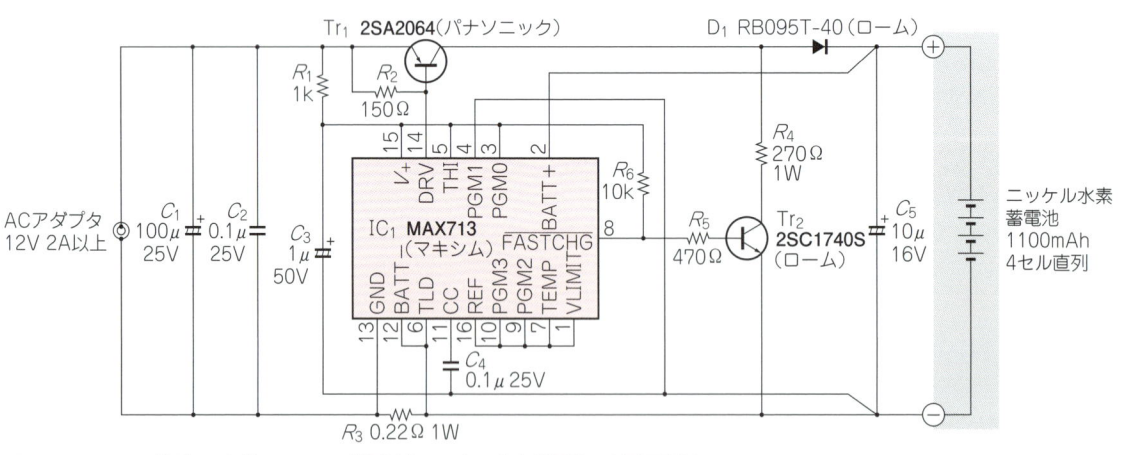

図6 スイッチング制御ICを使ったニカド蓄電池とニッケル水素蓄電池の充電回路例
充電対象のニッケル水素蓄電池は公称容量1100mAh，4セル直列接続．

このための回路が，Tr_2 と R_4〜R_6 で，R_4 の定数によりバイアス電流を制御しトリクル電流を調整しています．

● **温度条件の検出も可能**

図6に示す回路の2次電池はサーミスタなどの温度検出端子を備えていません．サーミスタ内蔵の電池パックを充電する場合や，電池表面にサーミスタを取り

第5章 2次電池の充電回路の基本

表4 ニカド/ニッケル水素蓄電池の充電制御IC MAX713のセル数をプログラムする接続方法

セル数	PGM1の接続	PGM0の接続
1	V+	V+
2	Open	V+
3	REF	V+
4	BATT−	V+
5	V+	Open
6	Open	Open
7	REF	Open
8	BATT−	Open
9	V+	REF
10	Open	REF
11	REF	REF
12	BATT−	REF
13	V+	BATT−
14	Open	BATT−
15	REF	BATT−
16	BATT−	BATT−

表5 充電制御IC MAX713の最大充電時間のプログラム

タイムアウト[分]	A-Dサンプリング検出機能(t_A)[秒]	電圧スロープ間隔	PGM3の接続	PGM2の接続
22	21	Disabled	V+	Open
		Enabled		REF
33		Disabled		V+
		Enabled		BATT−
45	42	Disabled	Open	Open
		Enabled		REF
66		Disabled		V+
		Enabled		BATT−
90	84	Disabled	REF	Open
		Enabled		REF
132		Disabled		V+
		Enabled		BATT−
180	168	Disabled	BATT−	Open
		Enabled		REF
264		Disabled		V+
		Enabled		BATT−

付けるなど温度を検出できるようにした場合は,TEMP端子とTHI端子,TLO端子を活用し,温度保護を加えられます.

● **電流制御素子の損失が大きい場合はスイッチング回路にする**

図6の回路はリニア方式です.充電電流が大きい時や電源電圧が高い時には,電流制御素子の損失が大きくなり実用的でない場合があります.その場合,制御素子をスイッチング動作させて損失を低減できます.回路はやや複雑となりますが,リニア方式に比べて効率の良い充電器を作ることができます.

■ リチウム・イオン蓄電池の充電回路に求められること

リチウム・イオン蓄電池はエネルギー密度が高いので,電池の仕様に合わない充放電を行うと,性能を十分に発揮できなかったり電池寿命を短くしたりします.極端な場合は破裂・発火事故に至る場合もあります.

このためリチウム・イオン蓄電池は一般にセル単体で市販されておらず,メーカとの十分な協議の元に電池または電池パックに適合した充電器を使うことになっています.ここでは電池メーカが推奨する急速充電の方法を紹介します.図7に,1セル電池パック(サーミスタなどによる温度検出機能を内蔵した電池パック)の電池メーカが推奨する充電フローチャート例を示します.

● **精度の高い満充電電圧設定が必要**

リチウム・イオン蓄電池は,一般に定電圧制御と定電流制御を組み合わせて充電します.推奨されている充電電流は$0.7C$,充電電圧は4.20 V/セルあるいは4.30 V/セルです.鉛蓄電池と比較すると,より変動やばらつきが少ない,精度の高い電圧設定が求められます.電池の種類や形状により,充電電流・電圧の推奨値は異なるので,使う電池に合わせて調整します.

充電時の基本性能のほかに,以下のような保護機能を併設することが求められています.

▶**2次電池装着から充電完了までの総時間を制限するトータル・タイマ**

何らかの事情で充電完了が検出できなかったり,異常状態が検出できなかったとき,充電を強制的に終了させます.

▶**充電動作に入ってからカウントする充電タイマ**

急速充電する時間を制限します.

▶**充電開始時に電池が充電に適した温度がどうかを判定する電池温度検出**

低温では充電効率が悪くなり電池を劣化させる可能性が,高温状態のときは電池に異常がある可能性があります.このため,電池に推奨される温度範囲であれば充電を開始し,規格外のときは待機します.

▶**充電開始時や充電途中に電池電圧が規格値以上になっていないか確認する過電圧検出**

設定電圧以上となった場合は充電を即停止します.

▶**電池電圧が低すぎないかを確認する減電圧検出**

電池電圧が低すぎる場合,過放電による電池の異常が考えられます.このような状態で無理に急速充電を行うと,電池寿命を極端に縮めたり破裂・発火の恐れがあります.

電池電圧が規定値以下の場合,まず$0.1C$程度の低い充電レートで充電し,電池電圧が復帰すれば急速充電に切り替えるようにします.

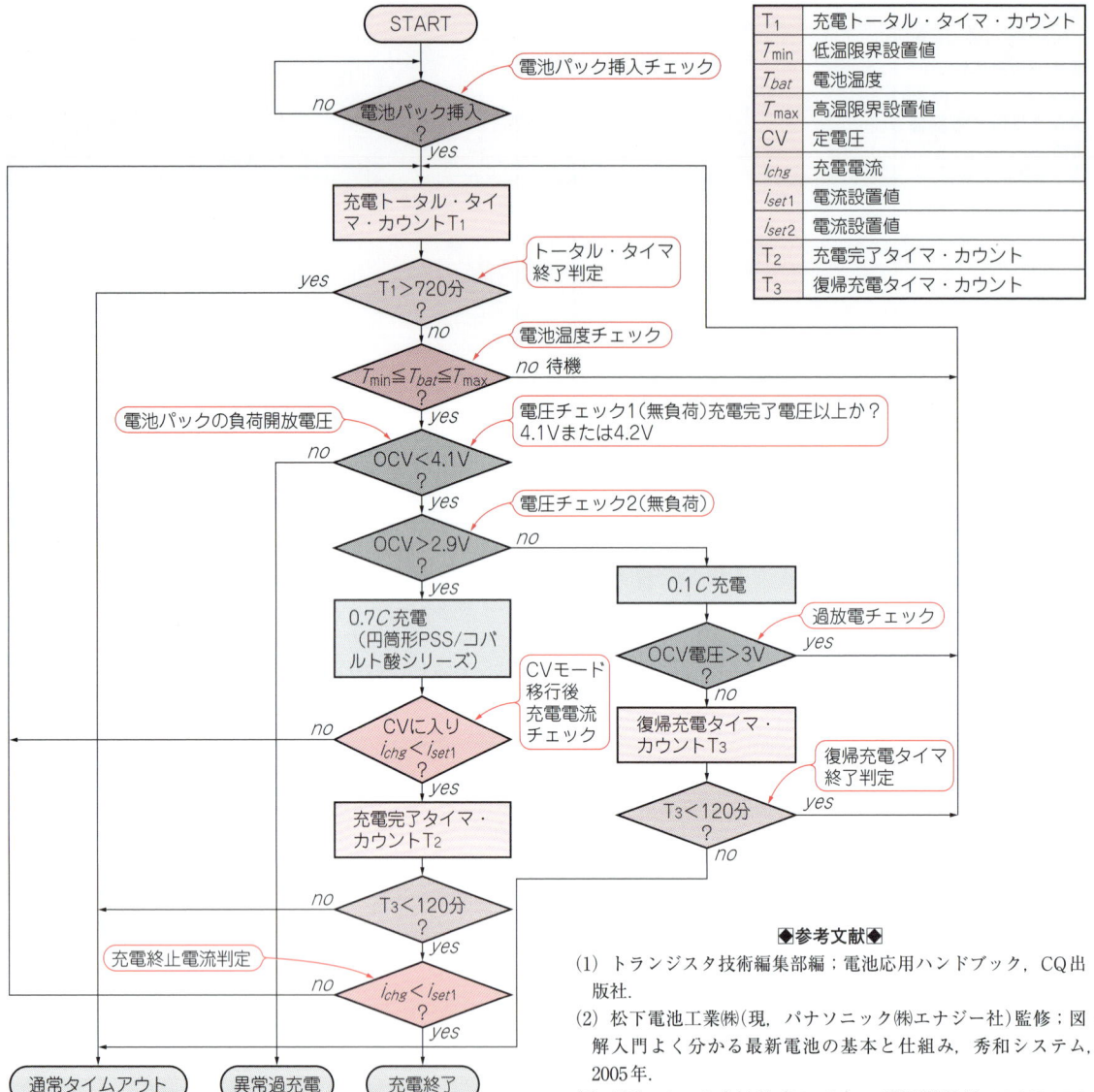

図7 電池メーカが推するリチウム・イオン蓄電池の充電フロー
パナソニックのリチウム・イオン蓄電池アプリケーション・ノートより.

T_1	充電トータル・タイマ・カウント
T_{min}	低温限界設置値
T_{bat}	電池温度
T_{max}	高温限界設置値
CV	定電圧
i_{chg}	充電電流
i_{set1}	電流設置値
i_{set2}	電流設置値
T_2	充電完了タイマ・カウント
T_3	復帰充電タイマ・カウント

▶過充電による電池の劣化を防ぐ充電完了検出

急速充電の際,充電末期には定電圧モードで充電され徐々に充電電流は減少しますが,充電を継続すると過充電となり電池にストレスが加わります.充電電流が規定値以下まで低下したところで充電完了と判断し,充電動作を終了させます.充電完了の検出は,充電電流が$0.1C〜0.07C$になったところで行います.

◆参考文献◆
(1) トランジスタ技術編集部編;電池応用ハンドブック,CQ出版社.
(2) 松下電池工業㈱(現,パナソニック㈱エナジー社)監修;図解入門よく分かる最新電池の基本と仕組み,秀和システム,2005年.
(3) 電動アシスト自転車〈CY-SJ〉,三洋電機技報,Vol.35. No1, pp.106-114(2003).
(4) 社団法人 電池工業会 ホームページ,http://www.baj.or.jp/
(5) 一般社団法人 JBRC ホームページ,http://www.jbrc.net/hp/contents/index.html
(6) 社団法人 JEITA(電子情報技術産業協会)ホームページ コンシューマ・プロダクツ部-Q&A-リチウムイオン電池に関するQ&A. http://home.jeita.or.jp/ce/faq/batt_qanda.html
(7) パナソニック㈱ホームページ 商品情報[法人]-電子デバイス・産業機器向け機械-商品一覧-電池・電源,http://industrial.panasonic.com/jp/products/battery/battery.html
(8) ソートラボ㈱ホームページ,バッテリ劣化のメカニズム,http://www.sotolab.jp/

(初出:「トランジスタ技術」2010年2月号 特集第2章)

Appendix C 専用充電ICを使った回路設計と実験
リチウム・イオン蓄電池とニッケル水素蓄電池の充電回路集

高橋 久／星 聡

リチウム・イオン蓄電池用充電ICと応用回路

リチウム・イオン蓄電池は，1セル当たりの電圧が3.7 V（公称電圧）と高く，単位重量当たりのエネルギー密度が最も高い2次電池です．単位重量当たりのエネルギー密度はニッケル水素蓄電池の3倍以上，鉛蓄電池の5倍以上あります．多くの2次電池に見られるメモリ効果もなく，継ぎ足し充電できることも大きな特徴です．しかし，大きな放電電流が得られないという欠点もあります．

リチウム・イオン蓄電池の劣化を少なくし，繰り返して利用できる回数を増やすには，正しい充電を行うことです．

● 定電圧・定電流制御に加えさまざまな保護機能が必要

リチウム・イオン蓄電池は，基本的に定電圧・定電流回路で充電します．実用的な充電回路では，充電時間も計測して，指定された時間を超えて充電している場合はエラーと判断して充電を停止することも要求されます．

リチウム・イオン蓄電池の1セル当たりの公称電圧は3.7 Vですが，満充電時の最高電圧は4.2 V±50 mVです．また，電池の電圧が3 V程度になったときは，蓄えられたエネルギーをほぼ使い果たしたと考えてよいでしょう．携帯電話などでは3.2 Vでエネルギーなしと判断していることが多いようです．

電池の容量（1時間で放電する電流を［Ah］で表示）がQ［Ah］の場合，電流値を示すCは，$C=Q$とします．このとき，電池の電圧が3 V以下の場合は，充電電流を$0.1C$程度で行い，3 Vを超えたときは，$0.7C$〜$1C$程度で行います．

公称電圧3.7 V，容量Q［Ah］のリチウム・イオン蓄電池を充電するときの手順例を図Aに示します．充電は電池の電圧が3 V未満の場合，容量で示す電流値

図A　リチウム・イオン蓄電池の充電制御フローチャート

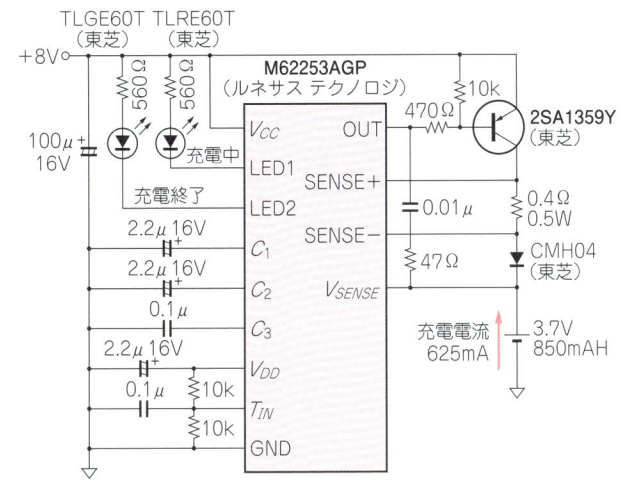

図C　専用の制御ICを使ったリチウム・イオン蓄電池を充電する回路例

表A　リチウム・イオン蓄電池用の充電制御IC

メーカ	型名	備考
トレックス・セミコンダクター	XC6801	100 mA/500 mA
ミツミ電機	MM1433, MM1639, MM1707, MM1581	－
	MM1532	マイコンと連携
	MM3204	パワー回路内蔵
ナショナル セミコンダクター	LM3420-4.2, LM3622M-4.2	－
	LP3947	I^2C インターフェース
新日本無線	NJW4100, NJW4108, NJW4120, NW4124	－
ルネサス エレクトロニクス	M62244FP, M62253AGP	－
	M62242FP, M62255FP	マイコンと連携
オムロン	2STG141PM	－

図B　リチウム・イオン蓄電池を充電する手順

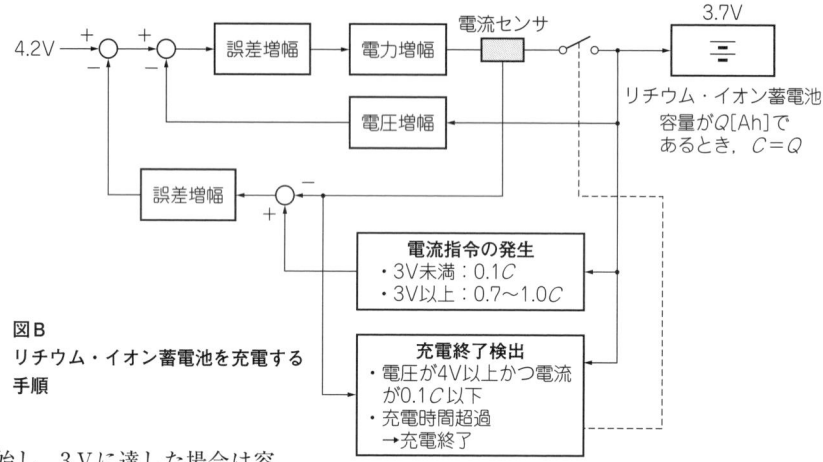

Cの10%程度で充電を開始し，3Vに達した場合は容量で示される電流の70～100%で行います．

端子電圧が4.20Vになったとき，定電圧モードに移行して充電を行い，充電電流が電流値Cの10%以下になったとき充電を終了します．充電時間も管理し，指定された時間以上に充電時間がかかった場合は，充電エラーとして充電を終了します．

図Bに制御システムのブロック図を示します．

● **エネルギーの残量は端子電圧で分かる**

電池のエネルギーの残量チェックは，電池の容量で示す電流の20%の電流（容量850 mAhの電池の場合は，170 mA）を流した時の電池の端子電圧で判断します．

電池の温度によって若干の違いがありますが，0℃以上であれば，端子電圧が3.2Vになったとき，エネルギーはほとんど残っていません．電池温度が20℃のとき，端子電圧が3.75V時の残量は，おおよそ50%です．

● **充電回路の製作**

定電圧，定電流回路は自作してもよいのですが，最近は筆者が調べただけでも表Aに示すように，多くの半導体メーカから充電用ICが販売されています．制御ICには，より高度な制御を行うためマイコンとの通信機能をもったものやパワー・デバイスを内蔵したものも開発されています．

ここではM62253AGP（ルネサス エレクトロニクス）を使った充電回路例を図Cに示します．

充電電流はSENSE+とSENSE-端子間に挿入されている抵抗値によって調整できます．ここでは，0.4Ωの抵抗が挿入されているので，電池の電圧が3V以下の場合は，0.025/0.4 = 62.5 mA．3V以上のときは，0.25/0.4 = 625 mAになります．

充電が開始されると，LED1端子に接続されたLED（赤色）が点灯し，充電が終了するとLED2端子に接続されたLED（緑色）が点灯します．

回路で使われているトランジスタは，リチウム・イオン蓄電池の充電電流を得るためのものです．使用状況によって発熱するので，5℃/W程度の放熱器を取り付けます．

電池の温度を監視ししながら充電することもできます．図Cの回路では電池の充電完了電圧を4.20Vにしていますが，4.10Vに変更できます．4.10Vで使うと電池の寿命を延ばせます．

〈高橋 久〉

（初出：「トランジスタ技術」2010年2月号　特集　第2章　コラム）

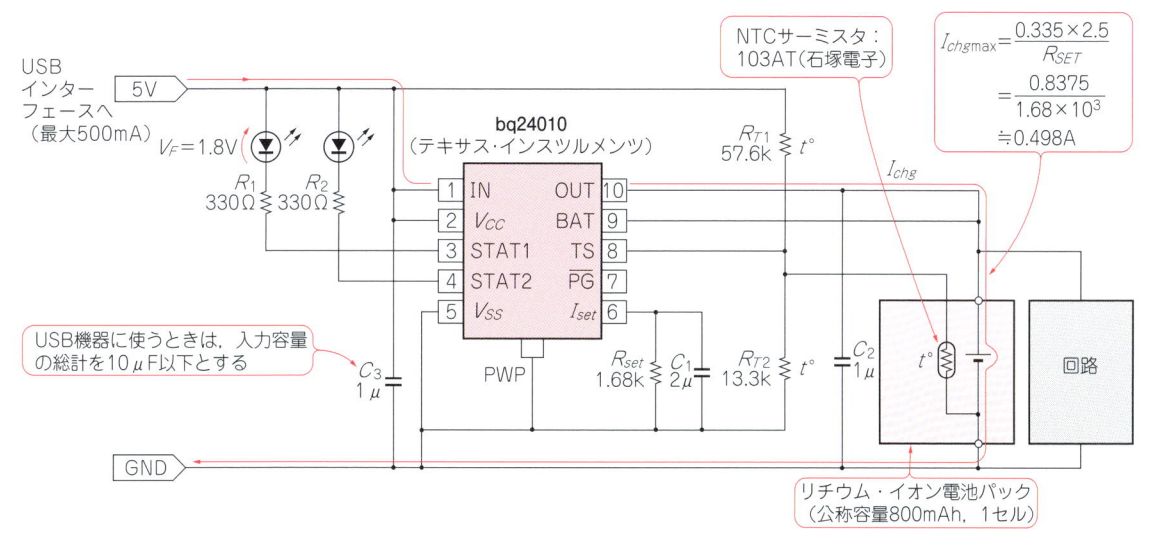

USBインターフェースを電源とする1直リチウム・イオン2次電池の充電回路

● 回路の説明

USBインターフェースは，+5V，500mAまでなら便利な電源として利用できます．500mAを越えるとUSB内部のブレーカが働きます．

図Dに示すのは，テキサス・インスツルメンツ社のbq24010を使用した1直のリチウム・イオン電池充電回路です．USBインターフェースを電源として動作します．この回路は，システムを起動して電池電圧が+4.0V以下に低下していると，自動的に充電を開始します．

最大充電電流I_{chgmax}は，R_{SET}で設定できます．図では，USBの仕様を満足させるために，$R_{SET}=1.68$ kΩとしており，I_{chgmax}は498mAです．

抵抗R_{T1}とR_{T2}によって，最大充電保留温度を60℃に，最低充電保留温度を0℃に設定しています．充電タイマは，IC内部で5時間45分に固定されています．

図Eに示すのは，実際にUSBインターフェースに接続したときの，リチウム・イオン2次電池の充電特性です．　　　　　　　　　　〈星　聡〉

(初出：「トランジスタ技術」2003年1月号　特集第1章)

$$I_{chgmax}=\frac{0.335\times2.5}{R_{SET}}=\frac{0.8375}{1.68\times10^3}\fallingdotseq0.498A$$

図D　USBインターフェースを電源とする1直リチウム・イオン2次電池の充電回路

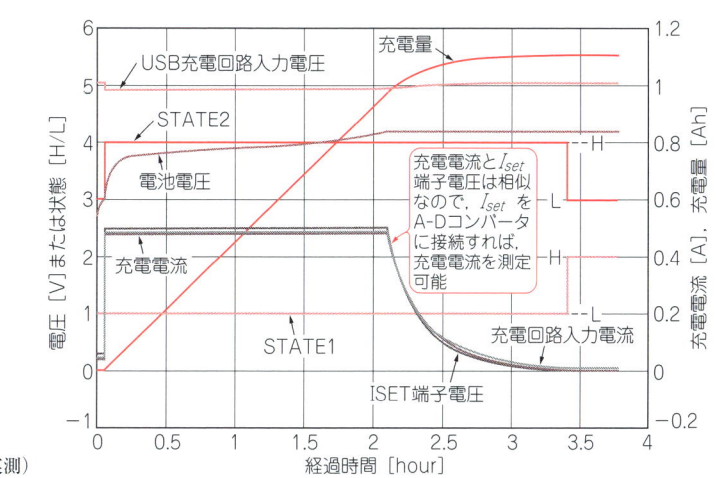

図E
図Dの充電特性（実測）

Appendix C　リチウム・イオン蓄電池とニッケル水素蓄電池の充電回路集

USBインターフェースを電源とする2直ニッケル水素蓄電池の充電回路

　図Fに示すのは，USBを電源とする2直のニッケル水素2次電池の充電回路です．充電中に電池電圧が－2.5 mV/セル低下したとき満充電を検出して充電を停止します．最大充電時間160分で，タイマが動作します．電池温度が60℃に達すると充電を停止します．急速充電が完了した後，$C/32$で160分間補充電を行い，その後$C/64$でパルス・トリクル充電を無期限に継続します．

　充電器が$-\Delta V$や$\Delta T/\Delta t$による満充電を検出すると1セル当たりの充電電圧は約1.6 Vになります．主電源は5 Vですから，本回路で3直(4.8 V)を充電するのはぎりぎりでしょう．図Gに示すのは本回路の充電特性です．充電電圧が2直で最大3 Vまで上昇しています．1直当たり1.5 Vですから，3直ならば4.5 Vまで充電電圧が上昇します．なんとか3直まで充電できそうです．システムにこの回路を組み込む場合，システム駆動電流と配線抵抗によって発生するノイズを満充電信号と誤検出することがあります．これを回避するには，パワー・グラウンドとシグナル・グラウンドを分離して配線します． 〈星　聡〉

（初出：「トランジスタ技術」2003年1月号　特集第1章）

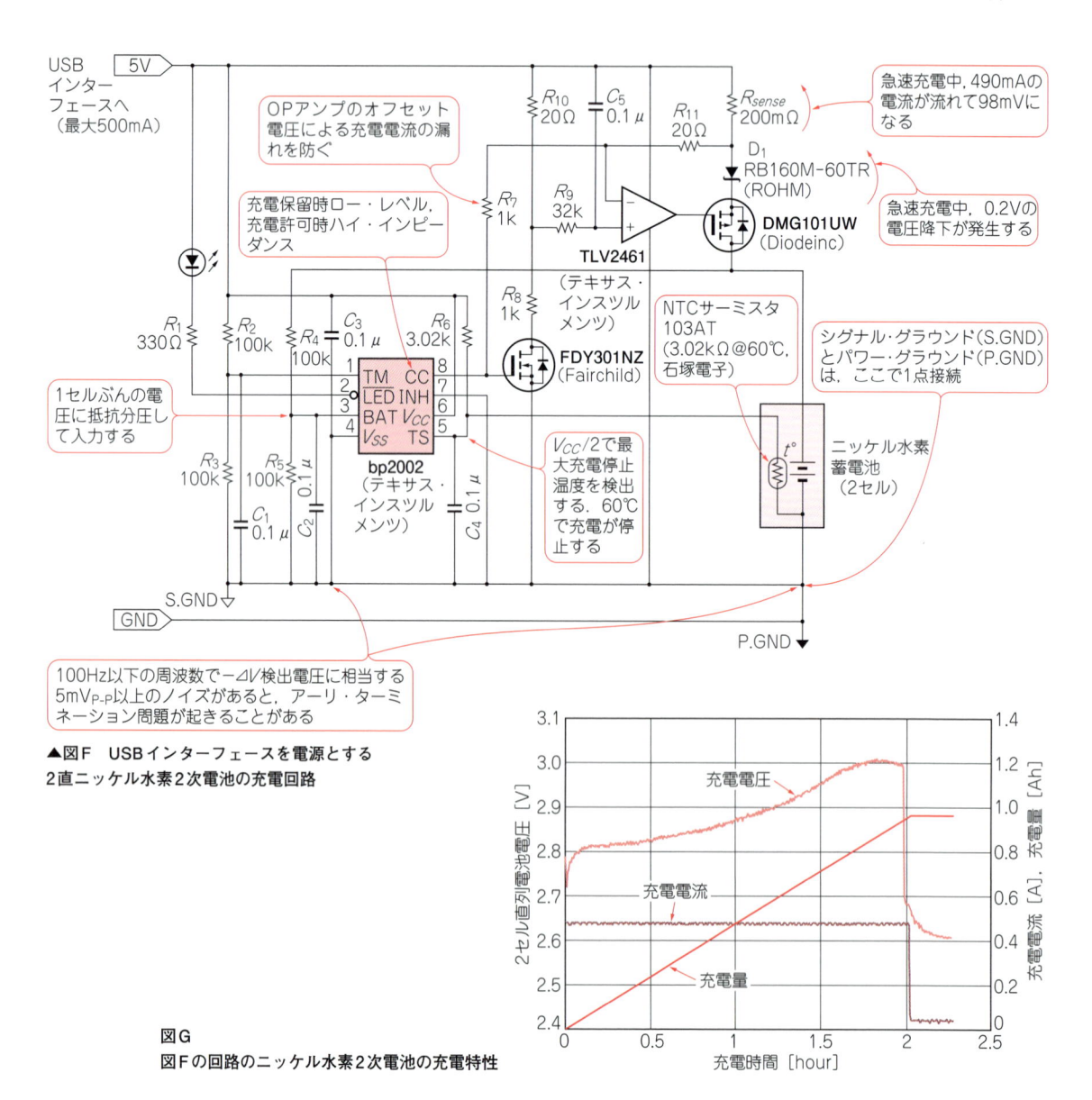

▲図F　USBインターフェースを電源とする2直ニッケル水素2次電池の充電回路

図G　図Fの回路のニッケル水素2次電池の充電特性

Supplement 1

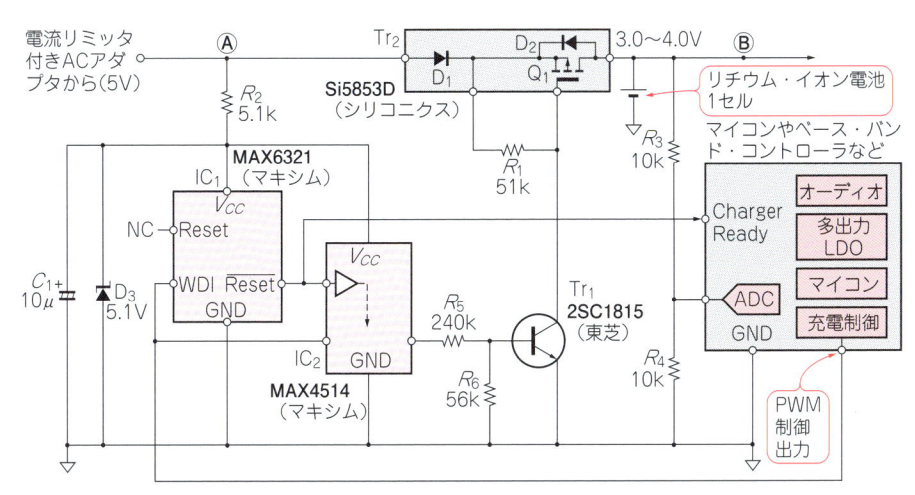

充電コントローラ破壊時のリチウム・イオン2次電池保護回路

● 回路の概要

図aに示すのは，充電制御ICが動作しなくなっても，リチウム・イオン2次電池に過充電が行われないように対策した充電回路です．

一般に，携帯機器などに使われている1セルのリチウム・イオン2次電池の充電回路では，マイコンやベースバンド・コントローラなどで，R_3とR_4の抵抗分圧で充電電圧を監視し，Q_1で充電電流を制御しています．ここで，Q_1のON時間が，あらかじめ設定されているPWM信号の最大ON時間を越えると，リチウム・イオン2次電池が損傷して，とても危険な状態に陥ります．

対策は，制御ICから独立して動作する保護回路を追加することです．IC_1 MAX6321HPUK30CYは，ウォッチドッグIC，IC_2 MAX4514はノーマリ・オープン型のSPSTアナログ・スイッチです．

充電制御用マイコンが動作しなくなり，PWM制御端子から出力されるPWM信号のON時間がIC_1で設定した時間以上になると，IC_1内のウォッチドッグ・タイマが動作してIC_2をOFFします．マイコンが正常動作状態に戻り，PWM信号が再開されると，充電制御が再開されます．

充電が完了して，マイコンからのPWM出力が止まると，ウォッチ・ドッグ（WDI）端子への入力が止まり，$\overline{Reset}$出力が"L"となり，IC_2がOFFします．

D_1は，ACアダプタの出力（点Ⓐ）がグラウンドにショートされたとき，リチウム・イオン2次電池から大電流が流れ出して破壊するのを防ぎます．Q_2のドレイン-ソース間にはボディ・ダイオードD_2が作りこまれており，点Ⓐがグラウンドにショートされると，リチウム・イオン2次電池（点Ⓑ）からACアダプタの出力（点Ⓐ）に向かって大きな電流が流れます．D_1はこの電流の流れを食い止める役割を果たしています．ACアダプタは，一般に電流リミッタ付きタイプが使用されます．

D_3は，V_{CC}を越える電圧がACアダプタから出力されたときIC_1とIC_2を保護します．C_1は，ACアダプタにて発生するノイズの除去と，IC_1の安定化の役割を果たします．

なお，ACアダプタが接続されていないとき，保護回路は動作しないため，バッテリへの負担はありません．また，$\overline{Reset}$端子はオープン・ドレイン出力なので，電源電圧が異なる回路とも容易に接続できます．

● 回路動作

ACアダプタが接続され，MAX6321HPUK30CYの電源電圧が3V以上に達すると，リセット期間に入ります．200ms後，$\overline{Reset}$出力は"H"になり，MAX4514内のスイッチがONして，$Q1$にPWM信号が送られます．

同時に，MAX6321内のウオッチドッグ機能が動作を開始して，PWM信号を監視します．そしてWDI端子に，立ち上がりまたは立ち下がりエッジが1.6秒以内に生じない場合，$\overline{Reset}$出力は"L"になって，MAX4514の内部スイッチがOFFします．同時に，Charger Ready端子の信号によって，マイコンの充電制御がストップします．〈Andy Fewster/赤羽 一馬 訳〉

（初出:「トランジスタ技術」2004年6月号）

図a　充電コントローラ破壊時のリチウム・イオン2次電池保護回路

第6章 高機能で急速充電に対応した充電制御ICの元祖

ニカド/ニッケル水素蓄電池充電用IC bq2003/2004

宮崎 仁

> ニカド/ニッケル水素蓄電池が普及して，短時間で安全に充電できる充電回路のニーズが高まってきた頃，米国のベンチャ企業ベンチマーク社が高性能の充電制御ICのシリーズを送り出してきました．bq2003/2004はその最も初期の製品ですが，基本的な充電シーケンスは今でも変わっていません．

　ベンチマーク社[注1]はリアルタイム・クロック，SRAM不揮発化コントローラ，電池残量表示ICなど電池関連のICを得意としていたメーカです．そのなかに高機能の急速充電用ICのシリーズがあります．

　テキサス・インスツルメンツ社に買収されてからも，bqシリーズの電源制御ICは強化，拡大が続けられています．

bq2003/2004の特徴

　ニカド/ニッケル水素蓄電池用で，bq2003は1セル以上，bq2004は2セル以上の任意のセル数に対応します．主な仕様を図1と表1に示します．

● 充電方法

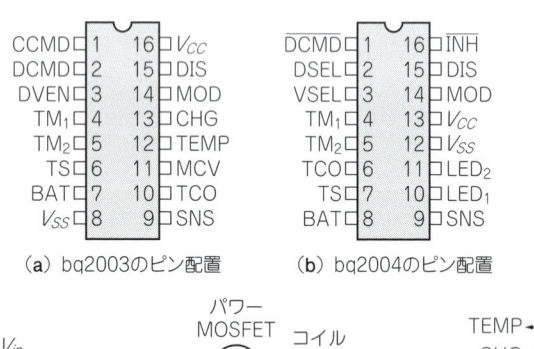

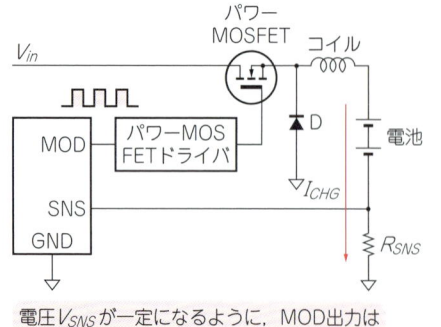

　基本的なトリクル充電と急速充電のほかに，トップ・オフ充電（充電量を増やすために，急速充電後にパルス電流で過充電を行う方法）と，リフレッシュ充電（メモリ効果を防ぐために，充電前に放電を行う方式）に対応しています．

　なお，bq2003はトリクル電流供給機能をもたず，図2のように外部で供給することが必要です．

　bq2003/2004の大きな特徴は，周波数変調制御部を内蔵していることです．FETドライバ，パワーMOSFET，コイル，ダイオードなどを外付けして，スイッチング方式の定電流回路を簡単に構成できます．なお，リニア方式にする場合には，外部回路で定電流制御を行います．

　端子電圧および温度監視用のA-Dコンバータを内

注1：ベンチマーク社は，1999年にテキサス・インスツルメンツ社に買収された．現在はbqシリーズは同社から発売されている．

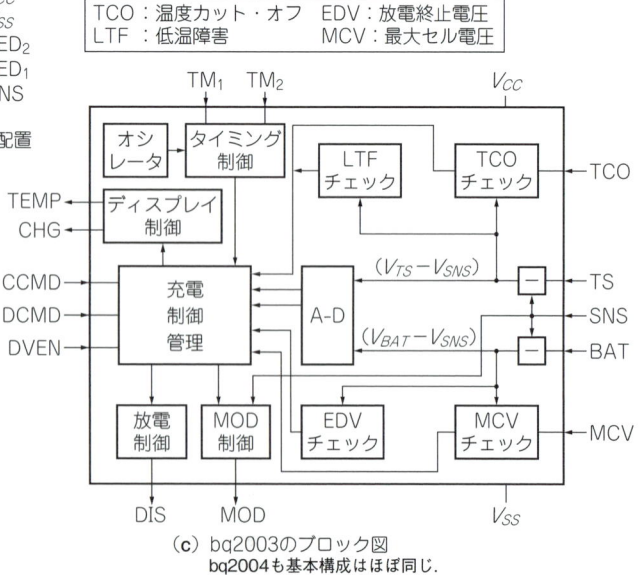

図1　bq2003/2004のピン配置とブロック構成

表1 bq2003/2004の最大定格と主な電気的特性など

(a) 最大定格

		bq2003	bq2004
電源電圧 V_{CC}		$-0.3 \sim 7$ V	$-0.3 \sim 7$ V
端子電圧 V_{PIN}		$-0.3 \sim 7$ V	$-0.3 \sim 7$ V
動作温度範囲 T_{opr}	コマーシャル	$0 \sim 70$℃	$-20 \sim 70$℃
	インダストリアル	$-40 \sim 85$℃	$-40 \sim 85$℃

(b) DCスレッショルド電圧($V_{CC}=5$ V±10%, 全温度範囲)

	bq2003	bq2004
電流検出電圧 V_{SNSHI}	$0.05 V_{CC} \pm 0.025$ V	$0.05 V_{CC} \pm 0.025$ V
V_{SNSLO}	$0.044 V_{CC} \pm 0.025$ V	$V_{SNSHI} - 0.01 V_{CC} \pm 0.01$ V
低温障害電圧 V_{LTF}	$0.4 V_{CC} \pm 0.030$ V	$0.4 V_{CC} \pm 0.030$ V
高温障害電圧 V_{HTF}	$\frac{1}{8}V_{LTF} + \frac{7}{8}V_{TCO} \pm 0.030$ V	$\frac{1}{4}V_{LTF} + \frac{3}{4}V_{TCO} \pm 0.030$ V
放電終止電圧 V_{EDV}	$0.2 V_{CC} \pm 0.030$ V	$0.4 V_{CC} \pm 0.030$ V
最大セル電圧 V_{MCV}	MCVピンで設定	$0.8 V_{CC} \pm 0.030$ V

(c) 主な電気的特性

		bq2003 min	bq2003 typ	bq2003 max	bq2004 min	bq2004 typ	bq2004 max	単位
電源電圧 V_{CC}		4.5	5.0	5.5	4.5	5.0	5.5	V
消費電流 I_{CC}		–	0.75	2.2	–	1	3	mA
スタンバイ電流 I_{SB}		–	–	–	–	–	1	μA
DIS, TEMP MOD, CHG LED$_1$, LED$_2$ 出力電流	I_{SOURCE}	-5	–	–	-10	–	–	mA
	I_{SINK}	5	–	–	10	–	–	mA
$\Delta T/\Delta t$検出感度 V_{THERM}		–	16 ± 4	–	–	–	–	mV
$-\Delta V$検出感度 V_{DELTA}		–	12 ± 4	–	–	–	–	mV
MOD出力周波数 F_{MOD}		–	–	100	–	–	300	kHz

蔵し, $-\Delta V$と$\Delta T/\Delta t$を検出することができます. タイムアウト, 高電圧, 定電圧, 高温, 低温の監視機能をもちます. 温度検出と$-\Delta V$検出は, 設定により禁止できます.

bq2003/2004では, 電池の端子電圧を外部抵抗で分割して, 1セル当たり(bq2004は2セル当たり)の値にしてからICに入力します(図3). 従って, 原理的にセル数の上限は制限されません.

● bq2003とbq2004の機能の違い

bq2003はトリクル電流を供給できません. bq2004は平均レートが$C/32$または$C/64$のパルス・トリクル電流を供給できます.

$-\Delta V$検出感度は, bq2003が12 mV(typ), bq2004が6 mV(typ)です. bq2004では電圧ピーク($\Delta V/\Delta t=0$)の検出も可能です.

bq2004は$\overline{INH}$ピンによって動作を禁止できます. 禁止時の消費電流は5 μA以下です.

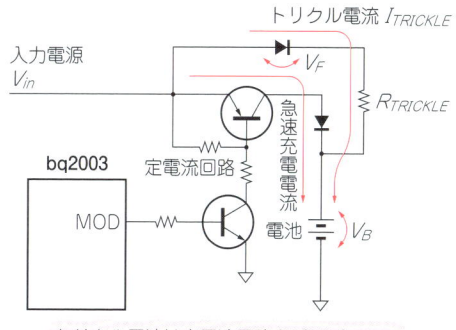

定電圧/高電圧の監視では, bq2003は電池1セル当たりの電圧を監視して, $V_{BAT} \leq 1$ V(typ)で定電圧検出, $V_{BAT} \geq V_{MCV}$で高電圧検出となります. V_{MCV}は外部で設定します. bq2004は電池2セル当たりの電圧を監視して, $V_{BAT} \leq 2$ V(typ)で定電圧検出, $V_{BAT} \leq 4$ V(typ)で高電圧検出となります.

ほかに, 充電/放電開始の方法, ステータスの表示内容, ピン配置にも違いがあり, 単純な置き換えはできません.

bq2003/2004の基本動作

標準的な充電サイクルは, (放電)→初期トリクル充電→急速充電→(トップ・オフ充電)→満充電後トリクル充電となります(図4). 放電(リフレッシュ)とトップ・オフ充電はオプションです.

サイクルを開始するには, 電源の投入, 電池の挿入, 制御入力による開始の三つの方法があります. 制御入力はbq2003とbq2004で異なり, bq2003はCCMD, DCMDピンを用い, bq2004は$\overline{INH}$, $\overline{DCMD}$ピンを使います(図5).

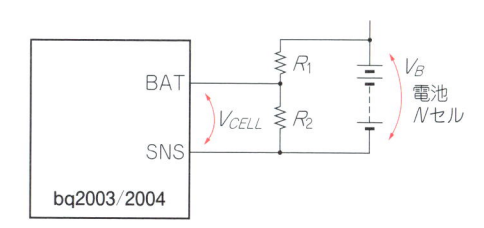

図2 トリクル電流の供給

トリクル電流は定電流回路をバイパスして常時電池に流れ込む. 電流値は,
$$I_{TRICKLE} = \frac{V_{in} - V_F - V_B}{R_{TRICKLE}}$$
で決まる.

図3 電池セル数の設定

電池の端子電圧V_Bを抵抗R_1, R_2で分割してセル電圧V_{CELL}を作る.
bq2003の場合,
$V_{CELL} = \frac{R_1}{R_1 + R_2} V_B = \frac{V_B}{N}$ (電池1セル当たりの電圧)
となるようにR_1, R_2を設定する.
bq2004の場合,
$V_{CELL} = \frac{R_1}{R_1 + R_2} V_B = \frac{2V_B}{N}$ (電池2セル当たりの電圧)
となるようにR_1, R_2を設定する.
R_1, R_2はなるべく高インピーダンスにする ($R_1 + R_2 \geq 200$kΩ)

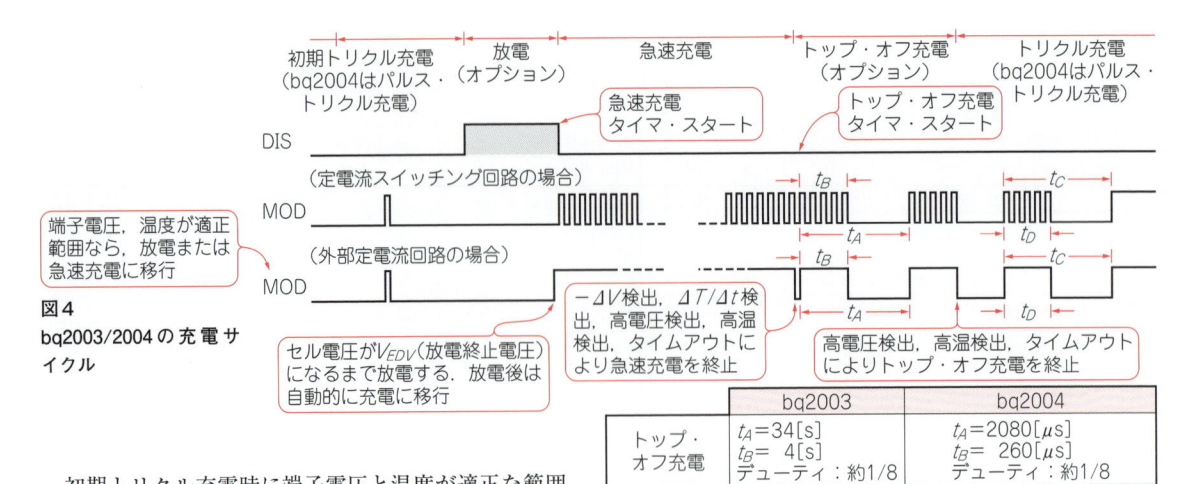

図4 bq2003/2004の充電サイクル

区間: 初期トリクル充電（bq2004はパルス・トリクル充電） / 放電（オプション） / 急速充電 / トップ・オフ充電（オプション） / トリクル充電（bq2004はパルス・トリクル充電）

- 急速充電タイマ・スタート
- トップ・オフ充電タイマ・スタート

DIS
MOD（定電流スイッチング回路の場合）
MOD（外部定電流回路の場合）

- 端子電圧，温度が適正範囲なら，放電または急速充電に移行
- セル電圧がV_{EDV}（放電終止電圧）になるまで放電する．放電後は自動的に充電に移行
- $-\Delta V$検出，$\Delta T/\Delta t$検出，高電圧検出，高温検出，タイムアウトにより急速充電を終止
- 高電圧検出，高温検出，タイムアウトによりトップ・オフ充電を終止

パルス充電のレート

	bq2003	bq2004
トップ・オフ充電	$t_A=34$[s] $t_B=4$[s] デューティ：約1/8	$t_A=2080$[μs] $t_B=260$[μs] デューティ：約1/8
パルス・トリクル充電	なし	t_Cは急速充電レートで変わる $t_D=260$[μs]

　初期トリクル充電時に端子電圧と温度が適正な範囲にあれば急速充電に移行し，そうでなければトリクル充電のまま待機します．急速充電の終止は，タイムアウト，$-\Delta V$検出（bq2004はピーク電圧検出も可），高電圧検出，$\Delta T/\Delta t$検出，高温検出によって行います．

　急速充電の開始直後は端子電圧が不安定なので，誤検出を防ぐため，一定期間$-\Delta V$検出を禁止します（初期ホールド・オフ機能）．

　トップ・オフ充電を選択すると，急速充電後にデューティ約1/8のパルス電流で充電を行います．トップ・オフ充電は，タイムアウト（急速充電時間と同じ），高電圧検出，高温検出で終了します．

　充電サイクルの途中や終了後に，電池を交換するか，制御入力に信号を与えれば，内部ロジックをリセットして新しい充電サイクルを開始できます．

● 充電レートなどの設定

　TM_1，TM_2ピンによって急速充電レート，タイムアウト時間，初期ホールド・オフ時間，トップ・オフ充電の有無，トリクル充電レート（bq2004のみ）を設定します（**表2**）．

　急速充電レートは$4C$，$2C$，C，$C/2$，$C/4$の5段階に設定できます．タイムアウト時間と初期ホールド・オフ時間は，急速充電レートに合わせて自動的に決まります．

● 電流値の設定

　定電流制御部は，R_{SNS}での電圧降下がbq2003では0.235 V(typ)，bq2004では0.225 V(typ)となるように動作します．従って，例えばbq2003を充電レート$4C$で急速充電する場合は，$R_{SNS}=0.235/4C$によってR_{SNS}の値を決めます．

　充電を行わないとき，MOD出力は"L"です．充電

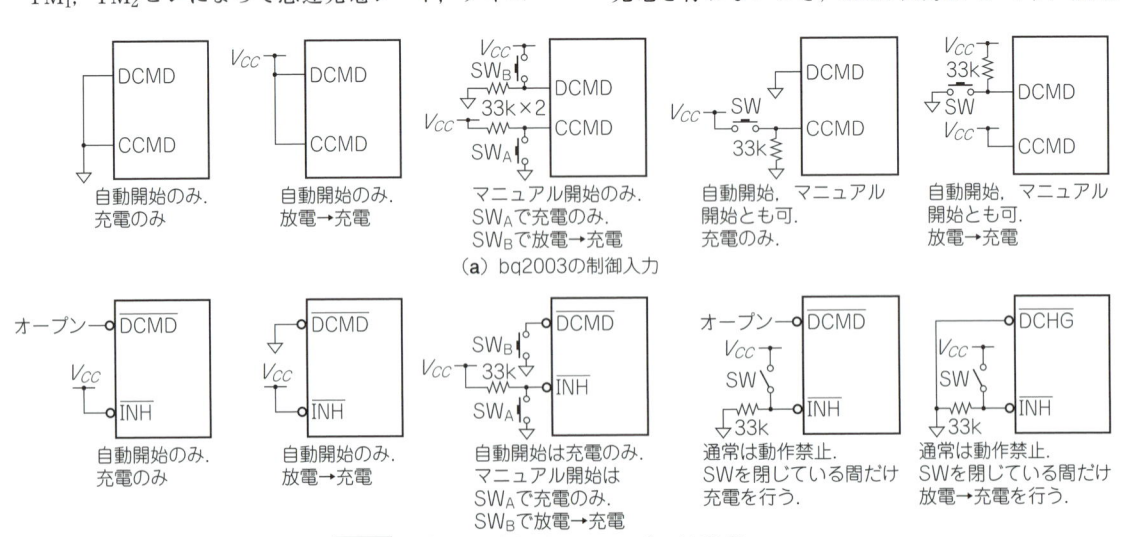

(a) bq2003の制御入力

- 自動開始のみ．充電のみ
- 自動開始のみ．放電→充電
- マニュアル開始のみ．SW_Aで充電のみ．SW_Bで放電→充電
- 自動開始，マニュアル開始とも可．充電のみ．
- 自動開始，マニュアル開始とも可．放電→充電

(b) bq2004の制御入力（$\overline{DCMD}$はプルアップ抵抗内蔵，オープン時は"H"）
自動開始：電源の投入，電池の挿入による開始，マニュアル開始：押しボタン・スイッチによる開始．

- 自動開始のみ．充電のみ
- 自動開始のみ．放電→充電
- 自動開始は充電のみ．マニュアル開始はSW_Aで充電のみ．SW_Bで放電→充電
- 通常は動作禁止．SWを閉じている間だけ充電を行う．
- 通常は動作禁止．SWを閉じている間だけ放電→充電を行う．

図5　制御入力による充電サイクルの開始

表2 TM₁, TM₂ピンの設定

急速充電レート	TM₁ピン	TM₂ピン	タイムアウト時間[分]	初期ホールド・オフ時間[秒]	トップ・オフ充電	パルス・トリクル充電レート(bq2004のみ)	パルス・トリクル充電周期(bq2004のみ)
$C/4$	GND	GND	360	137	ディセーブル	ディセーブル	ディセーブル
$C/2$	オープン	GND	180	820	ディセーブル	$C/32$	240 Hz
C	V_{CC}	GND	90	410	ディセーブル	$C/32$	120 Hz
$2C$	GND	オープン	45	200	ディセーブル	$C/32$	60 Hz
$4C$	オープン	オープン	23	100	ディセーブル	$C/32$	30 Hz
$C/2$	V_{CC}	オープン	180	820	イネーブル	$C/64$	120 Hz
C	GND	V_{CC}	90	410	イネーブル	$C/64$	60 Hz
$2C$	オープン	V_{CC}	45	200	イネーブル	$C/64$	30 Hz
$4C$	V_{CC}	V_{CC}	23	100	イネーブル	$C/64$	15 Hz

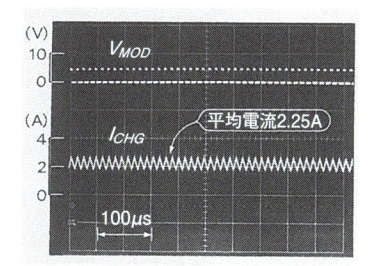

写真1 急速充電時のMOD出力(bq2004)

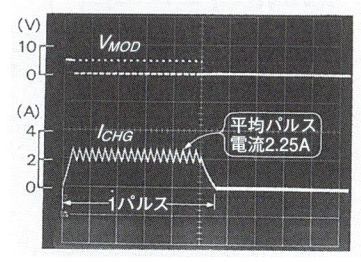

(a) 1パルス期間の定電流制御(50 μs/div)

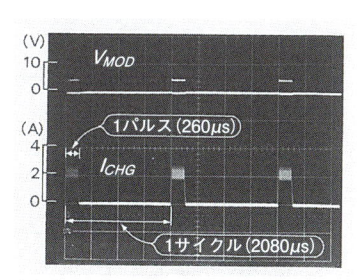

(b) トップ・オフ充電のパルス・デューティ(500 μs/div)

写真2 トップ・オフ・パルス・トリクル充電時のMOD出力(bq2004)

中は,MOD出力で電流値をスイッチング制御します(**写真1**,**写真2**).

MOD出力は,電流が設定値以下になると"H"になり,設定値以上になると"L"になります.MOD出力が"H"のときパワーMOSFETがONになるように出力回路を設計します.

● 温度検出の設定

bq2003/2004は$\Delta T/\Delta t$で満充電の検出を行うので,周囲温度の補償は必要ありません.1本のサーミスタで電池温度を測定できます(**図6**).

なお,bq2003/2004では高温検出スレッショルドが定電圧側,低温検出スレッショルドが高電圧側にあります.従って,温度上昇時にサーミスタの出力電圧が低下するように接続することが必要です.

● 電源の与え方

bq2003/2004は5 V±10%の電源で動作します.しかもICの内部スレッショルド電圧は,ほとんど電源電圧にリンクして決まるので,なるべく安定な電源(3端子レギュレータなど)を用います.

定電流回路の電源は非安定でもかまいません.ただし,最低電圧が電池の最大電圧+定電流回路のドロップ・アウト電圧より高いことが必要です.また,パワーMOSFETを駆動できることも必要です.スイッチング方式は損失が小さいので,電源電圧は高めに設定するほうがよいでしょう.

● 標準回路と動作例

ベンチマーク社ではbq2003/2004の標準的な回路を組み立てた評価用ボードを用意していました.今回はbq2004の評価用ボードを使って,簡単な動作実験を行いました.

評価用ボードの回路図を**図7**に示します.スイッチング方式の定電流回路,4セル用〜10セル用の電圧分割抵抗,サーミスタ,放電用トランジスタなど必要な外付け回路のほとんどを装備しています.なお,これ

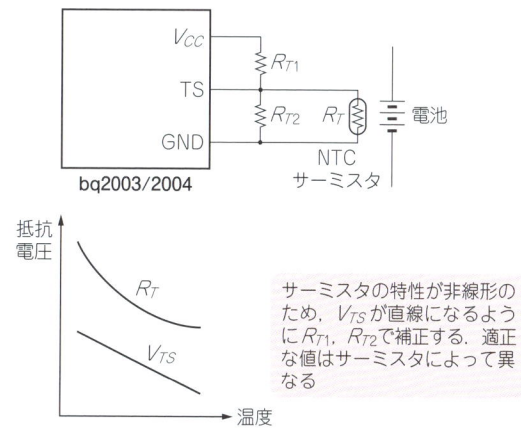

図6 温度検出の設定

サーミスタの特性が非線形のため,V_{TS}が直線になるようにR_{T1},R_{T2}で補正する.適正な値はサーミスタによって異なる

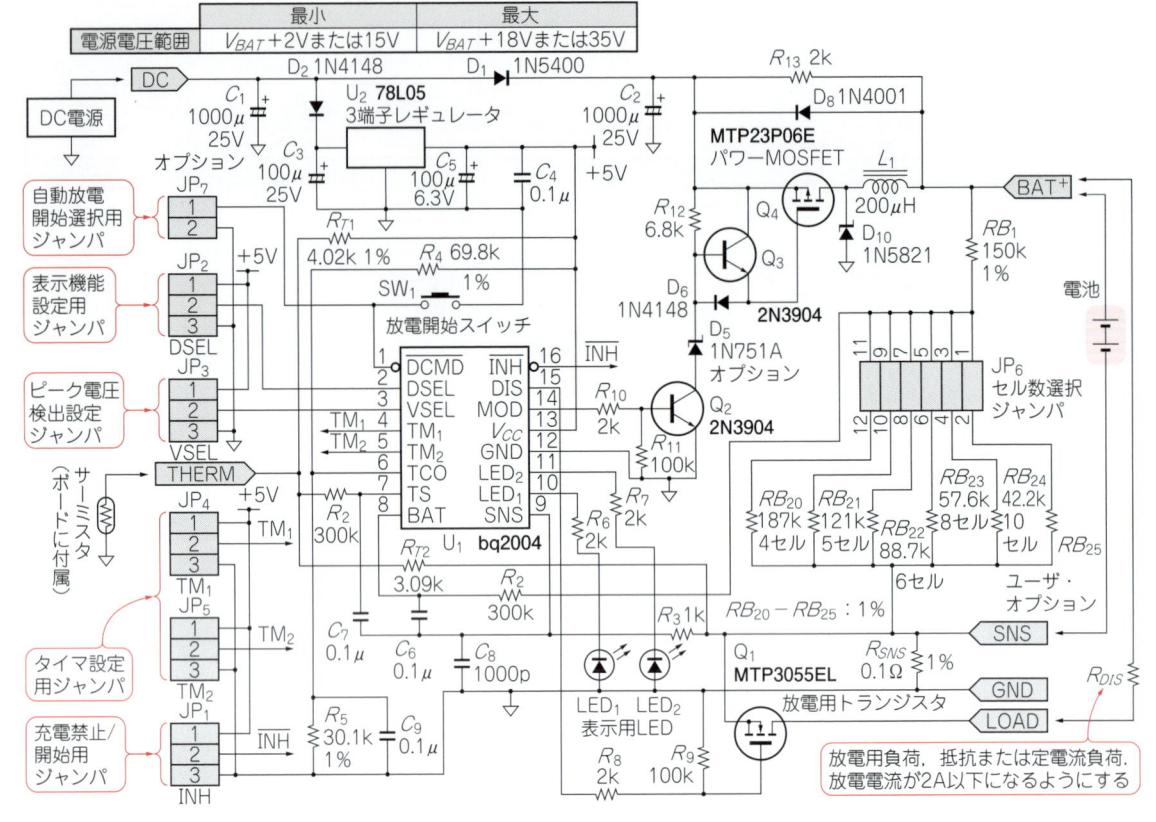

図7 bq2004評価用ボードの回路図

とは別に，リニア方式の定電流回路を使用した評価用ボードもあります．

各種の設定はジャンパで行います．充電電流は2.25 Aが標準ですが，3 Aまで増やせます．

図8は，単3形ニッケル水素蓄電池(1100 mAh，4セル)を充電レート2Cで急速充電した例です．

bq2004の応用回路

bq2004の$\overline{\text{INH}}$，$\overline{\text{DCMD}}$ピンにスイッチを接続すれば，マニュアルで充電サイクルを開始できます．それ以外に，外部から制御信号を与えて充電を開始することもできます．これを利用すれば，さまざまな応用が可能になります．

図9は，主電池と副電池で動作する機器組み込み充電回路への応用例です．電池を切り替えながら機器をノンストップで動作させ，随時ACアダプタを接続して充電を行うというシステムです．

通常時は主電池で機器を動作させ，主電池の消耗時には自動的に副電池に切り替えます．副電池が消耗する前にACアダプタを接続して，主電池を充電し，続いて副電池を充電すれば，両方の電池とも容量を回復します．

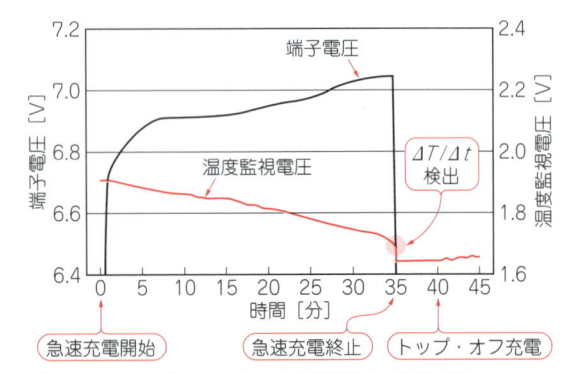

図8 bq2004によるニッケル水素蓄電池の急速充電例

主電池の充電は，ACアダプタの接続により自動的に開始します．主電池の充電が終了したら$\overline{\text{INH}}$信号で充電を停止し，電池を切り替えてから$\overline{\text{INH}}$信号を解除して副電池を充電します．

◆参考・引用＊文献◆

(1) bq2003データシート，1992，Benchmarq.
(2) bq2004データシート，1994，Benchmarq.
(3) 宮崎 仁；二次電池充電用ICの機能と応用回路，トランジスタ技術，1995年7月号，CQ出版社．

(初出：「トランジスタ技術」 1995年8月号)

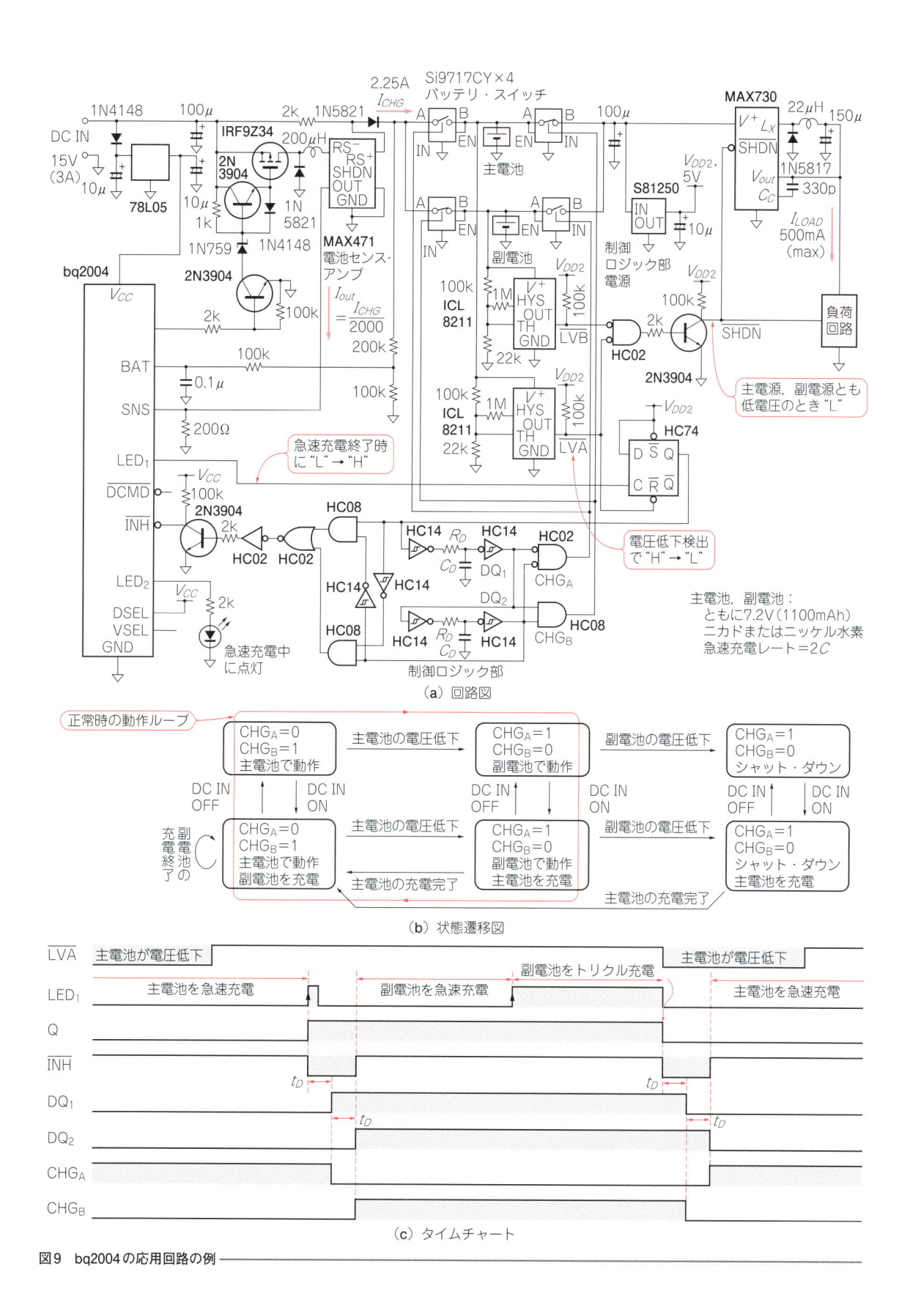

図9 bq2004の応用回路の例

第7章 充放電制御＆電源セレクタ MAX1538 と応用回路

電池2組によるバックアップ機能を簡単に実現！メモリ効果対策も可能

柳川 誠介

> 本章は，2組の2次電池の残量やACアダプタ接続の状態を検出し，電源経路を制御するIC MAX1538を紹介します（**写真1**）．ロジック動作部をワンチップに収め，デュアル・バッテリ・システムの制御プログラムの簡略化が可能です．

デュアル・バッテリ・システムの意義

● バックアップ電池は「容量増」以上の効果がある

デジカメを使うときによく経験しますが，いざ撮影しようというときに電池が消耗していて使えないか，わずかな時間しか使えないことがあります．このとき，すでに充電してある電池に差し替えればすぐに使えます．このように，システムのバックアップとして電池を2組もつことは，2倍の容量の電池をもつ以上のメリットがあります．

2組の電池のうち，どちらか一方が常に満充電になっているように充放電を管理すれば，緊急時に少なくとも1組の電池容量がバックアップとして保証されます．無停電動作が要求される機器一般に効果を発揮します．

異種の電池の組み合わせも可能です．例えば，ふだんは2次電池を主に使い，長期停電時には長期保存が可能な1次電池を使うようにすれば，それぞれの電池の特性が生かせます．

● 1組の電池を満充電状態に保つのは難しい

単純に考えると，残量が半分を割らないように1組の電池をこまめに充電しておけば，電池を2組も用意する意義はないようにも思えます．

しかし，これは理想の電池があり，その充放電の計測が正確にできたらの話です．実際には，精度のよい残量の計測は，電池の自然放電やメモリ効果のため至難のわざです．また，電池は充放電回数とともに劣化します．充放電回数を減らすためにも放電しきるまで使ったあとに充電する使い方が望まれます．

● 万が一の瞬断も許されない装置に有用

充放電の厳しい管理を迫られたのは，生命維持装置の一つである人工呼吸器でした．その人工呼吸器は可搬型で，在宅の場合，**図1**(a)のように原則としてAC電源で動作し，同時にA，B両電池の充電も行います．

電池Aは，在宅時に部屋の移動などのためにコンセントを抜くことがあっても，その程度では空にならない容量の電池を選びます．もし長時間の停電などで電池Aが消耗すれば，電源経路を電池Bに切り替えます．

図1 電源供給の遮断が許されない人工呼吸器の使用例
一つの電池を常に満充電状態にできていれば便利．

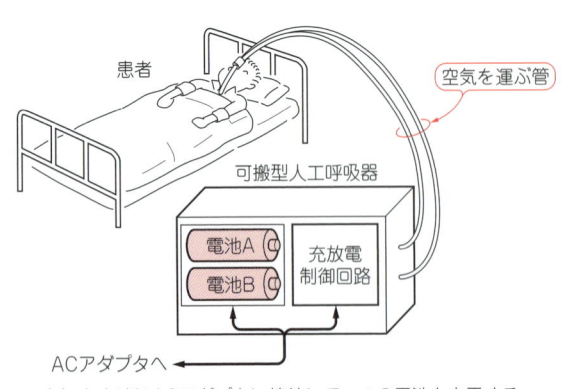

(a) 在宅時はACアダプタに接続して二つの電池を充電する

(b) 移動中は電池で人工呼吸器を動かす（電池Aまたは電池Bのいずれかが必ず満充電になっている）

写真1 充電制御＆電源セレクタIC MAX1538の外観（5×5mm）

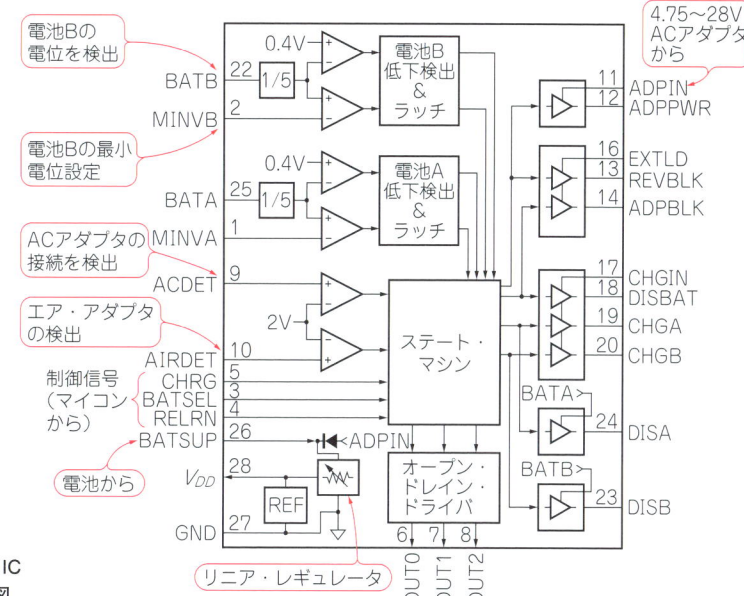

▶図2
充放電制御＆電源セレクタIC MAX1538の内部ブロック図

検診や様態急変などで病院に出かけるときには，図1(b)のように電池で人工呼吸器を駆動し，患者とともに移動手段に乗せます．その際，移動に必要な時間ぶん，充電されている必要があります．電池Aの残量が不明であっても，必要な時間動作可能な電気が電池Bに充電されていることが保証されればすぐ出発できます．

● デュアル・バッテリ・システムの制御は複雑

1組は常に満充電とするなど，2組の電池の充放電を管理するためには，ACアダプタ電源と2組の電池の電圧を常に監視し，充電回路を含む電流経路を適切なタイミングで切り替えることが必要です．切り替えにあたっては瞬断状態があってはなりません．

かつてはリレーや数多くのディスクリート部品で回路を組み，マルチタスクで動作するシステム・プログラムの最重要タスクとして制御したものでした．かなり大きなプログラムになりましたが，諸般の事情から実際に製品として日の目を見るに至りませんでした．

デュアル・バッテリ・システムの制御部をワンチップ化したMAX1538

■ 4.75〜28Vで動作する電源コントローラ

● 電源切り替え制御のソフトウェアを大幅に簡略化できる

MAX1538はデュアル・バッテリ・システムにおける基本的なロジック動作の部分を1チップにまとめたもので，電源管理のソフトウェアを大幅に簡略化できます．パッケージは5mm角の28ピンです．

図2にMAX1538の内部機能のブロック図を示します．扱える電圧範囲は4.75Vから28Vです．内部に3.3Vのレギュレータをもち，この出力でコンパレータおよび諸ロジック回路が動作しています．AC電源と電池の，両電圧の検出にはディレイ機能が付加されていて，手動による過渡的な動きを無視します．

■ 電源の状態を把握／制御する各機能

● ACアダプタの接続を検出

ACDET端子の電圧が2Vを越えるとACアダプタが接続されているとみなします．同様な機能を持つピンとしてAIRDET端子があります．電圧が低い飛行機上でのアダプタ接続（エア・アダプタ）では，充電ができないようにします．ACDET端子とともにAIRDET端子の電圧が2Vを越えないと充電はできません．アダプタ検出の電圧範囲は分圧抵抗で設定できます（図3）．

● 残量表示の精度を高められるリラーン機能

クーロン・カウンタを外付けすることで，電池の残量を推測し，表示する機能を追加することができます．

興味深いのは，この残量表示の精度を高められるリラーン機能です（p.75のColumn参照）．この機能により，メモリ効果があるNiMH（ニッケル水素）などの，電池容量の低減を避けることもできます．

リラーン機能は，RELRN端子に信号"H"を受け取ると動作します．ACアダプタが接続されていても電源を電池から取り，電池の電圧が設定値未満になるとACアダプタ動作モードに切り替えます．

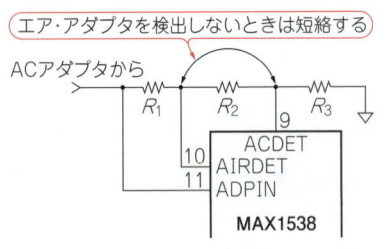

図3 ACアダプタの接続を検出する回路
ACDETに入れる信号はDCジャックの接点で生成してもよい．

エア・アダプタを検出しないときは短絡する

● 電池の電圧が設定電圧を下回らないように制御

放電モードでは，電池の電圧が設定した下限値を下回ると，放電をシャットオフします．過放電や過負荷に対する電池の保護回路として使えるのはもちろんですが，このとき，もう片方の電池の電圧がまだ低下していなければそちらに電源経路を切り替えるのがこのICならではの機能です．電池の電圧の下限は，MINVA/MINVB端子電圧×5Vに設定されます．端子電圧は内部のレギュレータ出力（V_{DD}端子，3.3 V）を抵抗で分圧して設定します．満充電の検出は外部回路で行います．

● 制御の状態遷移を制御するステート・マシン

制御の要はステート・マシンです．ACアダプタの有無や，6個のコンパレータの出力変化により状態遷移し，パワーMOSFETをドライブする信号を出力します．表1に各動作モードにおける端子の入出力信号を示します．これをもとにMAX1538の状態遷移を示したのが図4です．

● ソフトウェアによる制御で真価を発揮

デュアル・バッテリ・システムにおける基本的な機能はMAX1538単独で実行しますが，A，Bの電池のどちらを使うのか，ACアダプタ接続時には必ずリラーン・モードを実行するのか，などの判断はしません．CHG，RELRN，BATSELの各端子に制御信号を与える必要があります（図4）．

制御信号は，電池の性質とシステムの使用状態からいろいろな場合を想定し，効率良く安全に動作するように組まなくてはなりません．デュアル・バッテリ・システムの価値を発揮できるか否かは，ソフトウェア次第といっても過言ではないでしょう．

■ 電源の切り替え動作

● 外付けのパワーMOSFETを駆動して電源系統を切り替える

電源系統の切り替えは，基本的にドレイン同士を接続した2個の外付けPチャネルMOSFETの駆動により行われます．双方のMOSFETをONにした場合，図5(a)のように寄生ダイオードを通じてどちらの方向からも電流が流れます．双方ともOFFにすると図5(b)のように経路は遮断されます．

図6に電源切り替え部の回路を示します．各スイッチは，ステート・マシンの信号により制御されます（表1）．

電池A，Bの充放電を制御するCHGA（A充電）端子とDISA（A放電）端子は同じ信号を出力し，図6のSW$_3$を制御します．CHGB端子とDISB端子は同じ信号を出力し，SW$_4$を制御します．SW$_3$とSW$_4$は同時にONになりません．

同様に，ADPPWR（アダプタ・パワー）端子とREVBLK（逆流阻止）端子は同じ信号を出力しSW$_1$を制御します．ADPBLK（アダプタ阻止）端子とDISBAT（放電）端子は同じ信号を出力し，SW$_2$を制御

表1 充放電制御＆電源セレクタIC MAX1538の状態別の出力一覧

端子名 状態名	電源入力			入力端子の状態			MOSFET ドライバ				ステータス出力		
	ACアダプタ	電池		CHRG	RELRN	BATSEL	SW$_1$ ADPPWR REVBLK	SW$_2$ ADPBLK DISBAT	SW$_3$ CHGA DISA	SW$_4$ CHGB DISB	OUT2	OUT1	OUT0
		A	B										
電池A 充電	接続	X	X	H	L	L	ON	OFF	ON	OFF	H	H	L
電池B 充電		X	X			H			OFF	ON			H
電池A リラーン		N	X	X	H	L	OFF	ON	ON	OFF		L	L
電池B リラーン		X	N			H			OFF	ON			H
ACアダプタでの動作		その他（示されている入力以外）					ON	OFF	OFF	OFF		H	L
AIR	AIR	X	X	X	X	X							H
電池A 放電	非接続	N	X	X	X	L	OFF	ON	ON	OFF	L	L	L
			U			X							H
電池B 放電		X	N			H			OFF	ON			H
待機		U	U			X			OFF	OFF			L

X：don't care　N：電池電圧が，設定した最小電圧以上のとき　U：電池電圧が，設定した最小電圧未満のとき　AIR：エア・アダプタ

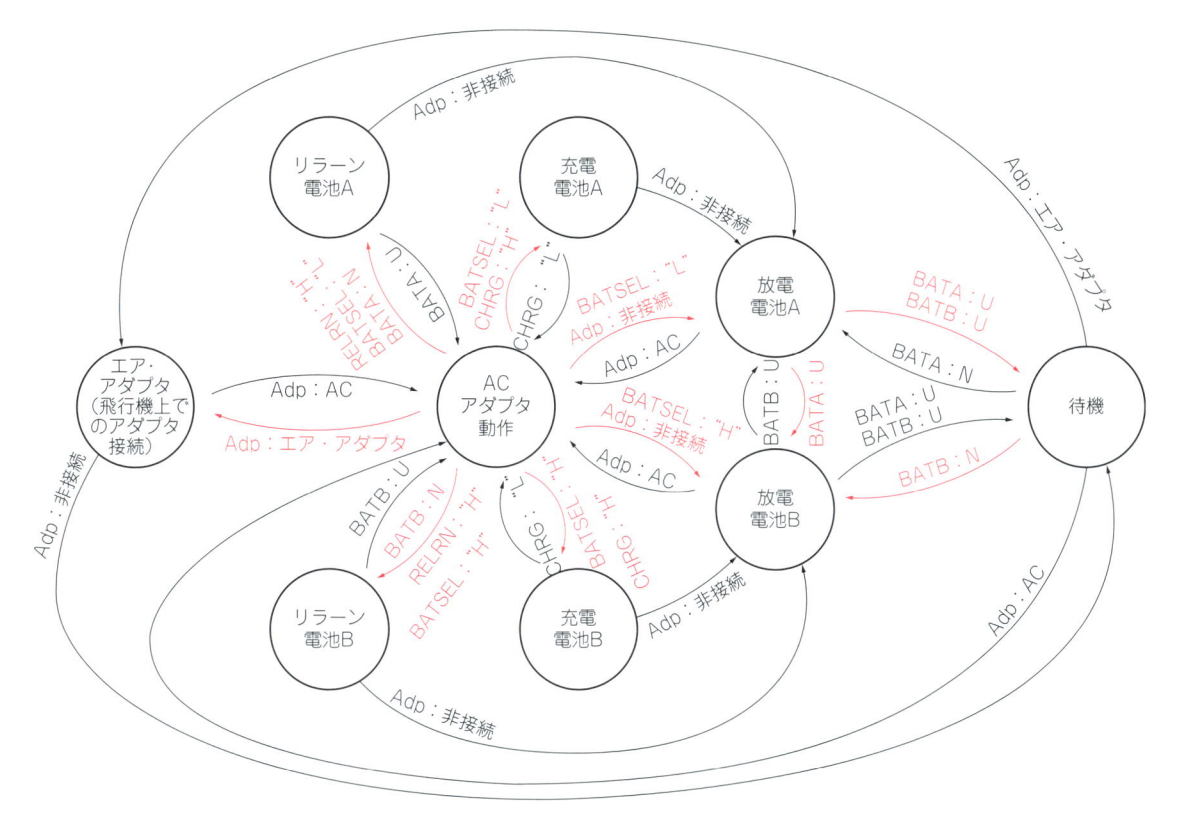

Adp：アダプタ　U：電池電圧が，設定した最小電圧未満のとき．N：電池電圧が，設定した最小電圧以上のとき

図4　充放電制御＆電源セレクタIC MAX1538の状態遷移図

します．

● 通電中でも電源系統を安全に切り替える

REVBLK端子に接続されたMOSFETは充電回路にステップアップ・コンバータを使用しているときに重要な役割をします．切り替え回路の設計を誤るとステップアップ・コンバータの入出力を短絡し，素子の破壊を招く可能性がある微妙な部分です．

MAX1538における切り替えは原則的にFast-Break-Before-Selection（経路を遮断してから切り替える）なので，通電中にも安全なモード切り替えが可能です．ただし，瞬断回避のために数十μFのアルミ電解コンデンサが必要です．切り替え対象となる回路の電圧が，たとえばACアダプタ6V，充電回路8V，電池3Vと異なっていても，それぞれのPチャネルMOSFETをOFF状態にするためのゲート電位"H"を設定できるので容易に接続できます．

■ 評価キットで動作を確認できる

MAX1538には評価キットが用意されています．MAX1538のほかにCHRG，RELRN，BATSELの各端子用に制御信号の設定スイッチ（チャタリング除去ICつき），モード表示のLEDランプ，出力のレギュレータなどの周辺回路が基板化されています．標準的な接続を図7に示します．

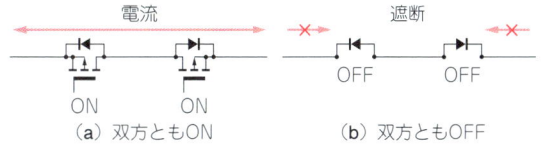

アダプタ検出電圧や電池の下限電圧は基板上の半固定抵抗VR_1で調整できるようになっています．ただし，調整範囲は広くなく，目的とするシステムに合わない場合もあります．その場合はMAX1538のデータシートにしたがいVR_1とその周辺の抵抗値を変更してください．制御信号はメカニカル・スイッチにより手動で与えられます．外部からコントロールできるようにコネクタ（J_1）も取り付けられています．

図5　二つのPチャネルパワー MOSFETで電源経路を切り替える
双方のMOSFETが，ON時はどちらの方向からも電流が流れ，OFF時は電流が遮断される．

（a）双方ともON　（b）双方ともOFF

バックアップ電池を内蔵する5V出力の実験用電源回路に応用

写真2に製作した電源の写真を，図8に回路図を示します．

机上で新しい回路を組んだり調整したりするとき，電源はスイッチング・レギュレータからとっています．ところが作業も佳境に入るころ，乱雑になった作業机の上でACコードがどうも邪魔です．短時間の実験では電池でも足りる場合が多いので，ACコードを外しても動くようにしよう，そうすれば戸外の計測にも使える…そんな製作動機です．

● 製作した回路のポイント

6VのACアダプタを使い，5本ずつ2組のNiMH 2次電池（2000 mAh）を充電します．

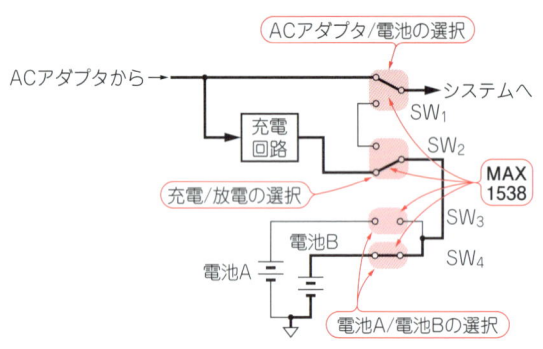

電池充電時と，放電/リラーン・モードの切り替えの際に，瞬間的に充電回路の入出力が短絡すると，素子が破壊するおそれがあります．ADPPWR，REVBLK，ADPBLKおよびDISBATによる電流の方向制御が回路を守ります．動作モードごとの電流の流れを図9に示します．

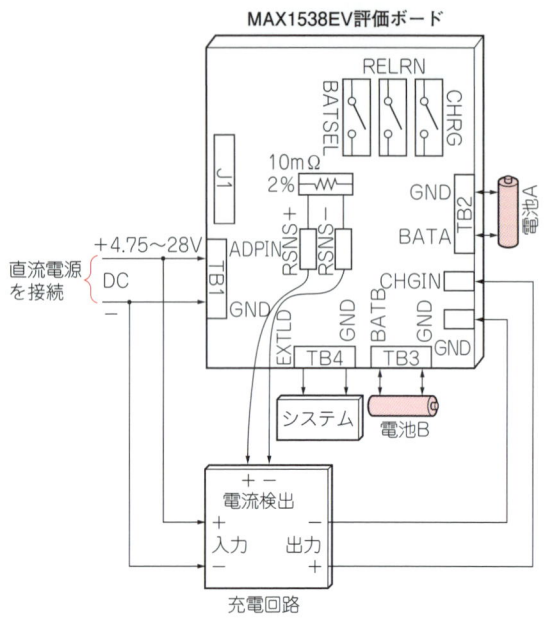

図7 充放電制御＆電源セレクタIC MAX1538評価キットの接続
チャタリング除去IC付き制御信号の設定スイッチや，モード表示のLEDランプ，出力のレギュレータなどを搭載する．

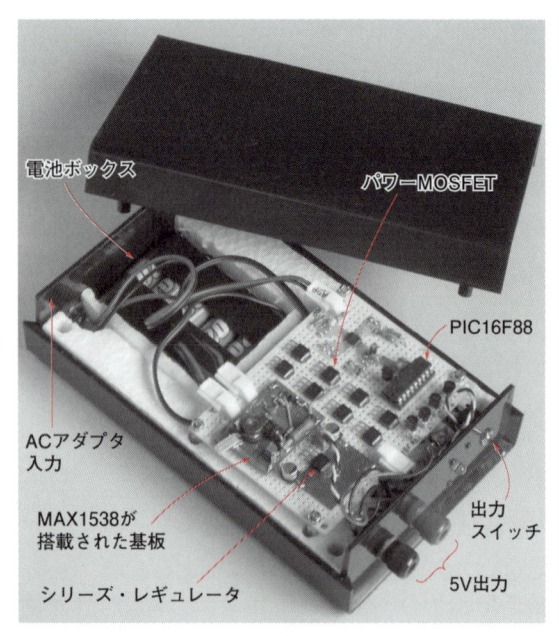

（a）充電時（ACアダプタが接続されており，かつ充電が行われている状態）

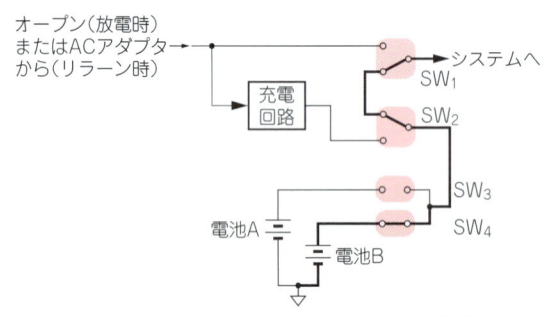

（b）放電時または，リラーン・モード（ACアダプタが接続されており，かつ放電している状態）

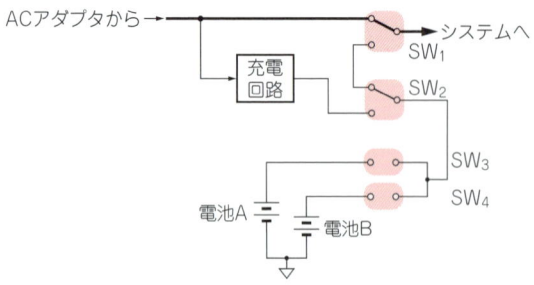

（c）ACアダプタ動作（ACアダプタが接続されており，かつ充電が行われていない状態）

図6　電源系統の切り替え動作
ACアダプタ接続時でも電池を最後まで使い切るリラーン・モードによって，メモリ効果による弊害の予防や外部のクーロン・カウンタの初期化ができる．

写真2　製作したバックアップ電池を内蔵する5V出力の実験用電源

動作モードを示すLEDは，D_1がACアダプタ接続時に，D_2〜D_5はそれぞれ電池A/Bの充放電時に点灯します．

● 充放電の制御動作

今回の回路の充電は，ステップアップ・コンバータで得た8Vを抵抗経由で100m〜200mA流し，15時間経ったら充電を終了する，というトリクル充電に近い単純な動作です．

ここではプログラムしていませんが，ACアダプタが接続されているときは，設定電圧未満となったら充電を行う基本動作のほか，残量が少ないほうの電池をリラーン・モードで放電し切ってから充電することもできます．このとき，電池の残量は，充電し終えてからの経時や電池の使用状況から推定します（図10）．

● 動作の制御はPICマイコンで行う

MAX1538の制御には，低電圧で動作し，消費電流

充放電のたびに残量表示のずれを補正するリラーン機能　　Column

● 電圧からは高精度な2次電池の残量を得られない

電池は，化学反応を使うという点で電子回路の部品とは異質なものです．化学反応全般にいえることですが，使う際は次のことを念頭に置く必要があります．
- 特性が温度の影響を受けやすい
- 長期安定性に欠ける
- 動作に伴い，構成する物質が消耗する

図Aに2次電池の放電特性の傾向を示します．複数の理由により，放電カーブには必ず「段が付く」と思ったほうがよいでしょう．このため，2次電池の場合，電圧を測っただけでは残量を精度よく得られません．

● 充放電電流の検出で残量を得るのが有効

残量を精度よくつかむのに有効な手段は，クーロン・カウンタによる電気量の測定です．充電時の電気量と放電時の電気量により，残量をつかみます．電気量は電流と時間の積で，単位はクーロン［C］

です．1Aの電流を1秒流したときの電気量が1クーロンです．

考え方を図Bに示します．電流検出アンプの出力はV-Fコンバータに入り，パルス列に変換されます．充電時にカウンタ値をアップすれば，カウント値は電流値の積算に比例し，充電量を示します．同様に，放電時は負荷に流れる電流に比例して，カウント値をダウンします．

● 終止電圧でカウンタをリセットして補正

カウント値がゼロ時に残量もゼロ（終止電圧）になるのが理想ですが，充放電を繰り返すと自然放電やメモリ効果などで，カウント値と実際の残量との間にずれが生じてきます．このずれの積み重ねは，終止電圧時とカウンタのゼロを合わせることで防げます．すなわち，意図的に電池を放電させ，終止電圧まで下げたときにカウンタをリセットすればよいのです．この操作にMAX1538のリラーン機能を適用できます．

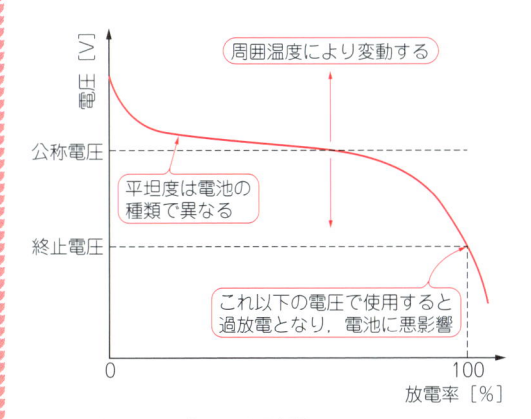

図A　2次電池の一般的な放電特性
複数の理由により，変化はなだらかではなく段が付く．このため電圧値で残量を高い精度で推測するのは難しい．

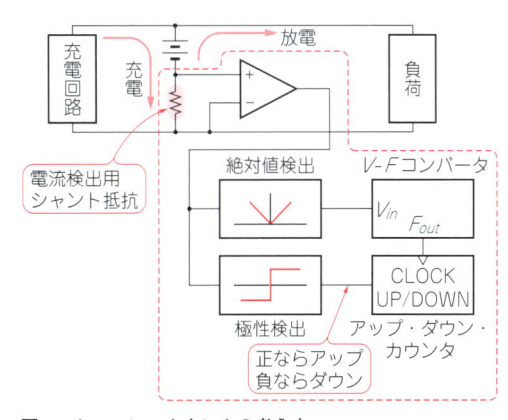

図B　クーロン・カウンタの考え方
充放電の電気量を検出して残量を得られる．アップ・ダウンカウンタのカウンタ値を，充電時にアップ，放電時にダウンする．

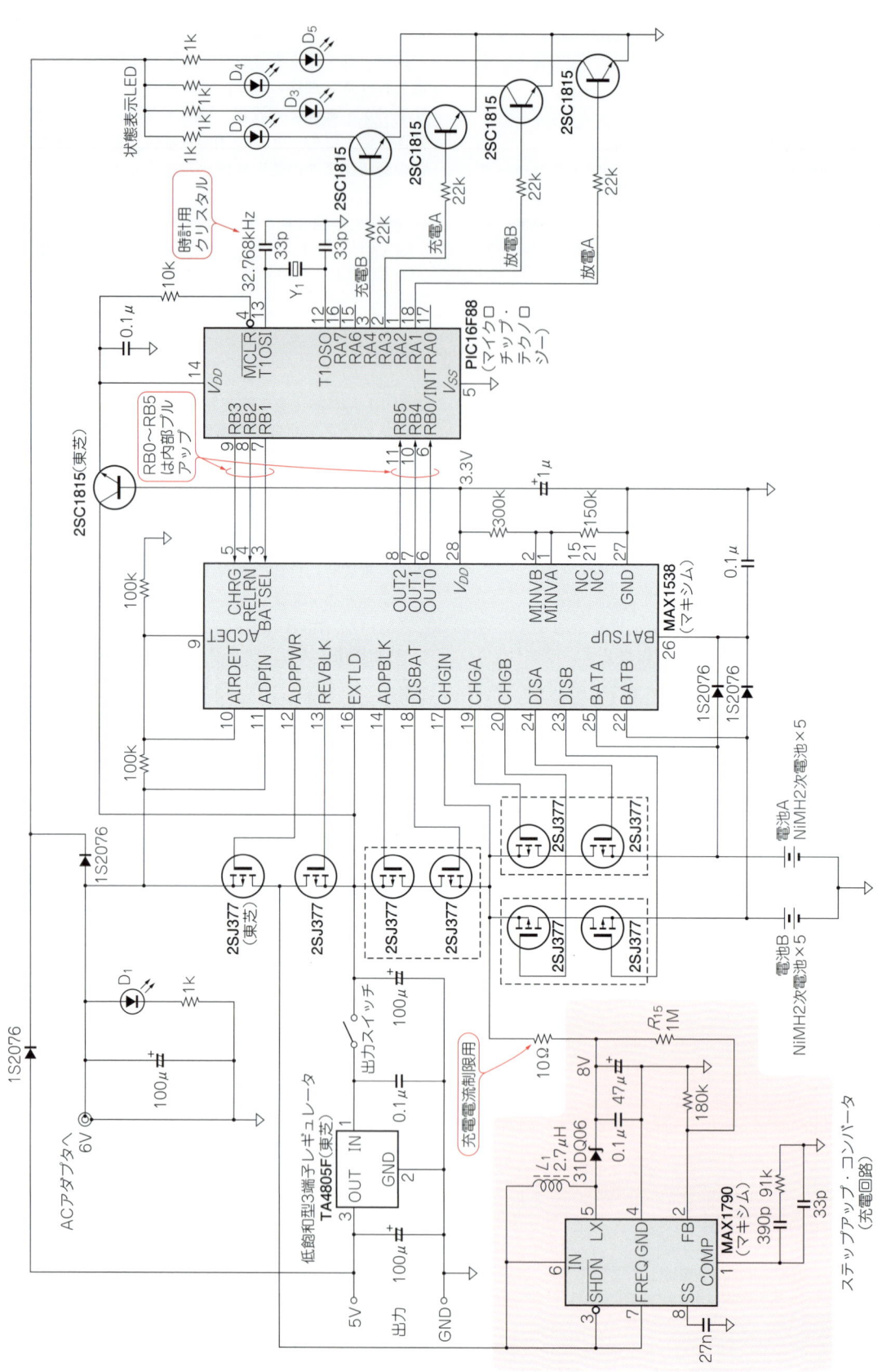

図8 電池残量を気にせずに携帯できる5V電源の回路

第7章 充放電制御＆電源セレクタ MAX1538と応用回路

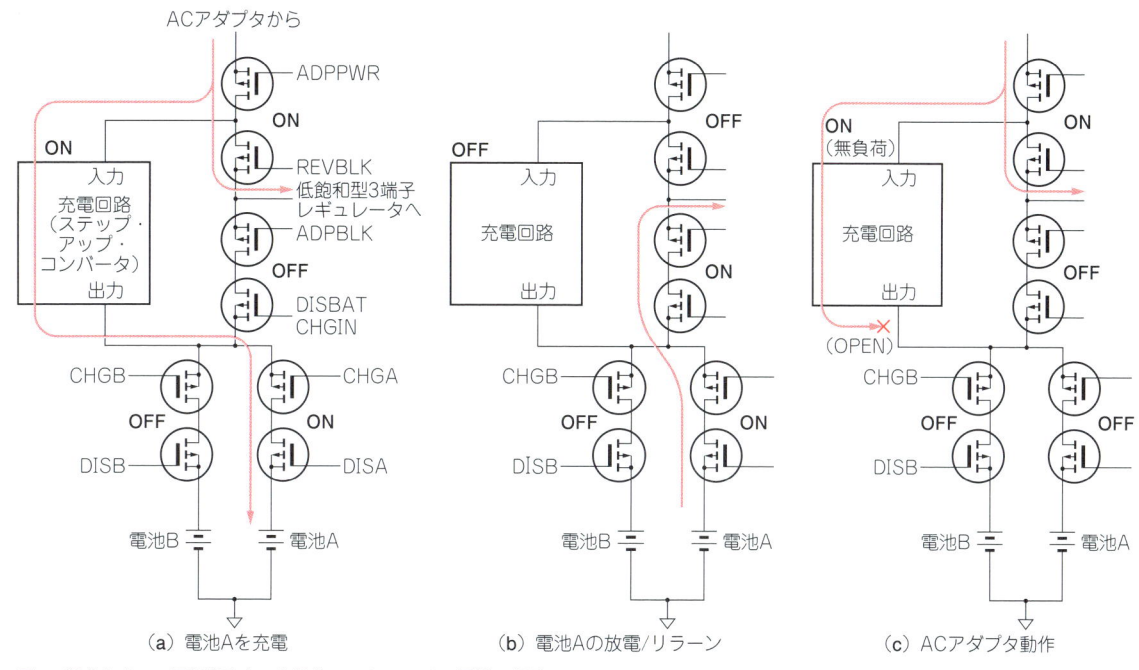

図9 製作した5V電源（図8）の各動作モードにおける電流の経路

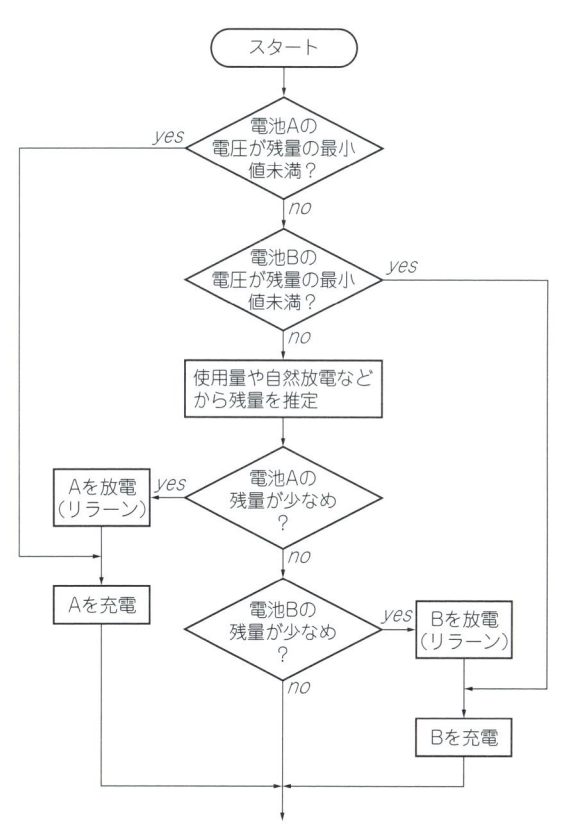

(a) 電池Aを充電　　(b) 電池Aの放電/リラーン　　(c) ACアダプタ動作

図10 製作した5V出力電源のACアダプタ接続時の動作

も少ないワンチップ・マイコンのPIC16F88を使いました．

ステータス信号の変化による割り込みや，時計用クリスタルによる1秒ごとのタイマ割り込みでプログラムを起動すれば，マイコンの消費電流は電池の自然放電に比べてごく少ないものになります．

PIC16F88はA-Dコンバータを内蔵しており，必要とあらば電池電圧のより細かい監視ができます．

1秒ごとのタイマ割り込みにより，充放電の履歴をとることができます．履歴は，内蔵のEEPROMに保存します．AとBの電池の使用頻度を均等にしたり，劣化の具合を推測したりするのに役立ちます．

■**プログラムの入手方法**
筆者のご厚意により，この記事の関連プログラムはトラ技ホームページに登録します．（編集部）
http://toragi.cqpub.co.jp/tabid/186/default.aspx
2007年2月号HOTデバイスのコーナーにあります．

◆**参考文献**◆
(1) MAX1538 データシート; MAXIM, 2004年．
(2) MAX1538 Evaliation Kit データシート; マキシム, 2004年．
(3) PIC16F87/88 データシート; マイクロチップ・テクノロジー, 2005年．

（初出：「トランジスタ技術」2007年2月号）

Appendix D

主な充電制御IC

宮崎 仁

　2次電池充電用の主な充電制御ICをまとめました．鉛電池用，NiMH/NiCd電池用，リチウム・イオン電池用などがありますが，最近でリチウム・イオン電池用が多いようです．また，$LiFePO_4$電池用も製品化が進んできました．入力電源としては，以前は電源トランスに直結するAC2次側制御用や，ACアダプタや車載バッテリに対応するDC入力用が大部分でした．最近はUSB給電のものが多くなっています．

　表ではメーカ名を略称で示しています．正式名称は表の下にあります．表は各社のデータシートを参考に作成しました．採用に当たっては，ご自身で最新のデータシートをご確認くださるようお願い致します．

型名	社名	機能	対応電池 Li-Ion/Li-Po	対応電池 NiMH/NiCd	対応電池 鉛その他	最大電流	パッケージ	備考
2STG141PM-T	オムロン[1]	充電制御	1セル			Tr外付け	SSOP-16	
NJM2146B	新日本無線[2]	定電流/定電圧制御/AC2次側					DIP-8/SOP-8/VSOP-8	ACチャージャ
NJM2336	新日本無線	定電流/定電圧制御/AC2次側					SOT23-6	ACチャージャ
NJM2337	新日本無線	定電流/定電圧制御/AC2次側					SOT23-6	ACチャージャ
NJM2346	新日本無線	定電流/定電圧制御/AC2次側					SOP-8/VSOP-8	ACチャージャ
NJW4100	新日本無線	充電制御	1～2セル			Tr外付け	SOP-20/SSOP-20	
NJW4108	新日本無線	充電制御	1～2セル			Tr外付け	SSOP-20	
NJW4120	新日本無線	充電制御	1～2セル			Tr外付け	SOP-20/SSOP-20	
NJW4124	新日本無線	充電制御	1～2セル			Tr外付け	SOP-20	
SM6781B	セイコーNPC[3]	充電制御		○			VSOP-8	
XC6801	トレックス[4]	リニア充電制御	1セル			500 mA	SOT89-5/SOT25-5/USP-6	汎用/USB
XC6802	トレックス	リニア充電制御	1セル			800 mA	SOT89-5/SOT25-5/USP-6	汎用
NB39A132	富士通[5]	スイッチング充電制御	2～4セル				TSSOP-24	ノートPC
NB39A134	富士通	スイッチング充電制御	2～4セル				TSSOP-24	ノートPC
MM1707	ミツミ[6]	リニア充電制御/AC2次側	1セル				TSOP-16	ACチャージャ
MM3204	ミツミ	リニア充電制御	1セル				DFN-8	汎用
MM3324	ミツミ	リニア充電制御/AC2次側	1セル				TSOP-16	ACチャージャ
MM3358	ミツミ	リニア充電制御	1セル				DFN-10	汎用
MM3439	ミツミ	スイッチング充電制御/I^2C	1セル			2 A	QFN-32	汎用/USB
MM3458	ミツミ	リニア充電制御	1セル			558 mA	DFN-10	汎用
M62237	ルネサス[7]	定電流/定電圧制御/AC2次側	○	○			SOP-8	ACチャージャ
M62242	ルネサス	充電制御/マイコンI/F	1～2セル				SSOP-16	
M62244	ルネサス	充電制御	1セル				SSOP-20	
M62245	ルネサス	充電制御	1セル				TSSOP-20	
M62249	ルネサス	充電制御	1セル				QFN-28	
M62253A	ルネサス	充電制御	1セル				SSOP-16	
R2A20035	ルネサス	充電制御	1セル				SSOP-20	
R2A20050A	ルネサス	充電制御	1セル				DFN-10	汎用
R2J20052	ルネサス	充電制御/マイコンI/F	1セル				DFN-18	汎用/USB
R2S20030	ルネサス	充電制御	1セル				QFN-28	
ADP2291	Analog Devices[8]	リニア充電制御	1セル			Tr外付け	CSP-8/MSOP-8	汎用/USB
ADP5061	Analog Devices	充電制御/I^2C	1セル			2.1 A	CSP-20	汎用/USB
ADP5065	Analog Devices	スイッチング充電制御	1セル			1.25 A	CSP-20	汎用/USB
ATA6870	Atmel[9]	EVバッテリ制御/16個接続可	3～6セル	3～6セル			QFN-48	EV/HEV
FAN5400/1/2/3/4/5	Fairchild[10]	スイッチング充電制御	1セル				CSP-20	USB/OTG
FAN54013	Fairchild	スイッチング充電制御	1セル				CSP-20	USB/OTG
ISL9214/9214A	Intersil[11]	充電制御	1セル				DFN-10	汎用/USB/デュアル入力
ISL9220	Intersil	スイッチング充電制御	1セル			2 A	QFN-20	汎用
ISL9220A	Intersil	スイッチング充電制御	2セル			2 A	QFN-20	汎用
ISL9221	Intersil	充電制御	1セル			1.2 A	DFN-10	汎用/USB/デュアル入力
ISL9228	Intersil	充電制御	1セル				DFN-10	汎用/USB/デュアル入力
ISL9230	Intersil	充電制御	1セル			1.5 A	QFN-16	汎用/USB
LT1512	LTC[12]	昇降圧/定電流/定電圧制御	○	○	○	1 A	DIP-8/SOP-8	汎用
LT1513	LTC	昇降圧/定電流/定電圧制御	○	○	○	2 A	DD-7	汎用
LT3650-4.1/4.2	LTC	スイッチング充電制御				2 A	DFN-12/MSOP-12	汎用
LT3652	LTC	スイッチング充電制御				2 A	DFN-12/MSOP-12	太陽光発電/トラッキング
LT4009/-1/-2	LTC	定電流/定電圧制御	○	○	○		QFN-10	汎用
LTC3559	LTC	充電制御/レギュレータ	1セル			950 mA	QFN-16	USB
LTC4070	LTC	リニア充電制御	1セル			50 mA	DFN-8/MSOP-8	エナジー・ハーベスティング

▶(1) オムロン株式会社，(2) 新日本無線株式会社，(3) セイコーNPC株式会社，(4) トレックス・セミコンダクター株式会社，(5) 富士通株式会社，(6) ミツミ電機株式会社，(7) ルネサスエレクトロニクス株式会社，(8) Analog Devices, Incorporated，(9) Atmel Corporation，(10) Fairchild Semiconductor Corporation，(11) Intersil Corporation，(12) Linear Technology Corporation，

型名	社名	機能	対応電池 Li-Ion/Li-Po	対応電池 NiMH/NiCd	対応電池 鉛その他	最大電流	パッケージ	備考
LTC4071	LTC	リニア充電制御	1セル			50 mA	DFN-8/MSOP-8	エナジー・ハーベスティング
LTC4155	LTC	スイッチング充電制御/I²C	1セル			3.5 A	QFN-28	汎用/USB/デュアル入力/OTG
LTC4156	LTC	スイッチング充電制御/I²C			LiFePO₄	3.5 A	QFN-28	汎用/USB/デュアル入力/OTG
LTM8061	LTC	充電制御モジュール	1〜2セル			2 A	LGA-77	汎用
LTM8062/A	LTC	充電制御モジュール	○		○	2 A	LGA-77	汎用
DS2710	Maxim[13]	スイッチング充電制御		1セル			DFN-10	汎用/USB
DS2714	Maxim	充電制御		独立4セル		Tr外付け	TSSOP-20	単3/単4チャージャ/汎用
DS2715	Maxim	充電制御		1〜10セル			SOP-16	バッテリパック用
MAX1645	Maxim	充電制御/SMBus	1〜4セル	1〜8セル	○	3 A	QSOP-28	汎用
MAX1645A	Maxim	充電制御/SMBus	2〜4セル	1〜8セル	○	3 A	QSOP-28	汎用
MAX1647	Maxim	充電制御/SMBus	1〜4セル	1〜8セル	○	4 A	SSOP-20	汎用
MAX1648	Maxim	充電制御	1〜4セル	1〜8セル	○	4 A	SSOP-20	汎用
MAX1757	Maxin	スイッチング充電制御	1〜4セル			1.5 A	SOP-28	汎用
MAX1758	Maxin	スイッチング充電制御	1〜4セル			1.5 A	SOP-28	汎用
MAX17710	Maxim	昇圧充電制御	1セル			40 mA	DFN-12	エナジー・ハーベスティング
MAX1811	Maxin	充電制御	1セル			800 mA	SOP-8	USB
MAX1870A	Maxim	昇降圧充電制御	2〜4セル			FET外付け	QFN-32	ノートPC
MAX1873	Maxin	スイッチング充電制御	2〜4セル	6〜10セル		FET外付け	QSOP-16	汎用
MAX1879	Maxim	パルス充電制御	1セル				uMAX-8	汎用
MAX8600	Maxim	リニア充電制御	1セル			1 A	DFN-14	汎用
MAX8601	Maxim	リニア充電制御	1セル			1 A	DFN-14	汎用/USB
MAX8671X	Maxim	充電制御/レギュレータ	1セル				QFN-40	汎用/USB/デュアル入力
MAX8677A/C	Maxim	充電制御	1セル			1.5 A	QFN-24	汎用/USB/デュアル入力
MAX8903A-E/G/H/J/N/Y	Maxim	スイッチング充電制御	1セル			2 A	QFN-28	汎用/USB/デュアル入力
MAX8971	Maxim	スイッチング充電制御/I²C	1セル			1.55 A	CSP-20	汎用/USB
MAX9713	Maxim	充電制御/SMBus	1〜4セル	1〜10セル		2 A	QFN-24	汎用
MCP73123/223	Microchip[14]	リニア充電制御			LiFePO₄	1.1 A	DFN-10	汎用
MCP73811/2	Microchip	リニア充電制御	1セル			500 mA	SOT23-5	汎用/USB
MCP73813/4	Microchip	リニア充電制御	1セル			1.1 A	DFN-10	汎用/USB
MCP73830	Microchip	リニア充電制御	1セル			1 A	DFN-6	汎用/USB
MCP73830L	Microchip	リニア充電制御	1セル			200 mA	DFN-6	汎用/USB
MCP73831/2	Microchip	リニア充電制御	1セル			500 mA	DFN-8/SOT23-5	汎用/USB
MCP73833/4	Microchip	リニア充電制御	1セル			1 A	DFN-10/MSOP-10	汎用/USB
MCP73837/8	Microchip	リニア充電制御	1セル			1 A	DFN-10/MSOP-10	汎用/USB/デュアル入力
MCP73841/3	Microchip	リニア充電制御	1セル			FET外付け	MSOP-8/10	汎用
MCP73842/4	Microchip	リニア充電制御	2セル			FET外付け	MSOP-8/10	汎用
NCP1851	ON[15]	スイッチング充電制御	1セル			1.6 A	CSP-25	汎用/USB
NCP1852	ON	スイッチング充電制御	1セル			1.8 A	CSP-25	汎用/USB
SMB136	SUMMIT[16]	スイッチング充電制御	1セル			750 mA	CSP-30	汎用/USB/OTG
SMB137B	SUMMIT	スイッチング充電制御	1セル			750 mA	CSP-30	汎用/USB/OTG
SMB231/2/3	SUMMIT	リニア充電制御	1セル			1 A	CSP-20/QFN-24	USB
SMB239	SUMMIT	リニア充電制御	1セル			525 mA	CSP-8	
SMB328A/B	SUMMIT	スイッチング充電制御	1セル			1.2 A	CSP-20	汎用/USB/OTG
SMB329B	SUMMIT	スイッチング充電制御	1セル			1.15 A	CSP-20	汎用/USB/OTG
SMB338P	SUMMIT	スイッチング充電制御	1セル			1.2 A	CSP-20	汎用/USB/OTG
bq2002	TI[17]	充電制御		○		2 A	DIP-8/SO-8	
bq2004	TI	スイッチング充電制御		○		2 A	DIP-16/SO-16	
bq2005	TI	スイッチング充電制御		○		2 A	DIP-20/SO-20	デュアル充電可
bq2031	TI	スイッチング充電制御			○	2 A	DIP-16/SO-16	
bq24130	TI	スイッチング充電制御	1〜3セル			4 A	QFN-24	汎用/タブレット
bq24133	TI	スイッチング充電制御	1〜3セル			2.5 A	QFN-24	汎用/タブレット
bq24140	TI	スイッチング充電制御	1セル			1.5 A	CSP-30	汎用/USB/OTG
bq24160/1/3/8	TI	スイッチング充電制御/I²C	1セル			2.5 A	CSP-46/QFN-24	汎用/USB/デュアル入力
bq24165/6/7	TI	スイッチング充電制御	1セル			2.5 A	CSP-46/QFN-24	汎用/USB/デュアル入力
bq24170	TI	スイッチング充電制御	1〜3セル			4 A	QFN-24	汎用/タブレット
bq24400/1	TI	スイッチング充電制御		○		2 A	DIP-8/SO-8	
bq24450	TI	リニア充電制御			○	2 A	DIP-16/SO-16	
bq24618	TI	スイッチング充電制御	1〜6セル			FET外付け	QFN-24	汎用
bq24630	TI	スイッチング充電制御	1〜7セル			FET外付け	QFN-16	汎用
bq24640	TI	スイッチング充電制御	1〜9セル			FET外付け	QFN-16	UPS/バックアップ
bq24650	TI	スイッチング充電制御	1〜6セル		○	FET外付け	QFN-16	太陽光発電/トラッキング
bq25070	TI	リニア充電制御			LiFePO₄	1 A	SO-10	汎用/USB
bq25504	TI	スイッチング充電制御	○				QFN-16	エナジー・ハーベスティング

▶ (13) Maxim Integrated Products, Incorporated, (14) Microchip Technology Incorporated, (15) ON Semiconductor, (16) SUMMIT Microelectronics, (17) Texas Instruments Incorporated

第8章 残量の検出精度が低ければ蓄電容量が大きくても意味がない
電池の残量を精度良く検出する技術と実例

惠美 昌也

実際に使える電池の容量は残量検出回路の精度に大きく依存しています．このため，精度良く残量を求める技術が必要です．しかし，電池の放電特性はフラットで高精度な検出が必要な上，温度や劣化により特性が変わるので補正が必要です．本章では，残量検出の方法としくみについて紹介します．

電池は残量を正確に把握しにくい

● 電池とキャパシタを比べてみると…

残量100％のとき4.2V，残量0％のとき3.3Vの電池とキャパシタの特性の違いを，図1に示します（比較のため仮にスタック全体のキャパシタの満充電電圧を4.2Vで，電池と同じ容量を持つとする）．

キャパシタは$Q = CV$（Q：電荷量，C：容量，V：電圧）の式に従い直線になります．

しかし電池の残量は，正極・負極・電解液の化学反応の結果曲線になります．そのため単純に電圧に係数を掛けるだけでは，正確な電池残量を得ることはできません．特にユーザが残量を気にする60〜10％の領域では特性カーブがフラットになっており，電圧の測定誤差に対する残量計測の誤差が大変大きくなります．

● 電池は内部インピーダンスによる電圧降下も検出の邪魔になる

もう一つの重要な違いは，内部インピーダンスの違いです．電池の等価回路は図2のように表されます．電荷をためる巨大なコンデンサとしての特性に合わせて，図3に示すように直列の内部インピーダンスを持っています．この内部インピーダンスのため，本来の電池電圧と残量の関係に対して実際に電流を引いた場合には，内部インピーダンス×電流値の分だけ電池電圧は降下します．大容量キャパシタの場合は内部インピーダンスが低いため，この電圧降下の影響が非常に少ないのです．

前述のとおり，電池の残量計測は電圧-残容量特性や内部インピーダンスの影響があり，非常に複雑な処理が必要です．一方大容量キャパシタでは電圧-残容量特性がシンプルなため，電圧の測定精度が高ければ精度の高い残量計測を実現できます．

ただし，現在さまざまな大容量キャパシタが提案されていますが，その特性によっては容量値にばらつきがあったり，温度や劣化によって変化するものがあります．この場合は実際に加わった充電・放電電流の積算値と電圧値を元に，電池の残量計測と同様の演算・補正を行う必要があります．

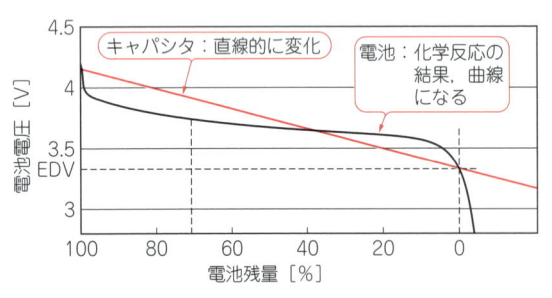

図1 キャパシタと電池の電圧対残容量特性の違い

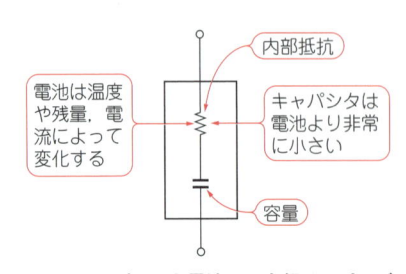

図2 キャパシタと電池では内部インピーダンスの大きさが違う

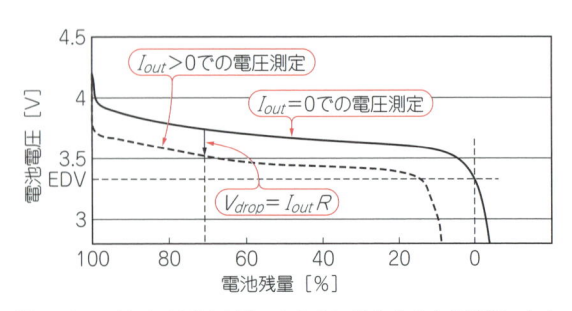

図3 キャパシタは電流を引いたときに発生する内部抵抗による電圧ドロップが小さい

残量の検出精度は重要

高性能なリチウム・イオン蓄電池が普及するにつれ，さまざまな機能を持った携帯機器が市場に投入されています．リチウム・イオン蓄電池自体の容量は年々増加しています．それにつれて機能も消費電流も増える傾向があり，依然として携帯機器には電池残量の正確な検出技術が求められています．

その電池残量を表示する計測方式にはさまざまなものがあり，安価で簡便な方式から複雑で高精度なものまで使われています．

それではなぜ高い精度が携帯機器に求められるのか？いくつかの例をあげて説明しましょう．

● **検出精度が低いと実効的な残量が低下したり突然シャットダウンする**

図4に電池の電圧と残量の関係を示します．グラフ左端が満充電の状況を示しており，電池が放電するにつれて残量が減り電圧が下がっていきます．一例として，電池電圧が3.3Vになるまで動作する携帯機器があるとします．この最低限必要な電池電圧を放電終止電圧（EDV：End of Discharge Voltage）と呼びます．

図5(a)に，電池の残量が想定していたよりも多い場合を示します．電池残量0％となっても，まだ電池電圧は3.5Vであり，実際には容量が残っています．

逆に電池の残量が想定してたよりも少ない場合を図5(b)に示します．電池残量が10％のときに放電終止電圧に達してしまい，表示は10％残っているのに携帯機器がシャットダウンしてしまいます．シャットダウンする前に終了処理が間に合わないと，大切なデータが消えたり，急に携帯電話の受信ができなくなります．このような不具合は，何年も使用するうちに電池が劣化して発生します．

● **検出精度が高いことによる三つのメリット**

電池残量計測の精度が高いことによるメリットは主に三つあります．

(1) シャットダウンする前に適切な終了処理ができる

ここで言う終了処理とは，ユーザに残り時間が少ないことを通知したり，編集中の書類やシステムの設定値などを保存したりすることです．

(2) 劣化した電池の交換時期が分かる

設計時の電池容量に比べて現時点の電池容量が極端に低い場合には，電池が劣化し交換時期が来たことを知ることができます．ただし電池の容量は，使用時の消費電流や温度により変動します．電池の劣化度を判定するには，さまざまな環境パラメータを考慮した高精度な残量計測が必要となります．

(3) 正確な残量が分かることでユーザが限られた時間に機器をどう使うかを選べる

例えば携帯電話でテレビを見ている間に電池残量が無くなり，家に帰るまで通話ができなくなってしまっては困ります．正確な残量が分かれば，今日一日通話ができる時間を残してテレビの利用をやめられます．

電池残量を測る二つの方式

代表的な電池残量計測の方式には，一般的に大きく分けて「電圧テーブル方式」と「電流積算方式」があります．この二つの方式には一長一短があります．設計する機器によって残量計測にかけられるコストや，アプリケーションによって求められる残量計測の精度

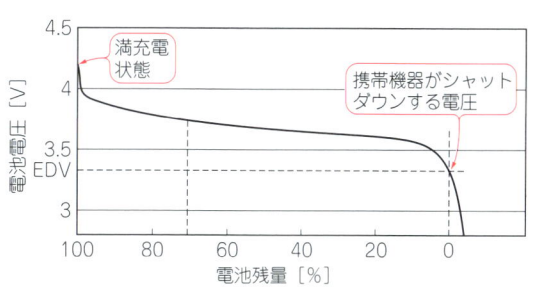

図4 電池電圧が3.3Vに低下するまで動作できる装置の電池電圧と残容量の関係
EDVは放電終始電圧のこと．

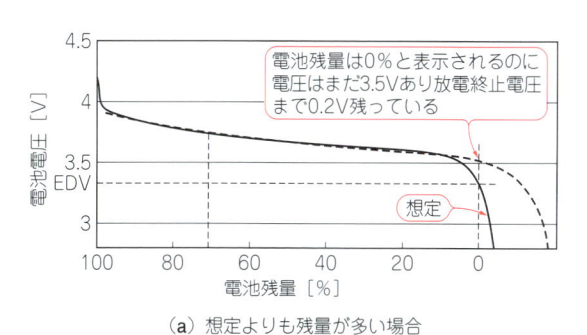

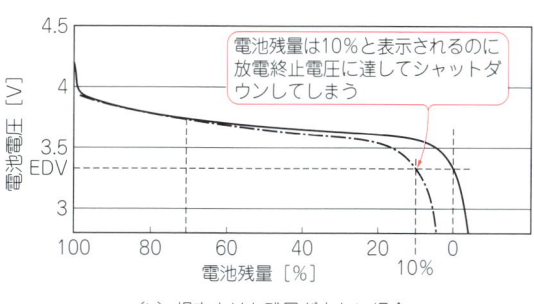

図5 電池の残量が想定と違う場合の動作
(a) 想定よりも残量が多い場合
(b) 想定よりも残量が少ない場合

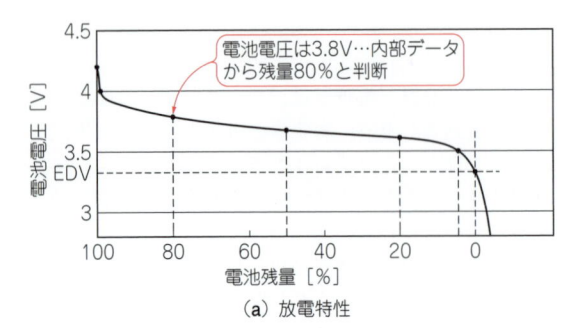

図6 電池電圧に対して既知の補正値を当てはめる電圧テーブル方式の例
個々のばらつき，温度や負荷電流値など変数の要素すべてを加味するのは難しい．

(a) 放電特性

電池電圧	残量
4.2V	100%
4.0V	95%
3.8V	80%
3.7V	50%
3.6V	20%
3.5V	5%
3.3V	0%

(b) 電池電圧と残量

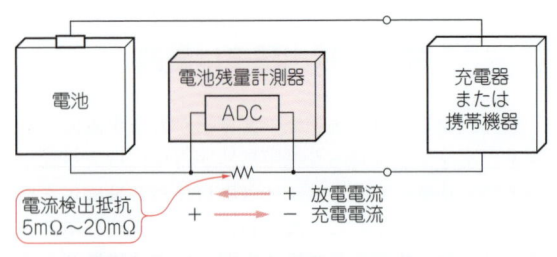

図7 満充電状態から充放電の電流値を検出する電流積算方式の例

に応じて選びます．またパソコン用電池パックなどでは，この二つを組み合わせた方式が一般的に使われているようです．

① データを参照して補正する電圧テーブル方式

電池電圧を測定し，装置内部にある図6のようなテーブルを参照して残量を求める方法です．

この電池電圧と残量の関係（電圧テーブル）は，電池セルの特性によって異なります．そのため，あらかじめ複数の電池パックのサンプルを使って試験し，電池パックの特性ばらつきの中で適したテーブルを作成する必要があります．

さらに大きな負荷電流が流れると，内部抵抗の影響で電池の電圧が降下するため急に残量が減り，負荷電流が減ると残量が増える現象が起きます．その上で残量計測の精度を高めるには，電流値，内部インピーダンス，温度などによって補正する必要がありますが，限界があります．

② 充放電電流を検出する電流積算方式

図7に示すように，電池の電流パスに検出抵抗（5mΩ～20mΩ）を実装して，その両端の電圧から電流値を計測して積算する方法です．この方式では一般的に満充電の状態＝100％を基準として，そこからの充放電電流を積算して残量を求めます．

例えば，満充電容量が800 mAhの電池の場合を考えます．この電池を充電すると，充電器が満充電条件を検出して充電終了します．この時点で電池の容量は800 mAh（100％）入っていると設定されます．そこから100 mAで2時間放電すると残量は600 mAh（75％）となり，さらに100 mAで1時間充電すると700 mAh（87.5％）となります．この方式では満充電状態から実際に充電・放電された電流値を積算するため，確実に電池に残っている放電容量を計測できます．

パソコンの電池パックに使われている残量計測回路

● どんな機能をもっている？

一般的なパソコン用電池パック向けの残量計測ICでは，以下の機能を持っています．

- 電池残量計測機能
  電池電圧，積算電流，温度測定，演算．
- 電池異常検出機能
  電池電圧，過電流，温度など．
- 電池保護機能
  充電側と放電側のMOSFETをOFFするなど．

ここでは電池残量計測機能について解説します．

● 回路実例と各部品の役割

図8にパソコンの電池パックで残量計測に使われている回路の例を示します．bq29312Aが電池保護ICで，bq2084-V150が電池残量計測ICです．右端に出ているPACK＋，PACK－端子が，パソコン本体へ電源を供給するパスとなります．またbq2804から右側に出ているSMBC，SMBD端子はパソコン本体と電池の情報を通信します．

また左端の抵抗R_1は電流積算用の検出抵抗で，ここでは20 mΩを使っています．この検出抵抗が電流積算の精度を決めるため，抵抗値ばらつきや温度係数が小さいものを選択します．ここでは75 ppmの抵抗を使っています．R_1の両端からbq2084内部の電流積算器に接続されています．またTS端子に接続しているサーミスタは電池パックの温度を測定しており，残量計測の補正などに使います．

● 電池残量の計測結果

実際にbq2084-V150で電池残量を計測した結果を図9に示します．これは4直セル，つまりセル当たり

満充電4.2 Vのリチウム・イオン蓄電池を4段直列に接続したパックによる結果です．

満充電容量は約6200 mAhで，グラフの右端にあたります．それから放電電流を加えることで，徐々に電池電圧も残りの放電容量も低下していきます．電池電圧13.5 Vくらいのところでグラフが乱れているのは，放電終止電圧が近くなった時点で電圧による補正が加わった結果です．

計測精度五つの誤差要因

上記のような電池の残量計測精度の誤差要因には以下のものがあります．

① 電流積算器の誤差

電流積算器は通常A-Dコンバータが使われており，このA-Dコンバータ自体の誤差も電流積算結果の誤差要因となります．オフセット，ゲイン，非線形特性，そして各々の温度特性やデバイスごとのばらつき分布が基本的な電流積算器の精度を決めます．

基板実装後にキャリブレーションすることで補正できますが，テスト時間の問題や温度特性の問題は解決できません．この電流積算器については各社ともさまざまな工夫をしています．

② 高周波の負荷変動による電流積算器の誤差

図9の特性は一定の電流負荷で測定したものです．しかし実際の携帯機器の電流負荷は，動作状態によって常に変動しています．

携帯機器での負荷電流プロファイル例を図10に示します．実際の環境では，高周波の負荷変動がさらに加わります．この負荷電流変化が検出抵抗両端の電圧変化として電流積算器によって測定されますが，帯域を超えて測定できない高周波成分が誤差として現れます．

これを防ぐにはフィルタ（**図9**のR_{15}，R_{16}，C_{16}，C_{18}，C_{19}）で高周波成分を抑えるなどの工夫が必要です．

負荷変動が生じた際には，検出抵抗から電流積算器

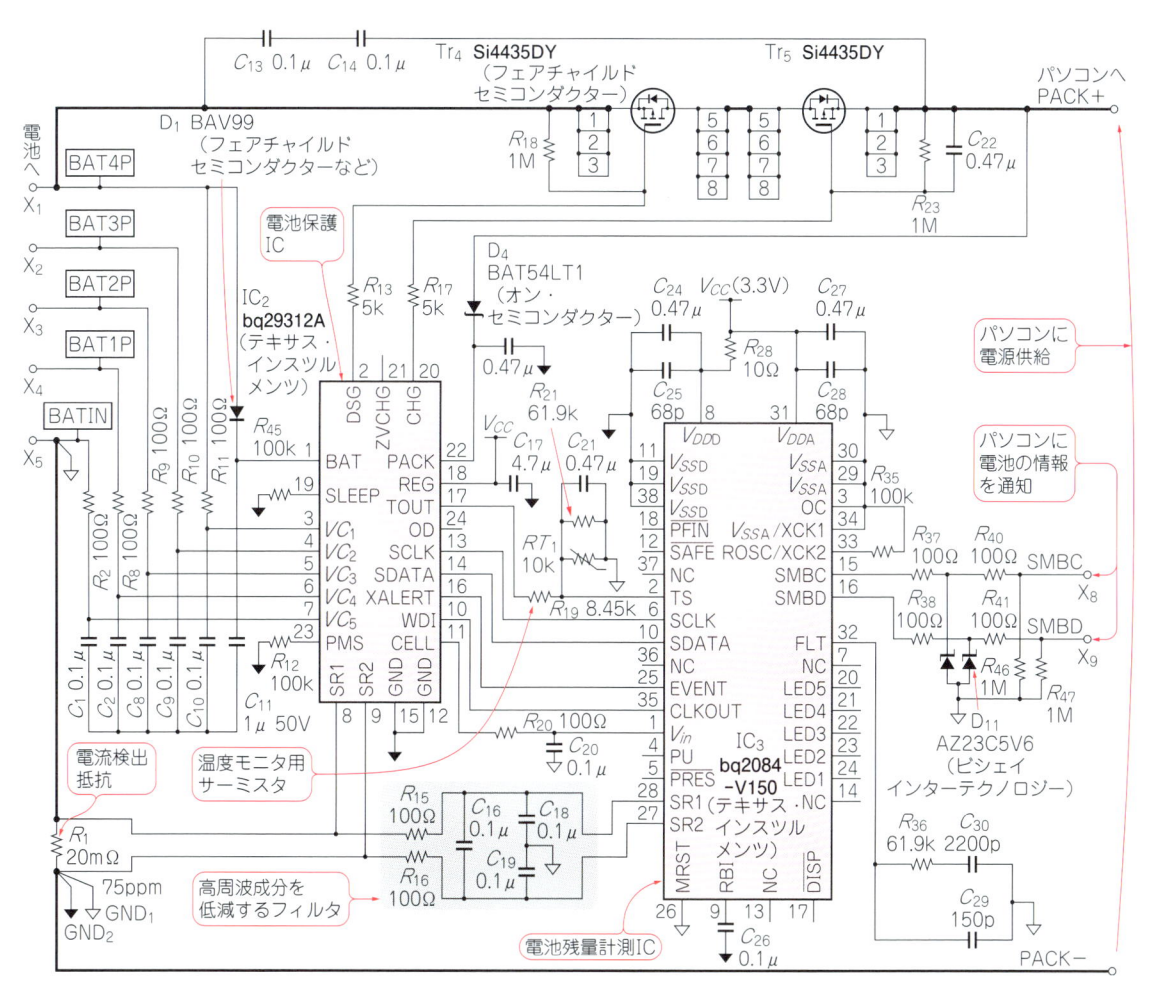

図8　パソコン向け電池パックの残量計測回路
太線は大きな電流が流れるライン．

までの配線にはノイズが生じます．このノイズが小さな誤差となって積算され最後には大きな誤差になるため最小限に抑える必要があります．

一般的な電流積算方式の場合は満充電電圧＝100％が基準となるので，残量が少なくなり電池電圧が下がるにつれてこれらの誤差が積算されて残量表示の誤差となります．

しかし残量が少ない時点で誤差が大きいと，最初に述べたようにユーザの使い勝手が悪くなります．そこで放電終止電圧近くで電圧による補正を行っています．図9のデータ例でグラフ左端（13.5 V付近）でプロットが乱れているのはこのためです．

③ 満充電容量と内部インピーダンスのばらつき

電池特性で問題になるのは，満充電容量と内部インピーダンスのばらつきです．

電流積算方式の場合，あらかじめ保存された満充電容量を目安に残量を表示します．これが想定と異なっていると，予測していたより残量が多かったり，少なかったりします．内部インピーダンスが想定より高いと，結果として残量表示より早く放電終止電圧に達します．

④ 電池特性の温度変化

電池特性は，電池パックの温度によっても変わります．内部インピーダンスは温度によって変化し，特に0℃以下の低温では電池の残量は急激に減少します．

⑤ 電池特性の劣化

充放電サイクル（1サイクルは満充電→残量0％の放電と満充電）による内部インピーダンスの変化を図11に示します．充放電サイクルを重ねることで，内部インピーダンスが増加します．

これは結果として放電容量が減ることを意味しており，電池パック出荷時に持っている電池特性設定データが正確でなくなってしまいます．

この誤差を避けるため，充放電サイクル1回ごとに電池特性設定データを補正することも行われています．しかし実際は，必ずしも残量0％になるまで放電せず，中間の領域を何度も行き来するような使われ方をします．そのため充放電サイクル回数だけの情報で補正するのは限界があります．

● 負荷電流による違い

電池電圧は負荷電流×内部インピーダンスの分降下します．そのため放電終止電圧に近い領域では，負荷電流が急激に増加すると早くシャットダウンしてしまいます．

これを避けるため，一般的には対象となる機器で想定される最大電流を元に，残量の最小値を表示するように作られています．

高精度の残量検出技術 インピーダンス・トラック

● 残量は開放電圧と内部抵抗から分かる

電池電圧から残量を推定しにくい要因として負荷電流による電圧降下があります．ということは，負荷がかかっていない開放状態の電圧（OCV）を測定すればよいことになります．開放電圧から化学的容量，つまりどれだけの電荷を放出できるかが分かります．

実際に，同じ化学組成のリチウム・イオン蓄電池の開放電圧は，図12に示すとおり異なるメーカで同様

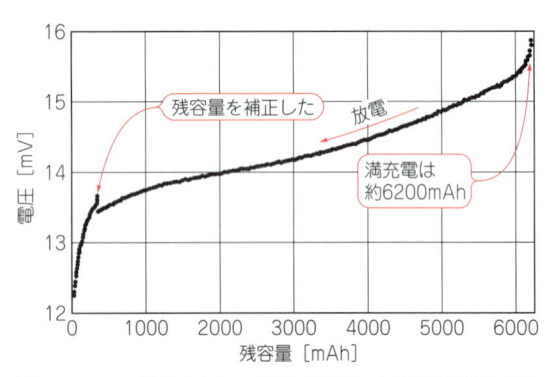

図9 パソコン用リチウム・イオン蓄電池4セル直列接続の残量を計測した結果

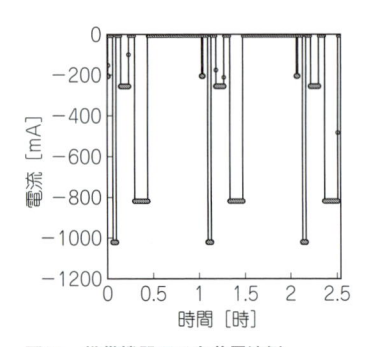

図10 携帯機器での負荷電流例
高周波の負荷変動があると電流積算器では検出できないことがある．

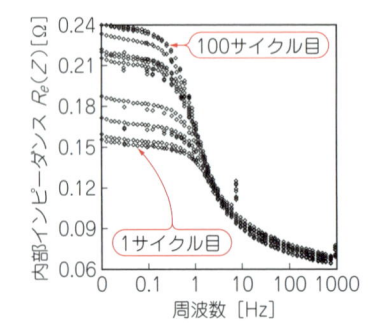

図11 充放電サイクルにより電池のインピーダンスが変わるので電圧テーブル方式で補正するのは難しい

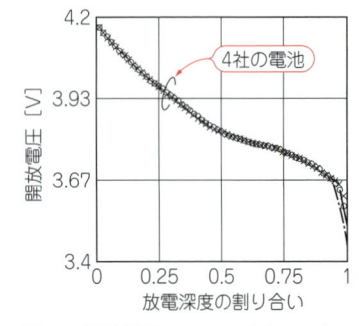

図12 開放電圧はメーカが違ってもほとんど同じ特性
同じ化学組成のリチウム・イオン蓄電池の例．

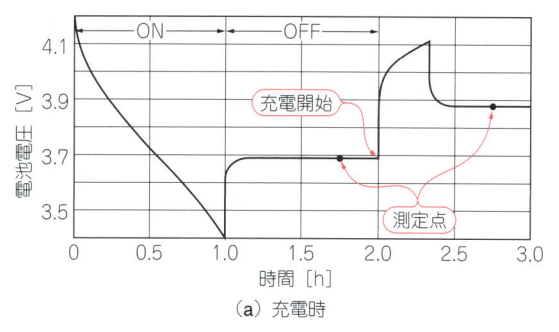

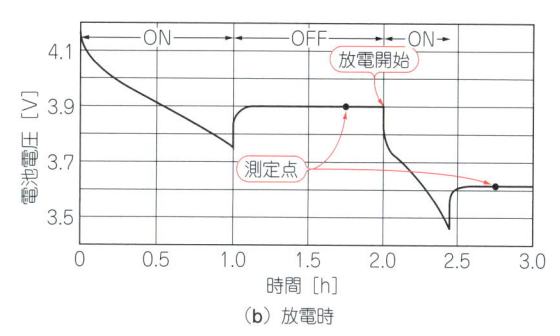

図14 残量管理技術インピーダンス・トラックでは負荷をON/OFFしたときの過渡応答特性からインピーダンスを算出する
(a) 充電時
(b) 放電時

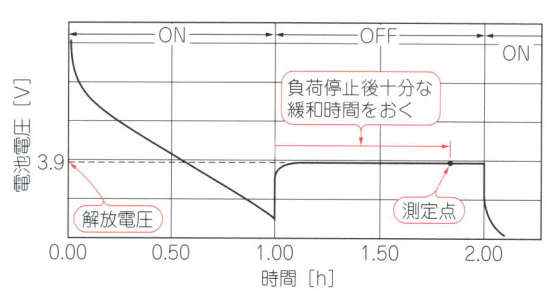

図13 残量管理技術インピーダンス・トラックでは開放電圧は開放直後から十分に時間をおき安定してから測定する

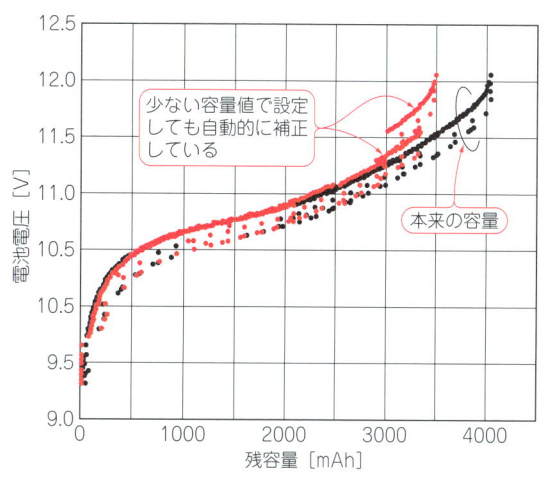

図15 残量管理技術インピーダンス・トラックは実際の残量を測定し自動補正する

な特性を示します．

ただし電池の充放電は化学反応なので，状態変化に伴う緩和時間(relaxation time)があります．負荷を停止して直ぐに電池電圧を測定しても，本来の開放状態の電圧を得られません．

実際には内部インピーダンスによって電圧低下が起こり，上記の化学的容量よりも早く放電停止に至ってしまいます．

電池の劣化状態によって変化する内部抵抗を知るためには，負荷電流に対する電池電圧の応答を測定します．内部抵抗は原理的には開放電圧と負荷時の電圧・電流から求められます．

ところが実際の電池の内部抵抗は温度負荷電流，電池の残容量などによって大きく変わってしまいます．

● インピーダンス・トラックとは

テキサス・インスツルメンツのインピーダンス・トラックは，このような電池特性研究の成果として開発された新しい電池残量管理技術です．理想的な環境で1％の精度が得られます．

まず開放電圧は図13に示すように，負荷が停止した後十分な緩和時間を経てから測定します．

内部抵抗は図14に示すように負荷のON/OFF時の電圧の過渡応答波形からインピーダンスを算出します．

これらの検出結果から温度，負荷電流，電池残量に対応した残量の測定精度を格段に高めています．

● 電池の交換時期も分かる

図15は，本来の容量が4000 mAhある電池をあえて3500 mAhであるかのように残量計測ICを設定し，放電中の残量測定結果を示したものです．実際の電池セル特性や経時変化に対応して，自動的に残量計測結果を補正していることが分かります．

劣化した電池の交換時期を知りたいという要望があります．インピーダンス・トラックでは電池の内部インピーダンスをモニタしているので，設計時の電池容量に比べて現在の電池容量が極端に低い場合は，電池が劣化し交換時期が来たことを知らせることができます．

◆参考・引用*文献◆
(1) bq2084データシート，テキサス・インスツルメンツ．

(初出：「トランジスタ技術」2010年2月号　特集第3章)

第9章 高効率な充放電回路の設計に欠かせない
スイッチング・パワー回路用キー・パーツの基礎知識

笠原 政史

電池やキャパシタの特性や充放電回路の構成が分かっても，適切な部品を選択できなければ回路を作れません．本章では，キーとなるパワー部品について，選び方や測定方法を紹介します． 〈編集部〉

蓄電デバイスへの充電電流を制御したり，商用電源へ大電力を回生するパワー回路は，装置を小型化するため数kHz～数百kHzでスイッチングするのが一般的です．大電力を高周波スイッチングすると，スイッチ素子はもとより，ダイオード，コンデンサ，はたまたケーブルまで発熱します．大電力を安全に扱いつつ小型化するために，スイッチング・デバイスと受動部品の選択ガイドを説明します．

スイッチング用のパワー半導体

現在のパワエレでは，高速スイッチング素子として主にMOSFET, IGBT, バイポーラ・トランジスタ（以降，バイポーラ）が使われています．

これらの素子をどのように選ぶか，各素子の出力特性に着目してみました．

図1に示すとおり，高電圧大電流はIGBTが有利，低電圧大電流はMOSFETが有利になります．なおバイポーラは，コストを抑えたいときに有利です．

● スイッチング・デバイスの動作

スイッチング回路の例として，降圧コンバータのブロック図を**図2**に示します．PWM信号によりSW$_1$のON/OFFを繰り返すことで出力電圧を希望の電圧に制御します．

スイッチング・デバイスがONしたときの抵抗が0Ωなら，電流が何kA流れてもスイッチは電力を損失せず，高効率電源を作れます．しかし現実の半導体はONしたときにオン抵抗R_{on}［Ω］が存在します．電流がI_{on}［A$_{RMS}$］流れれば$I_{on}^2 R_{on}$［W］の導通損が生じます．

図3は各スイッチング・デバイスの制御方法です．

NPNトランジスタはベース電流I_Bを十分に流すとコレクタ電流I_Cが流れ，C-E間をONできます．I_Bを遮断することでOFFできます．

NチャネルMOSFETはV_{GS}をゲートしきい値電圧以上にするとON，ゲートしきい値電圧以下にするとOFFになります．ゲート入力は直流抵抗が非常に高いのですが，寄生容量が大きいためON/OFFする瞬間は1Aオーダの電流が流れます．なおMOSFETはD-S間にダイオードが寄生しています．これをボディ・ダイオードと言い，インダクタ電流の転流用にボディ・ダイオードを高速化したMOSFETもあります．

IGBTの駆動はNチャネルMOSFETと同じです．原理的にC-E間に寄生ダイオードはありませんが，転流ダイオードを内蔵している品種もあります．

● 出力特性の比較

各素子の出力電圧・電流特性を**図4**に並べてみました．すべてTO-3Pパッケージで左側が高電圧，右側が低耐圧素子です．市販されている中・小電力用素子

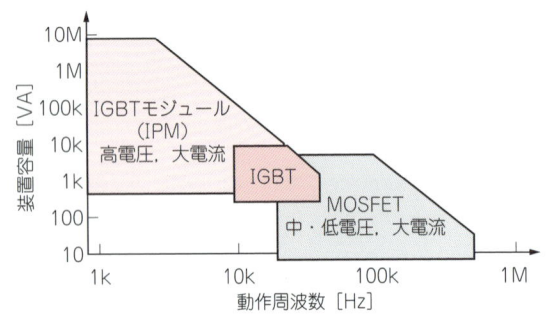

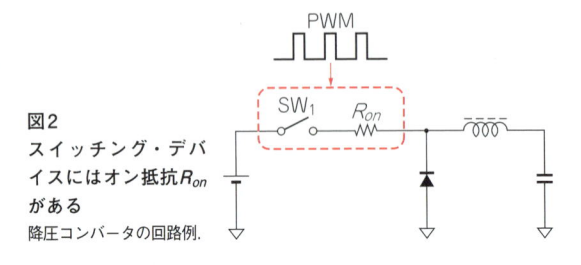

図1 スイッチング用パワー・デバイス「MOSFET, IGBT」の使い分け
バイポーラは，コストを抑えたいときに有利．

図2 スイッチング・デバイスにはオン抵抗R_{on}がある
降圧コンバータの回路例．

(a) NPNトランジスタはI_Bを十分流すとC-E間をONする

(b) NチャネルMOSFETはV_{GS}をゲートしきい値以上にするとD-S間をONする

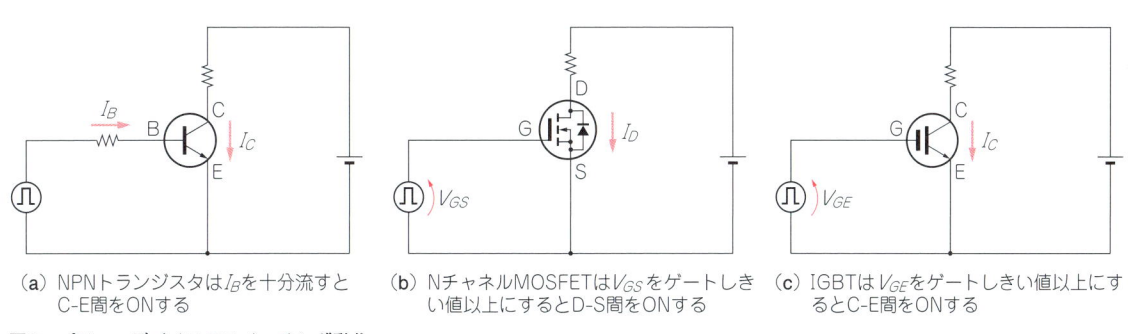

(c) IGBTはV_{GE}をゲートしきい値以上にするとC-E間をONする

図3 パワー・デバイスのスイッチング動作

(a) 高耐圧バイポーラ・トランジスタ 2SC5352
V_{CBO}=600V 10A$_{DC}$ 15A$_{peak}$品

(b) 低耐圧バイポーラ・トランジスタ 2SC4688
V_{CBO}=80V 6A$_{DC}$ 12A$_{peak}$品

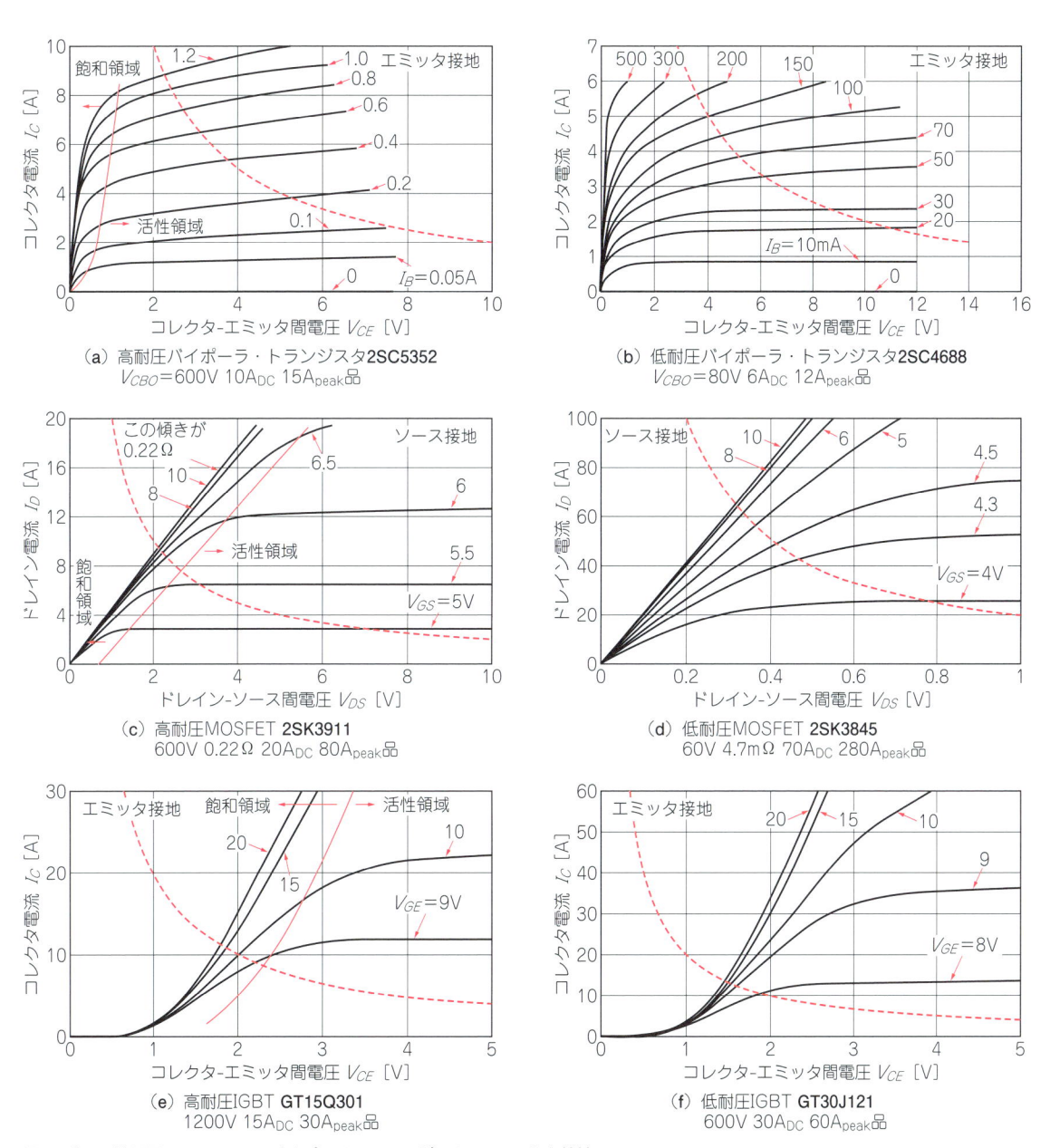

(c) 高耐圧MOSFET 2SK3911
600V 0.22Ω 20A$_{DC}$ 80A$_{peak}$品

(d) 低耐圧MOSFET 2SK3845
60V 4.7mΩ 70A$_{DC}$ 280A$_{peak}$品

(e) 高耐圧IGBT GT15Q301
1200V 15A$_{DC}$ 30A$_{peak}$品

(f) 低耐圧IGBT GT30J121
600V 30A$_{DC}$ 60A$_{peak}$品

図4 高圧/低圧用のMOSFET，バイポーラ・トランジスタ，IGBT出力特性
波線は導通損失20Wのライン．T_C=25℃，東芝．

スイッチング用のパワー半導体

の耐電圧は，おおよそ下記の範囲です．
- バイポーラ：　　　　　30 V 〜 1000 V
- MOSFET　：　　　　　30 V 〜 1000 V
- IGBT　　　：　　　　400 V 〜 1200 V
- IGBTモジュール：　　 600 V 〜 1700 V

▶バイポーラ・トランジスタ

図4(a)，(b)はバイポーラ・トランジスタの例です．活性領域は$I_C = I_B \times h_{FE}$がほぼ成り立つ（グラフが水平に近い）領域です．活性領域は電圧×電流が大きいので，電力損失（導通損）が大きくなります．そこで，スイッチ素子として使う場合は飽和領域で使います．例えば(a)のバイポーラで5 A_{peak}流す場合は，ベース電流は十分余裕を持って1.2 A程度流します．

OFF時はベース電流を0 Aとすると，V_{CE}が加わっても$I_C \approx 0$ Aとなります．

(a)と(b)を見比べると，耐電圧が変わってもグラフはあまり変わらず，飽和領域は$V_{CE}<1$ V程度になります．

▶MOSFET

図4(c)，(d)はMOSFETの例です．
バイポーラと同じく活性領域と飽和領域があります

が，V_{GS}が10 V程度加わるとほぼ全域飽和領域になります．飽和領域の傾き(V_{DS}/I_D)がオン抵抗R_{on}で，(c)の場合は約0.22 Ωです．

(c)と(d)を比べてみると，電圧・電流のスケールは違いますがグラフの形状はほぼ同じことが分かります．

図5は市販されているTO-3PパッケージMOSFETの，ドレイン-ソース間耐電圧V_{DSS}とR_{on}の関係です．

傾向として，耐電圧が10倍になるとオン抵抗は100倍の関係でラインアップされていて，低耐電圧のものは最大定格電流が100 A近くのものもあります．

▶IGBT

図4(e)，(f)はIGBTの例です．
これもバイポーラと同じく活性領域と飽和領域がありますが，V_{GE}を20 V程度加わるとほぼ全域飽和領域になります．

(e)と(f)を比べると縦軸の電流値は違いますがグラフの形状はほぼ同じで，飽和領域は$V_{CE} = 1.5$ Vぐらいから立ち上がりはじめ，最大定格電流付近で3 V程度になります．

● 600 V品同士で比較

図6は図4(a)，(c)，(f)の飽和特性を抜き出して重ね書きしたものです．

もしヒートシンクの熱設計的に，導通損20 Wまで許されるとすると，それぞれ何Aまで使えるでしょうか？

バイポーラは飽和領域として使えそうなのは8 A程度です．MOSFETは9 A流せそうですが，図7のように，温度が上がるとMOSFETのオン抵抗は上がります．熱設計的にチャネル温度T_{ch}が120℃まで達するとすると$R_{on} \approx 0.44$ Ωなので6.7 Aまでしか流せません．IGBTは13.5 A流せることが分かります．

次にスイッチング時間をデータシートから抜き出すと表1のようになります．測定条件や波形の定義がまちまちなので単純比較できませんが，早い順に

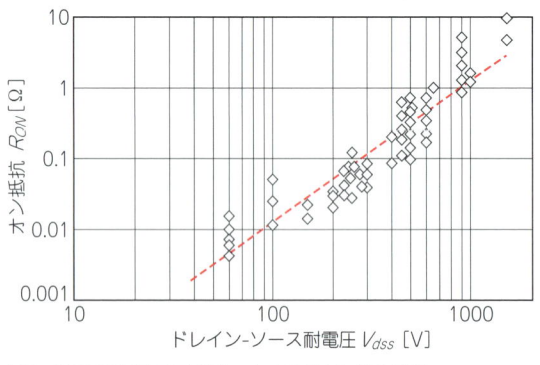

図5 MOSFETは耐圧が高いものほどオン抵抗が高い
ルネサス テクノロジ，Nチャネル，TO-3Pパッケージ，$V_{GS} = 10$ V．
ラインアップの傾向は耐電圧が10倍になるとオン抵抗は100倍の関係．

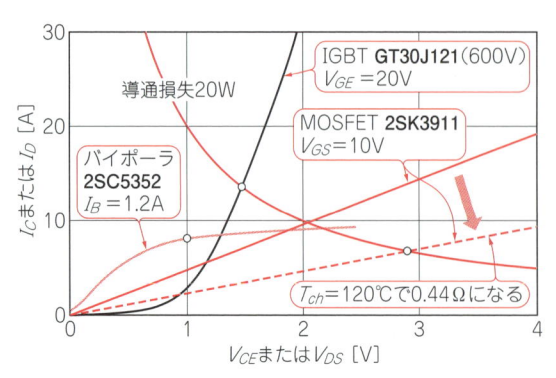

図6 TO-3Pパッケージ 600 V品のオン特性比較(25℃)
大電流ではIGBTが低導通損，小電流ではバイポーラが低導通損．

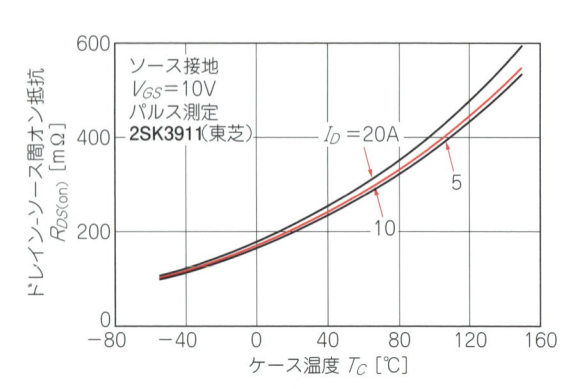

図7 MOSFETのオン抵抗は温度が上がると大きくなる

表1 TO-3Pパッケージのスイッチング特性の比較(25℃, 標準値)

項　目	バイポーラ 2SC5352	MOSFET 2SK3911	IGBT GT15Q301
上昇時間 t_r	0.5 μs	12 ns	50 ns
ターンオン 時間 t_{on}	−	45 ns	120 ns
下降時間 t_f	0.3 μs	12 ns	160 ns
ターンオフ 時間 t_{off}	$(t_{stg}+t_f)$ 2.3 μs	80 ns	560 ns
条件	抵抗負荷 200 V 4 A	抵抗負荷 200 V 10 A	誘導負荷 600 V 15 A

MOSFET, IGBT, バイポーラとなります.

● 低耐圧品同士で比較

図8は図4(b), (d), (f)の飽和特性を抜き出して重ね書きしたものです. IGBTは600 V耐電圧での比較です.

導通損20 Wのラインを見ると, MOSFETは120℃でも50 Aも流せます. このような大電流を流す際は, プリント基板パターンの放熱にも注意する必要があります.

● パッケージと熱抵抗

低損失の素子を選んでも, パッケージの熱抵抗と取り付けるヒートシンクの熱抵抗が大きいと, ジャンクション温度T_j(MOSFETの場合はチャネル温度T_{ch})が絶対最大定格(一般品は150℃)を超えてしまいます.

素子を選択する際に, オン抵抗などの電気的特性と同じく, パッケージの熱抵抗が適切か否かも重要です. 半導体メーカのホームページでパラメトリック検索をして素子を探す際に, 許容損失が指定できる場合は指定します. 許容損失が指定できないときは, パッケージ形状で当たりを付けることも有効です.

図9に一般的なパッケージと熱抵抗の例を, 図10にパッケージ例を示します.

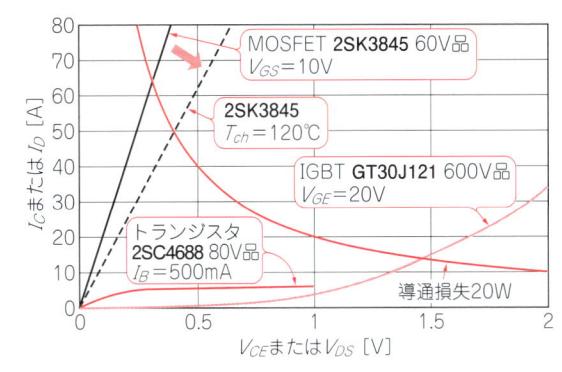

図8 低耐圧品のオン特性比較からMOSFETが圧倒的に流せる電流が大きい
TO-3Pパッケージ, T_A=25℃.

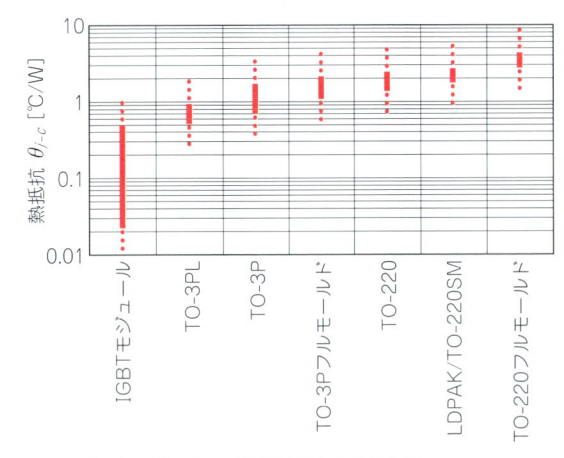

図9 パッケージによって熱抵抗は大きく異なる

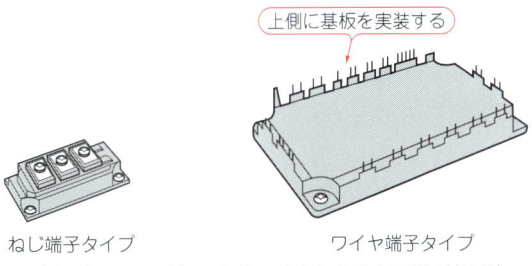

図10 スイッチング素子の各種パッケージ
(a) パワー・モジュール(ヒートシンクの上に取り付ける)
(b) TO-3PL
(c) TO-3P
(d) TO-220
(e) LDPAK/TO-220SM
[単位:mm]

スイッチング用のパワー半導体

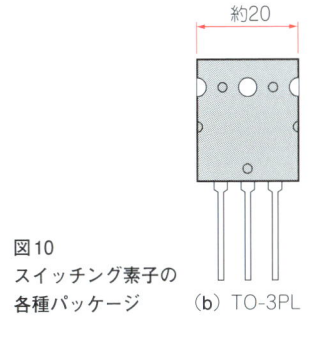

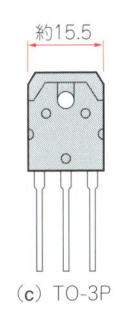

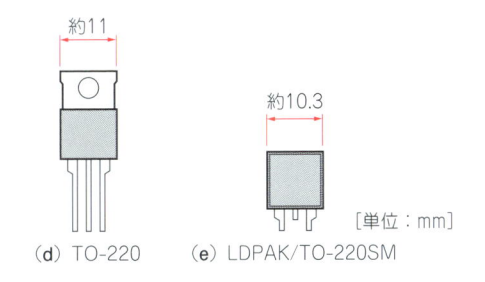

インダクタ

スイッチング回路に使うインダクタやトランスは，製品の電圧電流に合わせて設計する必要があるため，一般的に個別の仕様で製作されたものを使います．

インダクタやトランスはコスト，サイズ，重量，効率に大きく影響し，また設計パラメータが多いので最適化もノウハウが要るキー・デバイスになっています．インダクタの外観例を写真1に示します．

■ 熱と音を発する

● 大電力で使うときは放熱が必要

学校ではインダクタとコンデンサは電力を損失しないと説明するので，発熱しないという先入観がありますが，現実の部品は多少の損失があります．

10 kVAを扱うインダクタがあったとして，そのうち0.5%が損失すると50 Wになります．大電力部品は通常サイズが大きいので，部品の中心部はなかなか冷却できません．

そのため大電力用の場合は低損失設計が重要です．小型化するために強制空冷することもあります．

● インダクタは音を出す

インダクタやトランスは，コアの磁歪現象やコア接合部のびびりなどにより，唸りがでることがあります．しかもワニス含浸の具合などによって製造ばらつきが発生します．

IGBTモジュールを使う場合はスイッチング周波数を20 kHz以下にしなければならないこともあります

が，そうするとモスキート・ノイズ源になって若者には受け入れがたい大騒音を出す装置になってしまいます．

また家電用のスイッチング電源は，待機電力を抑えるためバースト・モード発振させることもあり，バースト周期の騒音が問題となります．

■ 銅損の評価法

● 目的

コイルには，巻き線の直流抵抗による銅損やフェライトなどのコアに磁束が発生することによる鉄損が発生します．損失により巻き線やコアが発熱するとコアの特性値が変わってしまいます．さらに絶縁材料の定格温度付近になると，寿命が短くなってしまいます．

パワエレで使用する共振用コイルやスイッチング・トランスには大きい交流磁束が生じるため，巻き線の表皮効果や近接効果，コアのギャップ付近の導体が引き起こす渦電流損などを生じます．たとえ巻き線の直流抵抗値が同じでも，巻き方が違えば損失は雲泥の差が生じます．

近接効果や渦電流損は思わぬ所で生じることがあり，また大電力部品は一度実装してしまうと外すのが困難な場合もあるので，装置設計前に部品単体での試作検証が重要です．

ここでは20 kHz，75 μH，10 A_{RMS}，1 kVAのインダクタを試作評価してみます．

● Qの測定であたりをつけてから温度を測る

試作したインダクタを写真2に示します．

この試作品に実使用状態を模擬した電流を流して試験するわけですが，一発で温度用件をクリアしているとは限りません．温度上昇を簡易測定するにしても

写真1 数十kW級の産業機器汎用インダクタの例
500 μH，200 A．カット・コア縦型，提供：ポニー電機．

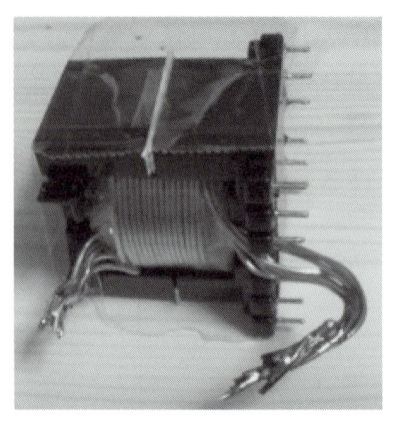

写真2 銅損評価用に試作した75 μHのインダクタ
20 kHz，75 μH，10 A_{RMS}，1 kVA．コア：PC44．PQ50/50（TDK），1.2 ϕ UEW 16ターン×7層並列接続．

30分は掛かります．そこで予備実験としてLCRメータでQを測定し，最適化を行ってから温度上昇試験を行うと，試作時間を短縮できます．

鉄損は非線形であるうえ温度特性もあるため正確には測れませんが，銅損は磁束の流れが同じならLCRメータのような微少電流でも推定可能と考えられます．

● Qを測定する

インダクタの等価回路は図11のようになります．

インダクタのQは，リアクタンスとESRの比ですが，これはほぼインダクタの皮相電力と有効電力の比になります．

$$Q = \omega L / ESR \fallingdotseq \frac{皮相電力\,[VA]}{有効電力\,[W]}$$

測定に使うコアは，図12を見ると鉄損・銅損合わせて6Wが限界です．つまりQは1kVA/6W = 167以上必要です．

実測したところ，Qの値は10kHzで112，100kHz

で99でした図13(a)．ESRは，120Hzでは2.8mΩですが，100kHzでは470mΩと，なんと170倍も損失します．

そこで，巻き線をリッツ線に変更して表皮効果を改善し，測定したのが図13(b)です．Qは400以上で，軽く目標をクリアしてます．

● 温度上昇を測定する

装置試作前に75μHの試作インダクタに10 A$_{RMS}$を流すにはどうすればよいでしょうか？

10 A$_{RMS}$の正弦波電流を流すと，

$\omega LI = 2\pi \times 20\,kHz \times 75\,\mu H \times 10\,A_{RMS}$
$= 94.2\,V_{RMS}$

が発生します．つまり，このインダクタを試験するには94.2 V$_{RMS}$/10 A$_{RMS}$出力の交流電源が必要ですが，そのような高電圧電源を持ち合わせていなかったので，図14のように直列共振を利用して出力しました．

表2に巻き線温度の上昇を示します．ESRは先ほどのLCRメータ測定値です．試作品を二つとも測ってみましたが，LCRメータでのESR改善度合いは4.2倍で，巻き線温度上昇の改善度合いも4.4倍となりました．つまりLCRメータで測定し，試作改良することが有効であることも確認できました．

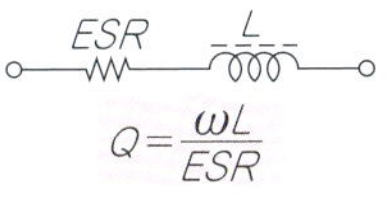

図11 インダクタは等価直列抵抗ESRが直列に入った等価回路で表される
自己共振周波数以下の場合．ESRは周波数特性を持つため実使用周波数で評価する必要がある．

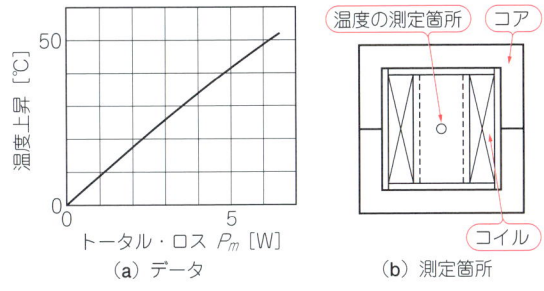

(a) データ　　(b) 測定箇所

図12 PC44 PQ50/50 Zコアの温度上昇とトータル・ロス特性
温度上昇データは，広さ約400×300×300 cmの恒温高湿の室内（25℃，45%RH.）で測定．TDK．

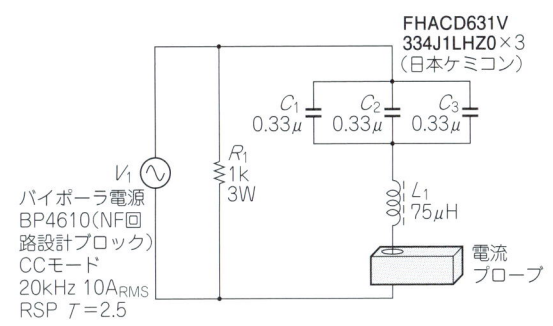

図14 直列共振により電圧を増やして大電力試験を行う

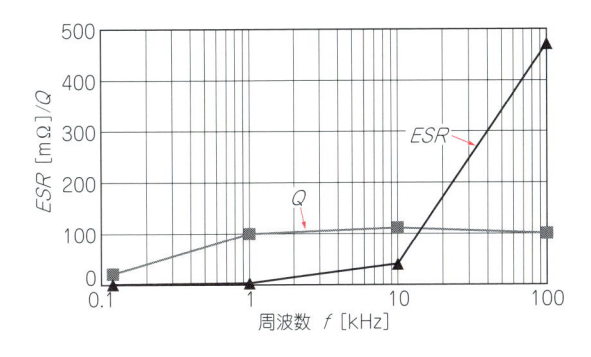

(a) UEW線φ1.2mm×7並列接続

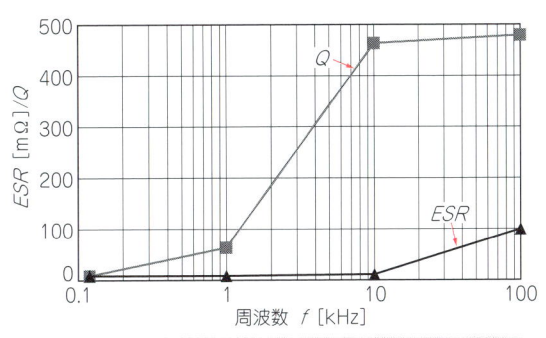

(b) リッツ線使用
注▶Qが非常に高いので，LCRメータの測定確度保証範囲外

図13 LCRメータ2321で損失を測定し損失低減を図ってから温度測定試験をする
巻き線をUEW線からリッツ線に変更して表皮効果を改善すると目標のQ値を得られた．LCRメータはエヌエフ回路設計ブロック製．

表2　*ESR*と巻き線の温度上昇には相関がある

図13によると10 kHz～100 kHzの間，*Q*がほぼ一定なので，*ESR*は周波数に比例すると推定される．

	ESR @10 kHz	推定損失※ @20 kHz 10 A$_{RMS}$	巻き線表面温度上昇 @20 kHz 10 A$_{RMS}$ 正弦波
L：リッツ線	10 mΩ	2.0 W	17.0℃
U：UEW線	42 mΩ	8.4 W	75.1℃
U/L		4.2	4.4

● 共振を利用して大電流試験をする

インダクタやコンデンサのリプル電流試験には交流電源を使いますが，交流電源の電圧や電流が不足する場合は共振を利用することで，大きな試験電圧・試験電流を得ることができます．

ここでは，共振の利用方法を解説します．

共振を利用するので，出力波形は正弦波だけです．インダクタやコンデンサの値がずれると共振点から外れ，電流が大きくずれることがあるので，電流値をモニタして，ずれたら調整する必要があります．長時間試験する場合は，共振点を追尾する発振器が必要です．また，試験条件に合った共振用の大電流インダクタやコンデンサを用意する必要があります．

▶電圧が足りない！

交流電源の電流は足りているものの，電圧が足りないときは図15(a)のような直列共振回路を利用します．

コンデンサを試験するときはインダクタL_1を，インダクタを試験するときはコンデンサC_1を直列に追加します．追加する値は，

$$L_1 C_1 = \frac{1}{\omega_0^2}$$

により計算します（$\omega_0 = 2\pi \times$試験周波数）．

直列接続なので，L_1，C_1，V_1には等しい電流が流れます．従ってL_1，C_1に流したい電流値をV_1が流せる必要がありますが，V_1の電圧は非常に小さくて済みます．75 μHのインダクタへ20 kHzで10 A$_{RMS}$流したい場合，図16に示す周波数–電圧特性のように94 V$_{RMS}$必要ですが，図14のように直列共振を利用すると，20 kHzにて14 V$_{RMS}$で済みます．

V_1として定電圧モード電源を使用すると，電圧値がわずかに変わるだけで電流値は大きく変わってしまい電流調整が困難です．そのような場合は共振点からわずかにずらしたり，V_1に直列に抵抗を挿入します．

V_1に定電流モード電源が使える場合は，そのような心配はありません．

▶電流が足りない！

電流が足りないときは図15(b)に示した並列共振回路を利用します．追加する値は，先ほどと同じ式で計算できます．

$$L_1 C_1 = \frac{1}{\omega_0^2}$$

共振点でハイ・インピーダンスとなるため，V_1は定電圧モード電源が最適です．

▶電圧も電流も足りない！

両方足りないときは，直並列共振回路を使用します．図17の構成では，L_1およびC_1に，V_1以上の電圧を発生できます．

各定数は次のように値を計算できます．

$$C_1 = \frac{1}{\omega_0^2 L_1 - \dfrac{\omega_0 V_1}{I_R}} \quad \cdots\cdots (1)$$

$$L_1 = \frac{1}{\omega_0^2 C_1} + \frac{V_1}{\omega_0 I_R} \quad \cdots\cdots (2)$$

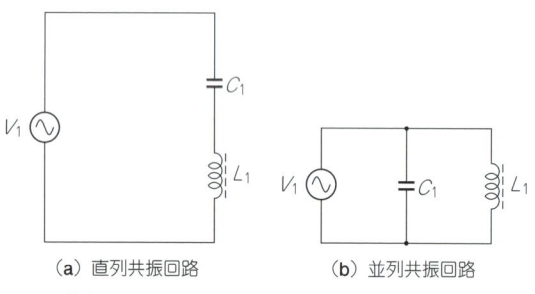

図15　基本的な共振回路
（a）直列共振回路　（b）並列共振回路

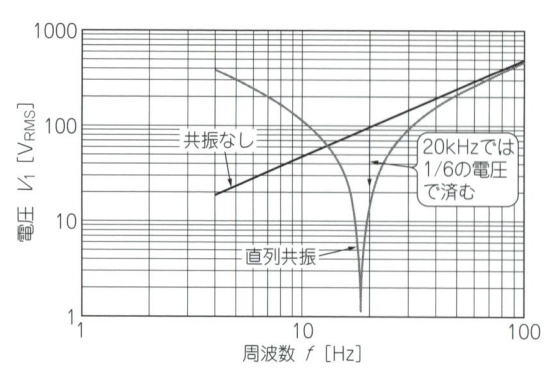

図16　75 μHに10 A$_{RMS}$流すのに必要な電圧は共振させれば1/6で済む（図14の回路で20 kHzの場合）

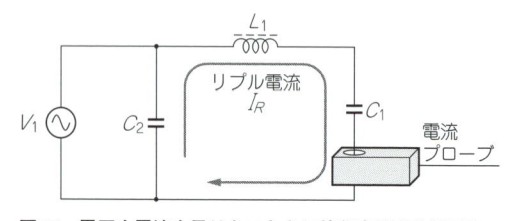

図17　電圧も電流も足りないときに使う直並列共振回路

$$C_2 = \frac{I_R}{\omega_0 V_1} \quad \cdots\cdots\cdots\cdots\cdots\cdots\cdots\cdots (3)$$

ただしV_1：交流電源V_1の最大出力電圧，I_R：L_1およびC_1に流すリプル電流

インダクタ試験のときは式(1)(3)，コンデンサ試験のときは式(2)(3)を使います．

交流電源からみると並列共振のような動作となり，電圧V_1を加えても交流電源からは電流がほとんど流れず，L_1，C_1にはI_Rが流れます．従ってV_1は定電圧モード電源が最適です．

● **定電圧電源には直列抵抗を付ける**

定電圧モード交流電源は一般にコンデンサ負荷を接続すると不安定になる傾向があります．コンデンサなどの試験に使用する交流電源には，そのような負荷が想定されているバイポーラ電源を使用します．

しかし，高周波では電源に接続したケーブルの配線インダクタンスなどのわずかなインダクタンス成分も無視できず，被試験コンデンサと共振することもあります．その共振周波数が試験周波数の整数倍の場合，わずかなひずみ成分が共振により増倍し大きくひずむことがあります．その場合は直列に抵抗を挿入します．

また負荷インピーダンスが低い場合は，出力電圧を少し上げただけで大電流が流れてしまい，電流の調整が困難です．その上交流電源にわずかにノイズ電圧が重畳しているだけで，大きいノイズ電流になります．そのような場合も，直列に抵抗を挿入します．

● **定電流電源には並列抵抗を付ける**

バイポーラ電源BP4610/BP4620(エヌエフ回路設計ブロック)は定電流モード(CC MODE)をそなえ，100 kHzまでの発振器を内蔵しているので，インダクタの試験に最適です．

定電流モードをコンデンサの試験や直列/直並列共振に使用するときは，コンデンサの直流抵抗が∞であるため，オフセット電流により過大なオフセット電圧が生じて飽和してしまいます．飽和を防ぐため，図14のように並列抵抗(またはチョーク・コイル)を入れます．

コンデンサ

スイッチング動作による大電流が流れ，また高電圧を扱うため，写真3～写真5のように意外とサイズが大きくなります．

● **コンデンサにはリプル電流が流れる**

図18は連続モード・バック・コンバータの例です．出力の平滑コンデンサC_2には，L_1電流のうち交流分だけが流れます．

入力のバイパス・コンデンサC_1には，Tr_1に流れるスイッチング電流の交流分が流れます．バック・コンバータであるため，C_2の電流に比べて大振幅の電流が流れることが分かります．

スナバ・コンデンサC_3には，パルス状の電流が流れます．

写真3 インバータ用のフィルム・コンデンサ
インバータに必要な3種類のコンデンサが一体化されている．600 V_{DC}/1130 μF，600 V_{DC}/282 μF，750 V_{DC}/0.1 μF．提供：パナソニック エレクトロニックデバイス㈱．
バス・バー(銅板)で配線することで高周波大電流による発熱や配線インダクタンスを抑えている

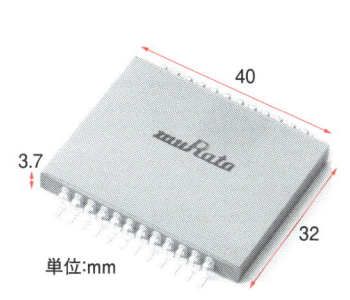

写真4 インバータ用のセラミック・コンデンサ
定格電圧 250 V_{DC}，実効容量：38 μF (150 V_{DC}を加えたとき)．1ユニットあたりの許容リプル電流は 20 A_{RMS}を超える．提供：㈱村田製作所．

写真5 インバータ用の電解コンデンサ
商用周波数の平滑には大容量コンデンサが使われる．定格は，電圧400 V，静電容量20000 μF，リプル電流41 A_{RMS}．φ90×231L．提供：ルビコン㈱．

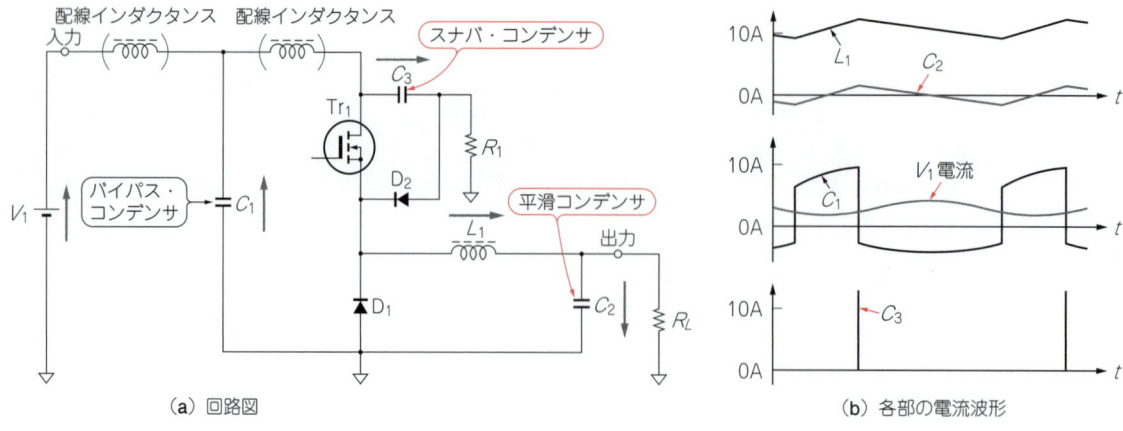

図18 連続モード降圧コンバータのコンデンサの役割と電流波形例
(a) 回路図
(b) 各部の電流波形

このようにコンデンサに流れる交流電流をリプル電流といいます．

● **コンデンサも発熱する**

コンデンサにも損失があります．コンデンサの等価回路は**図19**のように表され，コンデンサ本体C以外に，等価直列抵抗(ESR)と等価直列インダクタンス(ESL)が寄生しています．このESR [Ω]にリプル電流がI_R [A_{RMS}] 流れると($I_R^2 \times ESR$) [W]の有効電力を消費して発熱します．

発熱に対して放熱が追いつかず，許容値を超えると破損します．破損に至らなくても，電解コンデンサは電解液の温度が上昇すると封止ゴムからの蒸発が早くなり，寿命が短くなってしまいます．従ってコンデンサに規定された許容リプル電流以下で使わなければなりません．

なおESRは，損失係数$\tan \delta$または損失係数Dで表現されることもあり，次式で換算できます．

$$\tan \delta = D = 2\pi fC \times ESR$$

ただし，測定周波数 f [Hz]，静電容量 C [F]

● **各種コンデンサ比較**

パワエレ用コンデンサとしては**表3**のように，電解・フィルム・セラミックの高耐電圧大電流コンデンサが主に使われています．

種類ごとの傾向をつかむため，**図20**に各種コンデンサ標準品の中からいくつかの耐電圧をピックアップし，許容リプル電流をプロットしてみました．

2kVフィルム・コンデンサは，0.001 μF ～ 0.1 μF といった小さめの静電容量ですが，アンペア・オーダの大電流が流せます．このような小容量コンデンサはスナバや共振コンデンサに利用されます．

一方商用電源を扱うPFCや回生用平滑コンデンサなどは数十ms程度電荷を蓄えておく必要があります

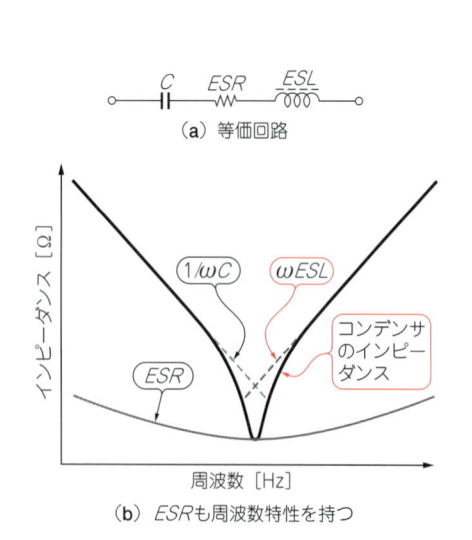

図19 コンデンサのインピーダンス
(a) 等価回路
(b) ESRも周波数特性を持つ

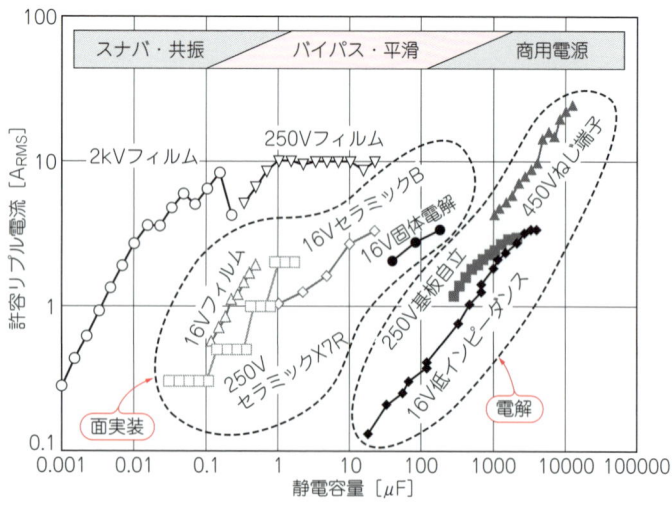

図20 各種コンデンサの許容リプル電流
250 V，450 Vの電解コンデンサは許容リプル電流規定周波数120 Hz．その他は100 kHz．

表3 パワエレ用の主な高リプル電流対応のコンデンサ

種類	特徴	主な用途	特性変化	うなり	定格電圧上限(例)
電解コンデンサ	大容量	商用周波数平滑	低温でESR増	−	550 V$_{DC}$
フィルム・コンデンサ（無誘導型）	中容量 低ESR 許容リプル大 長寿命	スナバ バイパス	−	クーロン力により発生	数 kV$_{DC}$
高誘電率系積層セラミック・コンデンサ	小容量 低ESR 許容リプル大 長寿命	スナバ バイパス 低圧平滑	DCバイアス電圧や温度・経年変化により容量減	電歪現象(機械的に共振し振動することもある)	250 V$_{DC}$(1.5 μF)

ので，大容量が得られる電解コンデンサが使われます．

図20の中からバイパス・平滑用16 V耐電圧コンデンサを抜き出し，部品サイズに対する性能の図に書き換えたのが図21です．

バイパス・平滑コンデンサはスイッチング周波数においてできるだけ低インピーダンスで，できるだけ小型なものが求められます．例えばインピーダンス0.1 Ωのコンデンサに1 A程度のリプル電流が流れると，0.1 V程度のスイッチング・ノイズ電圧が残ることになります．スイッチング周波数以下でのインピーダンスが問われない用途では，図22のように低ESRの大容量電解コンデンサと，小容量のセラミック・コンデンサやフィルム・コンデンサの選択肢があります．

改めて図21(a)を見ると，例えばインピーダンス0.1 Ωの電解コンデンサと0.1 Ωのセラミック・コンデンサの体積を比べてみると，セラミック・コンデンサのほうが1/100のサイズで済むことが分かります．なおフィルム・コンデンサと低インピーダンス電解コンデンサは，体積対インピーダンスの比としては同列の性能と言えます．

図21(b)を1 A$_{RMS}$のラインで見てみると，セラミック・コンデンサ，フィルム・コンデンサ，電解コンデンサの順で体積が小さくて済むことが分かります．

このことからセラミック・コンデンサが一番高性能ですが，高電圧大電流品は製品化されていませんので，バイパス・平滑コンデンサにはフィルム・コンデンサが使われています．

なお高誘電率系セラミック・コンデンサは，図23に示すとおり電圧・温度・経年変化による容量変化があるので注意が必要です．

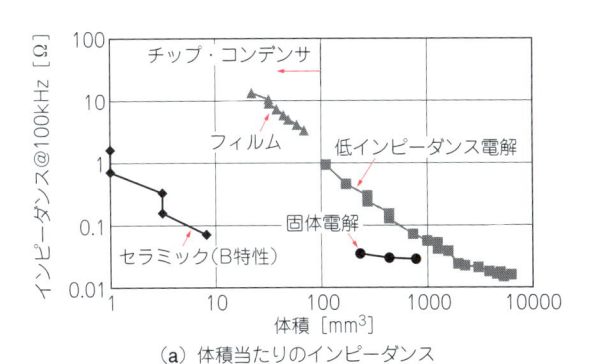

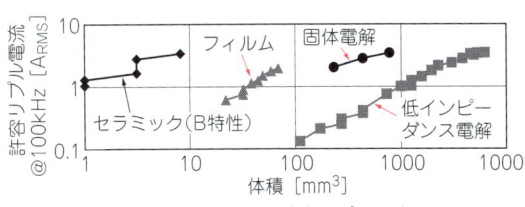

● 低ESLコンデンサは配線も注意

パワエレでは大電流を高速にスイッチングするため，わずかなインダクタンスが問題となります．例えば100 Aの電流を100 nsでスイッチングするとき，ESLと配線インダクタンスが合計100 nHあると

$$v = L \frac{di}{dt}$$

より100 V$_{peak}$ものサージが発生します．従って低ESLのコンデンサを使うとともに，配線インダクタンスも低くする必要があります．

配線のインダクタンスと表皮効果を押さえ，放熱を図るため，一般的にバスバーで配線します．ただしバスバーを使ってもリターン電流が遠方を流れる場合は，図24に示すとおりインダクタンスが激減するわけで

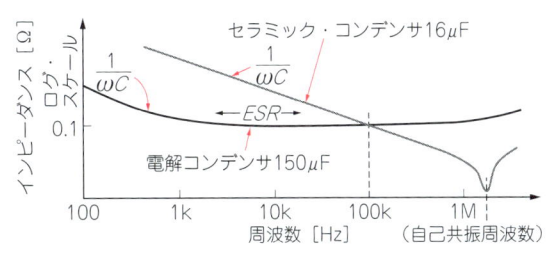

図21 各種小型コンデンサの体積当たりの性能(16 V品)
電解コンデンサのインピーダンスはESR．円筒型コンデンサの体積は占有する立方体の体積とした．セラミック，フィルム，電解の順で小さくて済むことが分かる．

(a) 体積当たりのインピーダンス
(b) 体積当たりの許容リプル電流

図22 0.1 Ωの電解コンデンサと0.1 Ωのセラミック・コンデンサ
スイッチング周波数以下でのインピーダンスが問われなければ低ESRの大容量電解と小容量のセラミック，フィルムの選択肢がある．

(a) 温度特性

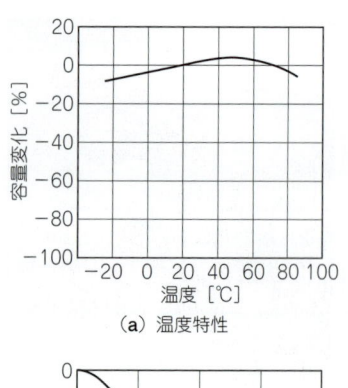

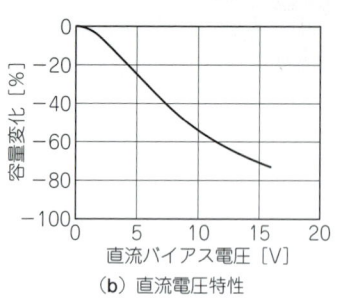

(b) 直流電圧特性

図23 高誘電率系積層セラミック・コンデンサは電圧や温度，経年変化により特性が変化する（16 V B特性）

(a) インダクタンス

(b) 形状

図24 単独バスバーのインダクタンス例

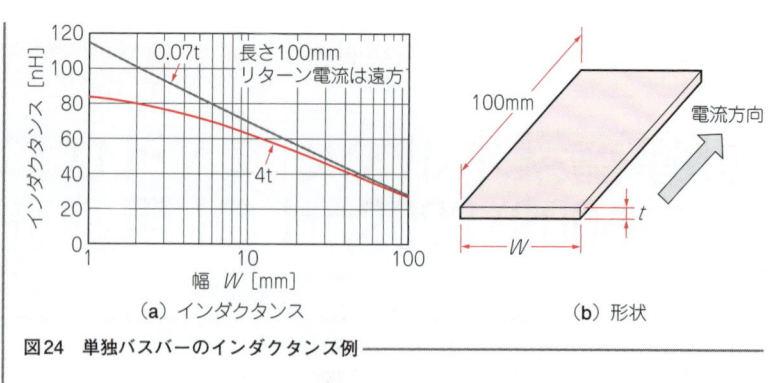

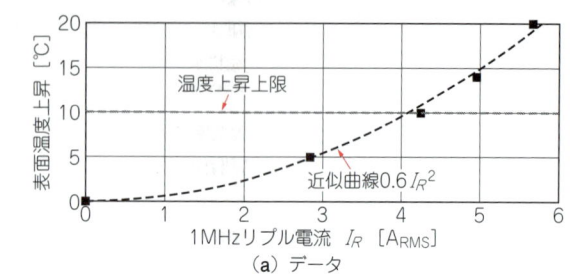

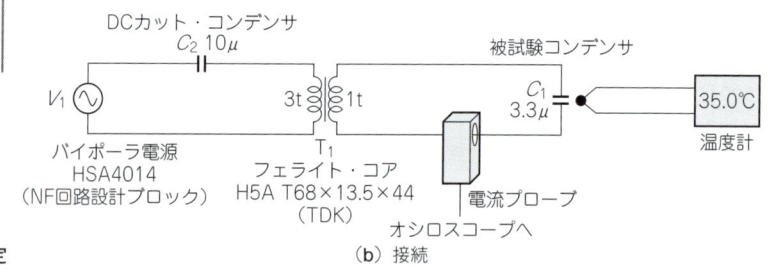

(a) データ

(b) 接続

▶**図25** フィルム・コンデンサの温度上昇測定

はないので注意が必要です．

● コンデンサをどう評価するか

多くのコンデンサはデータシートに，周波数対許容リプル電流が規定されています．しかし，許容リプル電流値が記載されてなく，代わりにコンデンサの許容自己温度上昇が規定されている場合もあります．

その場合はコンデンサに実使用周波数のリプル電流を流して評価する，コンデンサ・リプル試験を行います．

図25は，小型のラジアル・リード型フィルム・コンデンサ（3.3 μF）の1 MHzでの評価例です．

熱が逃げないよう細い熱電対をコンデンサに取り付け，無風状態で周囲部品の熱を受けないように試験します．

バイポーラ電源HSA4014（エヌエフ回路設計ブロック）にトランスを付けて，電流を増やして被試験コンデンサに供給します．

もしトランスを使わずに並列共振で電流を増やそうとした場合，3.3 μFに対する共振インダクタは8 nH

となり作成困難です．今回の試験条件では被試験コンデンサ両端のリプル電圧が非常に小さいため，簡単なトランスで実現できました．

なお配線が長いと配線インダクタンスにより電圧降下してしまい，せっかくトランスで電流を増やしても電圧不足のために欲しい電流が取り出せません．最短距離で配線する必要があります．

今回試験したコンデンサは自己温度上昇上限10℃なので，**図25**から1 MHz正弦波で4 A_{RMS}近くまで使えることが分かります．

◆参考文献◆
(1) 2SC4688/2SC5352データシート, 2006, ㈱東芝.
(2) 2SK3845データシート, 2006, ㈱東芝.
(3) 2SK3911データシート, 2008, ㈱東芝.
(4) GT15Q301/GT30J121データシート, 2006, ㈱東芝.
(5) スイッチング電源フェライトテクニカル・データ, 2004, TDK㈱.
(6) 由宇義珍：パワーデバイス応用システム, 三菱電機技報, 2006/6, p363, 三菱電機㈱.

(初出：「トランジスタ技術」2010年2月号　特集第7章)

第3部 2次電池活用事例集

第10章 変動の激しい風力発電機の出力電流をキャパシタで平準化

鉛蓄電池充電器の効率アップと長寿命化の研究

久保 大次郎

自然エネルギーを活用する風力発電では無風から強風まで風量の変動幅がきわめて大きく，瞬間的な突風により電気回路を故障させることもあります．本章では，大電流や突入電流に強い電気二重層キャパシタを利用して，蓄電池の故障や劣化を防ぎ高効率を実現する方法を紹介します．〈編集部〉

風力発電による出力電力は秒単位で大きく変動するため，そのままでは使えません．いったん鉛蓄電池に充電し，電力を安定に供給できるようにして使います．しかし，鉛蓄電池は充電電力の変動により劣化してしまいます．そこで，急速充放電に強い電気二重層キャパシタ(Electric double-layer capacitor，以降，EDLC)でいったん電力を平準化し，鉛蓄電池に充電する充電制御回路を製作(**写真1**)します．

風力発電で得た電力をEDLCに充電してからその電力を鉛蓄電池に充電することで，単に鉛蓄電池と並列に接続するよりもずっと効果的に電力を平準化できます．実際に風力発電機を接続した特性の検証では，総合電力効率84％と高い値を得られました．〈編集部〉

風力発電機は鉛蓄電池に大きなストレスを与える

● 風力発電の出力電力は秒単位で変動する

風力発電には多くの方式や種類があり，個人が扱える出力電力が数kW以下の発電機はマイクロ風力発電機と呼ばれています(タイトル横の写真参照)．

図1は2010年3月のやや風が強い日に，直径2.5 mのプロペラ・ブレードを持つ水平軸型マイクロ風力発電機の発電出力を約15分間プロットした例です．風力発電の出力は，風速の3乗に比例します[トランジスタ技術2010年3月号特集Appendix 4参照[3]]．従って，風速のわずかな変化で，風力発電機の出力は大きく変化します．観測時，風速は3〜10 m/sで変化し，発電電力は秒単位で大きく変化しています．正に，気まぐれな風(電力)と言った感じです．

● 鉛蓄電池は大電流で充放電するとすぐにダメになる

風力発電で得られた変動が大きい電力を直接利用するのは非常に難しいと言えます．このため，マイクロ風力発電機では，**図2**のように発電した電力をいったん鉛蓄電池に充電し，鉛蓄電池に貯えられた電力を利用する，独立型風力発電システムが一般的です．

風力発電機の出力は前述のように秒単位で激しく変動し，鉛蓄電池への充電電流は非常に大きく変動します．そのため，鉛蓄電池に大きな負担を掛けることに

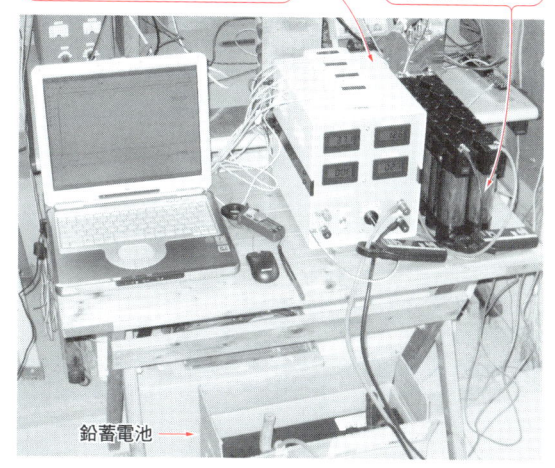

写真1 風力による発電電力を電気二重層キャパシタを使って平準化し鉛蓄電池に充電する充電制御器をテストしているようす
変化が激しい風力発電の発電電力を平準化することで鉛蓄電池の負荷を軽減できる．

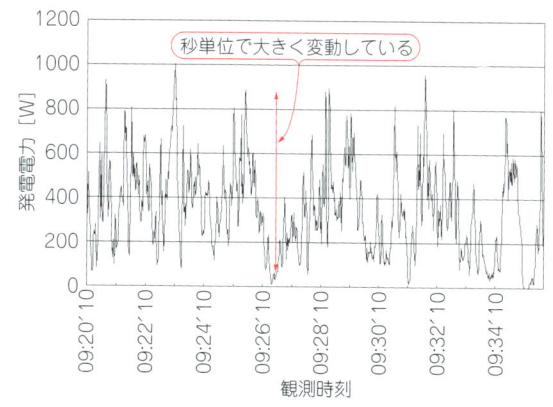

図1 マイクロ風力発電機による発電量は風速によって秒ごとに大きく変動する

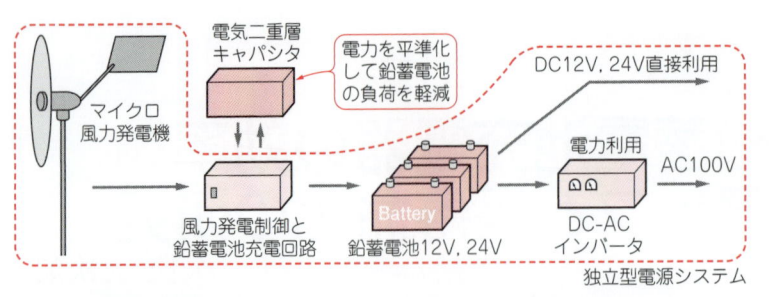

図2 鉛蓄電池に負荷をかけないように風力による発電電力を電気二重層キャパシタで平準化する装置の構成
マイクロ風力発電機では発電した電力をいったん鉛蓄電池に充電してから利用する,独立型風力発電システムが一般的.

図3 電気二重層キャパシタに要求される仕様を考察するための特性モデル
充放電電圧幅13〜25Vの電気二重層キャパシタ・モジュールに50A定電流で60s充電することを想定した.

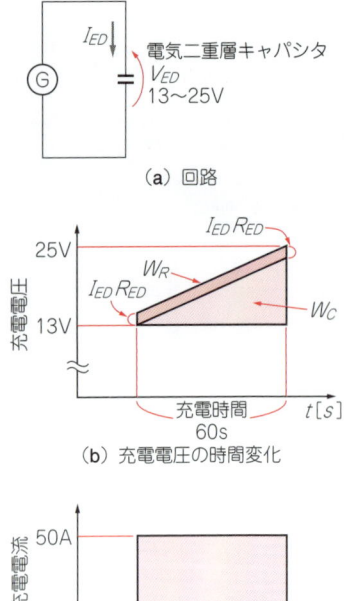

なり,鉛蓄電池の寿命に影響を与えます.変動の大きい充電電流が鉛蓄電池の寿命にどのような影響を与えるか明確なデータはありません.しかし,瞬間的に過大な充電電流が流れると,鉛蓄電池が充電満了になっていないにもかかわらず,鉛蓄電池の端子電圧は瞬時的に定格以上の電圧になることが多々あります(12V鉛蓄電池で15V以上).鉛蓄電池に負担を掛けていることは確かと言えます.

風力発電機の出力電力をいったん電気二重層キャパシタで受け止める

● 急速充放電が可能な電気二重層キャパシタで充電電流のピークをならす

そこで,EDLCを使ってこの瞬間的な過大充電電流を吸収し,EDLCのエネルギーをゆっくり鉛蓄電池に充電する方法が有効でしょう.

EDLCは2次電池と比べて出力密度が高く,大電流での急速な充電・放電でも劣化がほとんどありません.この特徴を生かして,変動の激しい風力発電の発電電力を平準化するシステムを製作してみました.平準化システムの構成を図2に示します.マイクロ風力発電機で得られた電力はいったんEDLCに充電し,EDLCのエネルギーを鉛蓄電池に充電します.以下,このシステムの回路およびその効果について述べます.

● 必要な特性

▶耐圧

EDLCの耐電圧は2.5V程度で,使用時には複数個を直列接続します.このとき各セルの分圧は,静電容量と漏れ電流などによってばらつきがでるため,過電圧防止回路などのバランス回路を加える必要があります.メーカからバランス回路を付加した製品が出ています.

今回の電力平準化に使うEDLCは,2.5Vセルを10個直列に接続して,稼働電圧を鉛蓄電池の端子電圧(12V)より高くして,13〜25Vで使うこととしました.

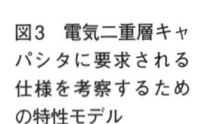

▶蓄えられるエネルギー

EDLCに蓄えられるエネルギーEは,$E = (1/2)CV^2$ですから,使用電圧13〜25Vとすれば,EDLCの蓄積全エネルギーの内,$(25^2 - 13^2) \times 100/25^2 = 73\%$を平準化に利用できることになります.

対象とするマイクロ風力発電機は,定格出力時(風速12m/s)の最大出力電力は1kWを想定しています.発電電力が1kWの時,コンバータの効率が90%と仮定すると,EDLCが13Vの時には約69Aの充電電流が流れ,25V時には36Aの充電電流となります.

▶平準化時間となる充電時間

この充電電流が継続した場合,EDLCを満杯に充電するまでにどのぐらいの時間をかけられるかが重要です.仮に60秒間として計算してみましょう.計算を簡略にするため,充電電流は平均値で50Aと仮定します.

- EDLCの充放電電圧幅:$V_{ED} = 13 \sim 25$ V
- 充電電流:$I_{ED} = 50$ A
- 充電時間:$t = 60$ s

EDLCモジュールに定電流で50Aを60s充電したとき,電圧と電流波形は図3のようになります.

- I_{ED}:EDLCの充電電流[A]
- R_{ED}:EDLCの内部抵抗[Ω]

充電電荷は$Q = CV = It$なので,60sの充電に耐えられるための静電容量C_{ED}は,概略値を出すため内部抵抗R_{ED}による電圧$I_{ED}R_{ED}$を無視すると次のとおりです.

$$C_{ED} = I_{ED}t/V_{ED} = (50 \times 60)/(25 - 13) = 250 \text{ F}$$

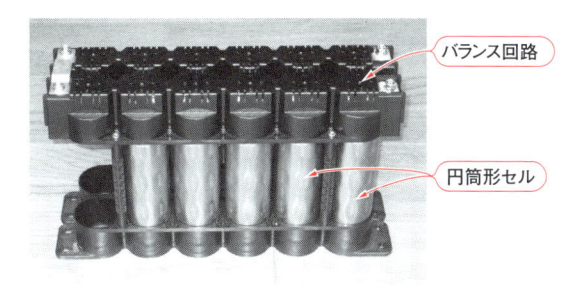

写真2 平準化回路に使用した電気二重層キャパシタ・モジュール
日本ケミコン製.

▶内部抵抗

次に，内部抵抗による電力損失は，極力小さい方が良いわけですが，50 A/60 sの充電に対し，エネルギー損失は少なくとも5%以下にする必要があります．50 A/60 sの充電に対し，EDLCに蓄積されるエネルギーW_Cは，$W_C = (1/2)C_{ED} V_{ED}^2$です．$V_{ED}$を2乗平均して$\sqrt{25^2 - 13^2} = 21$ Vとすると，W_Cは次のように求まります．

$$W_C = (1/2) \times 250 \times 21^2 = 55125 (\text{JまたはWs})$$

損失をこのエネルギーの5%以内に抑えるためには，内部抵抗での損失を$55125 \times 0.05 = 2756$ J以下にする必要があります．EDLCの内部抵抗R_{ED}での損失エネルギーは時間をtとすると，$W_R = I^2 R_{ED} t$から内部抵抗の最大値は次のとおりです．

$$R_{ED} = W_R/I_{ED}^2 t = 2756/(50^2 \times 60) = 0.0184 \ \Omega$$

つまり，EDLCの内部抵抗は18 mΩ以下が望ましいわけです．

● 使用したEDLCとその特性

上記のEDLCに必要な特性から，使用するEDLCは，DLCAP円筒形セルの低抵抗なパワータイプDLEシリーズ（日本ケミコン）としました．型名はDDLE2R5LGN232KCH2S (2300F)です．このEDLCは，定格電圧が2.5 V，容量が2300 F，内部抵抗は1.2 mΩで，大電流の充放電に対応した製品です．このEDLCを10個直列に接続して使いました．10個直列にしたときの仕様は次のとおりで要求特性をほぼ満足します．

- 容量：230 F (2300 F/10)
- 内部抵抗：12 mΩ (1.2 mΩ × 10)

幸い10個を直列にして，モジュール化した製品を入手できましたので，これを使用することにしました（写真2）．

EDLCを直列に使用する場合は，おのおのの蓄電量にはばらつきがあり，それを抑えるためにバランス回路が必要となります．日本ケミコン製EDLCモジュールにはこの回路が内蔵されており，そのまま使えます．

充放電電流の変動分の一部をEDLCに負担させる

● 鉛蓄電池にEDLCを並列に接続するだけ

鉛蓄電池への充電電力を平準化する簡単な方法として，図4のように鉛蓄電池とEDLCを並列接続して急峻な充電電流をEDLCに吸収させる方法が考えられます．

しかし，鉛蓄電池の内部抵抗が非常に小さい場合にはあまり効果は期待できません．鉛蓄電池の内部抵抗はどのぐらいか？EDLCの直列抵抗は？というのが，この方法におけるポイントとなります．EDLCは，メーカの規格によると12 mΩですが，実測してみました．

図5に直列抵抗値を計測した方法を示します．鉛蓄電池または，12 Vに充電したEDLCに約10 Aのパルス電流を流し，オシロスコープで端子電圧の変動値を調べました．その結果，EDLCの内部抵抗は9.1 mΩ，100 AHの新品12 V鉛蓄電池は5.2 mΩという結果を得ました．

日本ケミコンの資料では内部抵抗が12 mΩですが，実測値ではこの値よりやや小さいことが分かりました．この値が正しければ，図4のように並列接続した場合，発電機からのピーク電流の吸収は，鉛蓄電池に約64％が流れ，EDLCには約36％が流れるはずです．電力の平準化という点では十分とは言えませんが，若干の平準化効果は期待できます．

● 風力発電機に接続して確認…いまひとつな結果

マイクロ風力発電機（タイトル横の写真参照）を接続

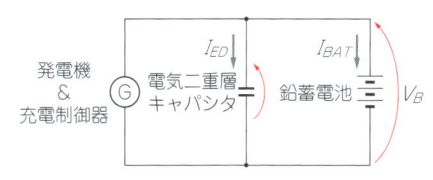

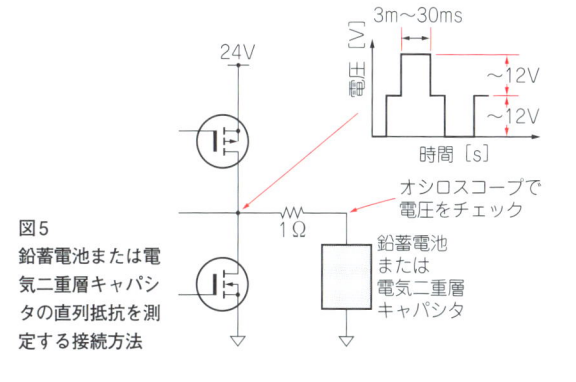

図4 鉛蓄電池への充電電力を平準化する最も簡単な方法
急峻な充電電流を内部抵抗が低い電気二重層キャパシタに吸収させる．

図5 鉛蓄電池または電気二重層キャパシタの直列抵抗を測定する接続方法

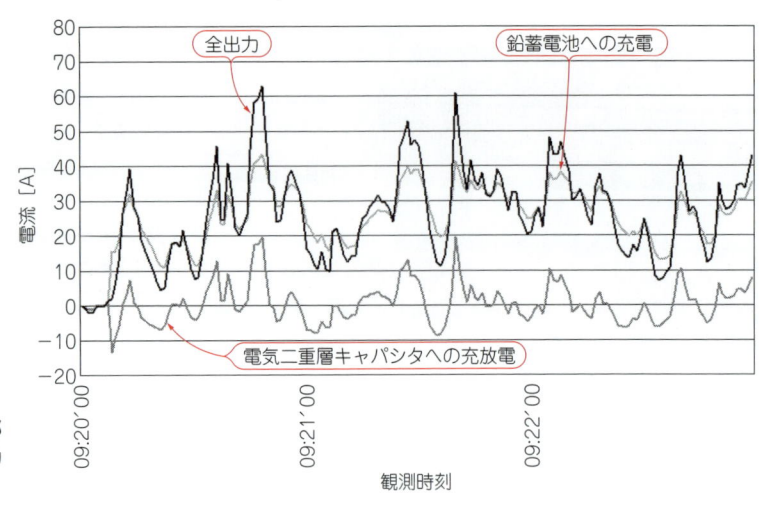

図6
鉛蓄電池とEDLCを並列に接続すると内部抵抗から7：3で電流が流れるが平準化の効果は十分ではない

して，EDLCに流れる電流と，鉛蓄電池に流れる充電電流を計測してみました．

鉛蓄電池とEDLCを並列に接続した時，それぞれに流れる電流をクランプ型電流計によって計測，記録したデータを図6に示します．計測時の風力発電機の発電状況を約3分間記録したもので，計測した当時は風速が5〜9 m/sの風があり，その発電量はピークで約1 kW，平均では344 Wでした．

鉛蓄電池に流れるピーク電流はだいたい70％に抑えられ，約30％がEDLCによって吸収されていることが分かります．計測で得た直列抵抗の値よりEDLCに流れる電流がやや小さかったものの，ほぼ想定通りの結果となり，並列接続だけではEDLCによる電力平準化に十分な効果は期待できないことが分かりました．

鉛蓄電池へのストレスをさらに小さくする

● 風力発電機の全出力電力をいったんEDLCで受け止め，直流で鉛蓄電池を充電する

EDLCをもっと有効に電力平準化に使うためには，風力発電機で発電した電力をいったんEDLCに蓄電し，蓄電された電力を鉛蓄電池にゆっくり充電する構成が必要です．

● DC-DCコンバータを3段追加する

これを実現するために充電制御器を製作しました．図7に構成を，写真3に外観を示します．

■ EDLCの充電回路（昇圧型とブリッジ型の2段DC-DCコンバータ）

図8に，入力電力約1 kWに対応する昇圧型DC-DCコンバータおよびブリッジ型DC-DCコンバータ部の回路を示します．写真4に外観を示します．

● DC-DCコンバータ1段では風力発電機の出力電圧変動幅に対応できない

マイクロ風力発電機を最も効率よく動作させるためには，風速に応じて発電機の負荷条件を変化させる，いわゆる可変速運転が効果的です．その時，発電機の発電電圧は，発電機の種類や，風速によって変わりますが，風速が3〜4 m/sの低風速時は20〜30 Vであり，8〜10 m/sの風速になると80 V位に達します．低風速から高風速までカバーするためには，充電制御装置の入力は20〜80 Vの広い電圧に対応する必要があります．DC-DCコンバータでこの入力範囲に対応しようとすると，高入力電圧時にスイッチングのデューティ比が非常に大きくなり，DC-DCコンバータのスイ

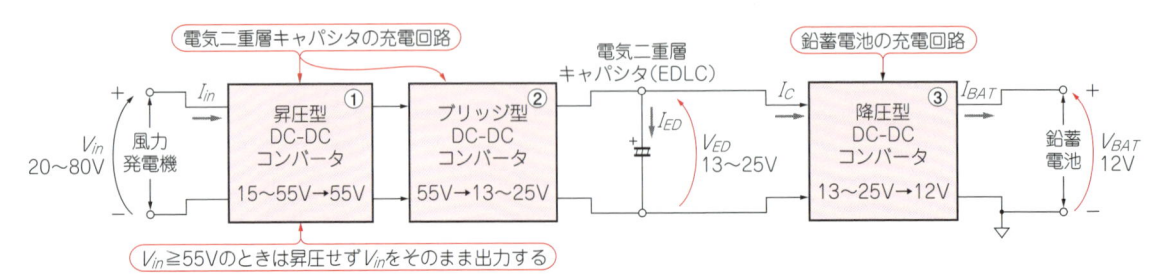

図7 製作した充電制御回路の構成
風力発電機で発電した電力をいったん電気二重層キャパシタに蓄電し，その電力を鉛蓄電池にゆっくり充電することで充電電力の平準化が望める．

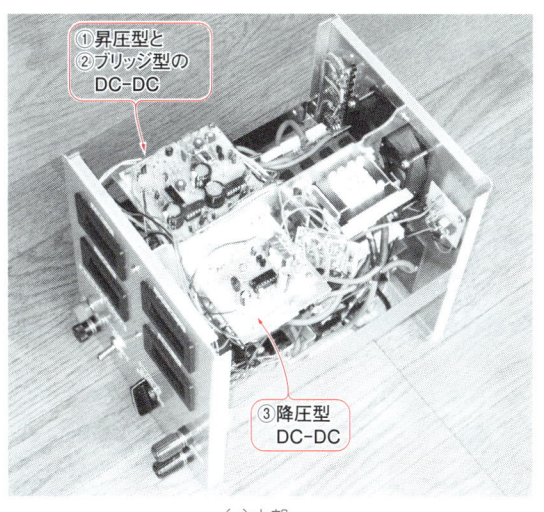

写真3 製作した充電制御器
(a)内部 — ①昇圧型と②ブリッジ型のDC-DC／③降圧型DC-DC
(b)外観 — 入力電圧表示／バッテリ電圧表示／充電電流表示／制御特性設定スイッチ／入力電流表示

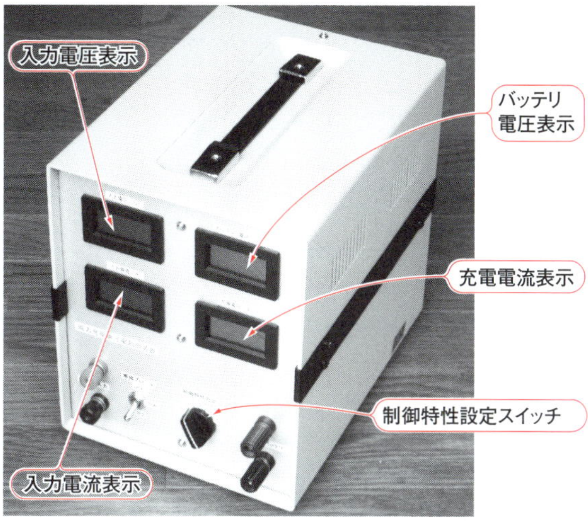

ッチ素子に加わる負担が大きくなります．

● 追加する二つのDC-DCコンバータの回路構成

そこで，図7のように，風力発電機からの電圧が低い場合，この電圧を①昇圧型DC-DCコンバータによっていったん55Vに昇圧し，②ブリッジ型DC-DCコンバータによってEDLCに充電する方式を採用しました．

入力電圧が55V以上では昇圧型DC-DCコンバータは動作せず，そのまま通過するようにしてあります．

このように2段のDC-DCコンバータで構成することでDC-DCコンバータのスイッチ素子のデューティ比はさほど大きくならず，それぞれの効率を上げることができます．

一方で2段のDC-DCコンバータを通過することになり，全体の電力効率が低下する難点もあります．

▶昇圧型DC-DCコンバータ

DC-DCコンバータ回路には色々な回路方式があり，前段の昇圧部の回路には図9(a)のチョッパ型昇圧回路を，後段の55VからEDLC電圧13〜25Vへの変換には図9(b)のプッシュプル方式のフル・ブリッジ型の回路を使いました．

▶ブリッジ型DC-DCコンバータ

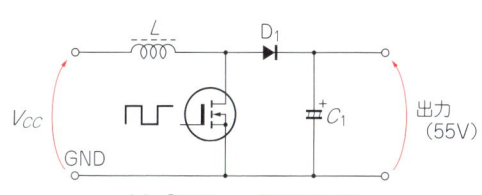

(a) ①のチョッパ型昇圧回路

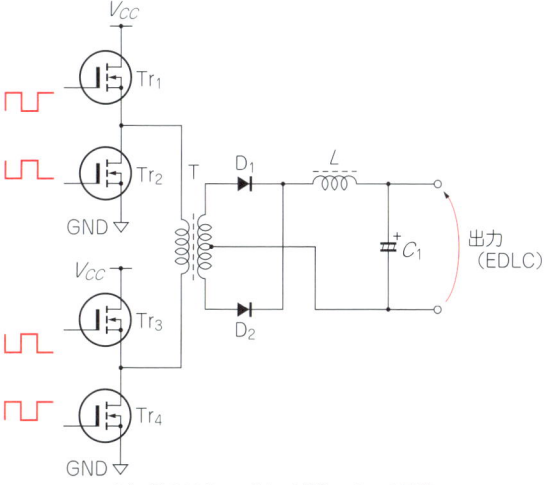

(b) ②のフル・ブリッジ型スイッチ回路

写真4 図8の電気二重層キャパシタの充電制御部
図7の①，②のブロック．

図9 電気二重層キャパシタの充電制御に使った回路の基本構成

フル・ブリッジ型スイッチの基本回路は出力トランスを使い，4個のパワー・トランジスタで，交互にON/OFFすることによって電圧を変換します．この方式は高周波トランスを使うので，設計の自由度が高く，降圧，昇圧の何れにも使用できます．また，今回は必要ありませんが，入力と出力を電気的に絶縁できる利点もあります．

昇圧部は出力電圧が55 Vになるような低電圧電源回路と同じです．スイッチ回路を2チャネルとして，パワー・トランジスタは2SK3176を使っています．そして，そのパワー・トランジスタを制御する回路にはTL594と言うPWM(Pulse Width Modulation)方式スイッチング電源制御用ICを使っています．

● 定番の制御IC TL594を使う

図10に，TL594のブロック図を示します．やや古いタイプのスイッチング電源制御用ICですが，汎用として有名です．エラー・アンプの端子などは内部で接続されていませんし，応用分野を特定した専用ICではないので，特殊な機能を持たせるPWM制御回路には非常に使いやすいICです．同種のICは，TL494(テキサス・インスツルメンツ)やTA76494P(東芝)，μPC494(NEC)，TL494(オン・セミコンダクター)あるいは類似した名称で各社により未だ生産されており，秋葉原の電気街に行けば入手できます．

TL594は出力コントロール端子(13ピン)をGnd端子に接続するか，V_{ref}端子に接続するかによって，シングルで使うか，プッシュプルで使うかの動作モードを選択できます．IC内部の出力トランジスタTr_1，

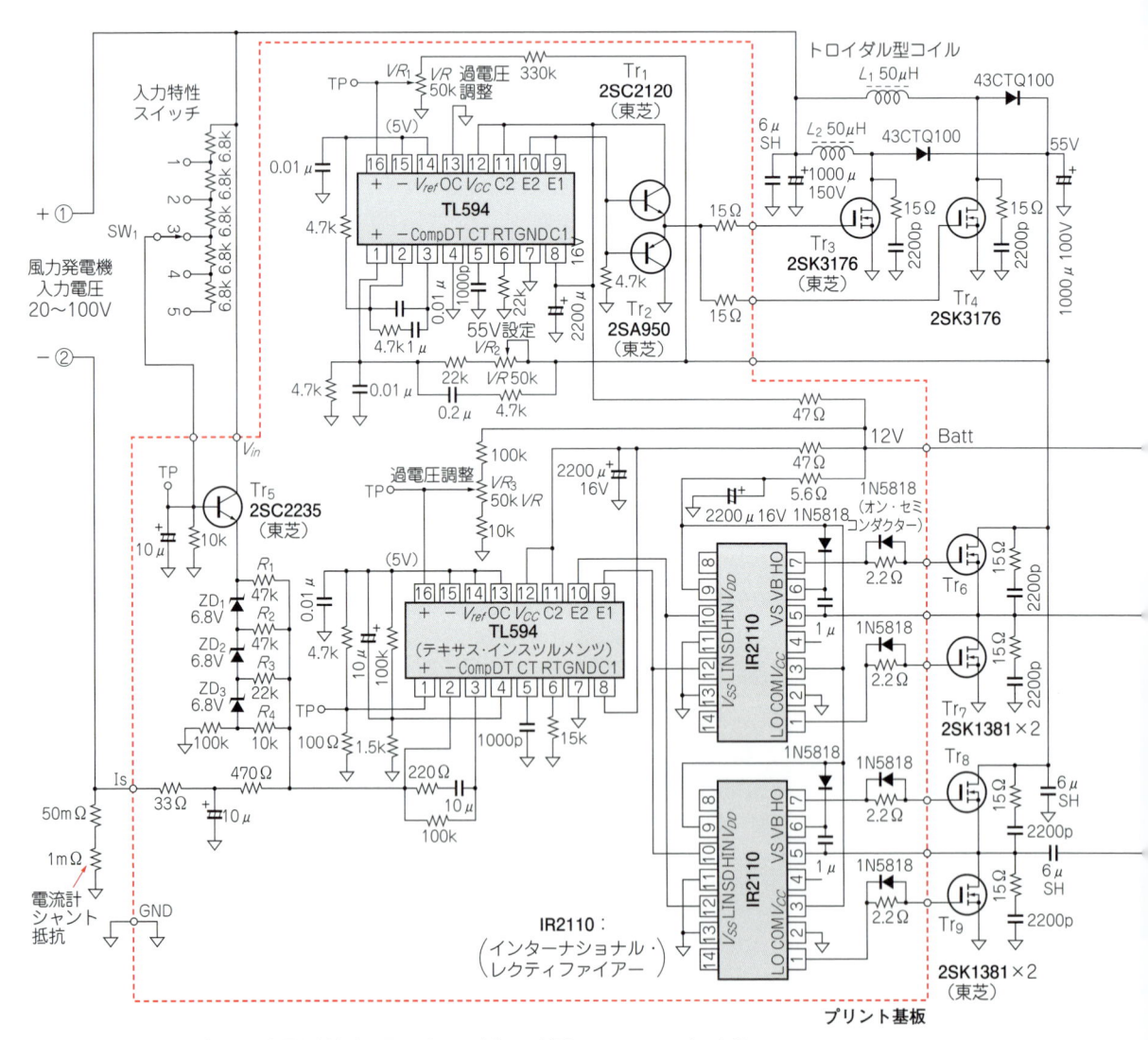

図8 電気二重層キャパシタの充電を制御する昇圧型およびブリッジ型DC-DCコンバータ部
入力電力約1kWに対応する．入力電圧が55V以上のときは昇圧型DC-DCはパスする．

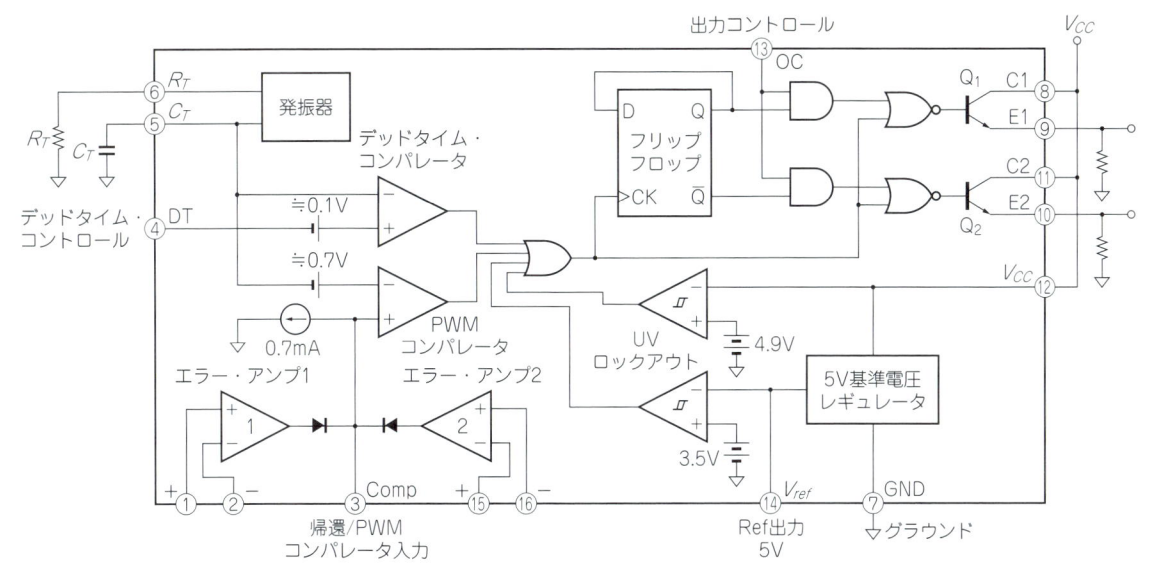

図10 昇圧型とブリッジ型DC-DCに使ったPWM制御IC TL594の内部ブロック図

Tr_2のコレクタ，エミッタがそのまま端子として出ていますので，出力はシンク・モードでもソース・モードでも使用が可能です．

図8の昇圧型コンバータは，TL594をシングル・モードで動作させ，2チャネルのスイッチ部をドライブしています．ICからのスイッチング・パルスはTr_1，Tr_2を介してスイッチ素子である2SK3176をドライブし，フィードバック制御により55V出力を得ています．VR_2は出力電圧調整用のボリウムで，出力電圧が55Vになるように調整します．また，出力電圧が何らかの原因で異常に上昇するのを防ぐため，過電圧で停止させる回路となっており，16ピンに接続されたVR_1でその電圧値を調整します．

昇圧型回路で得られた55Vの固定電圧は，フル・ブリッジ型DC-DCコンバータによってEDLCへの充電電圧に変換します．この制御はフィードフォワードです．制御ICはTL594をプッシュプル動作モードで使い，パワーMOSFETのドライブには，ドライブIC IR2110を使っています．

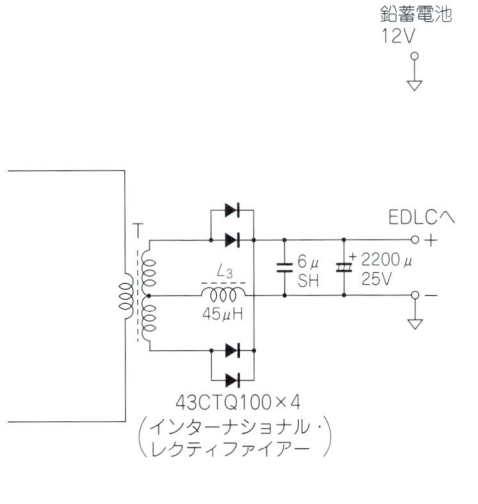

● ②ブリッジ回路のキー・パーツ
▶ ドライブIC IR2110

従来，Nチャネルのパワー MOSFETをプッシュプルで使う時，電源電圧より高いゲート・ドライブ電圧が必要になるため，トランスを使ったり，ブートストラップを使ってその電圧を作っていました．

IR2110は，プッシュプル回路のハイ・サイドとロー・サイドの出力トランジスタをドライブするために設計されたICです．500Vの耐圧を持つだけでなく，高速であり，パワー MOSFETに対し10～20Vのゲート・ドライブ電圧を得ることができます．

図11にIR2110のブロック図を示します．このICの電源電圧（V_{DD}），入力電圧（HIN，LIN，SD端子）は最大25Vまで許容しますので，TL594の出力を直接入力しています．このICを2個使って，それぞれ逆位相の入力を加え，IR2110によりパワー MOSFET 2SK1381×4個をドライブし，フル・ブリッジ型のスイッチ回路を構成しています．

▶ トランス

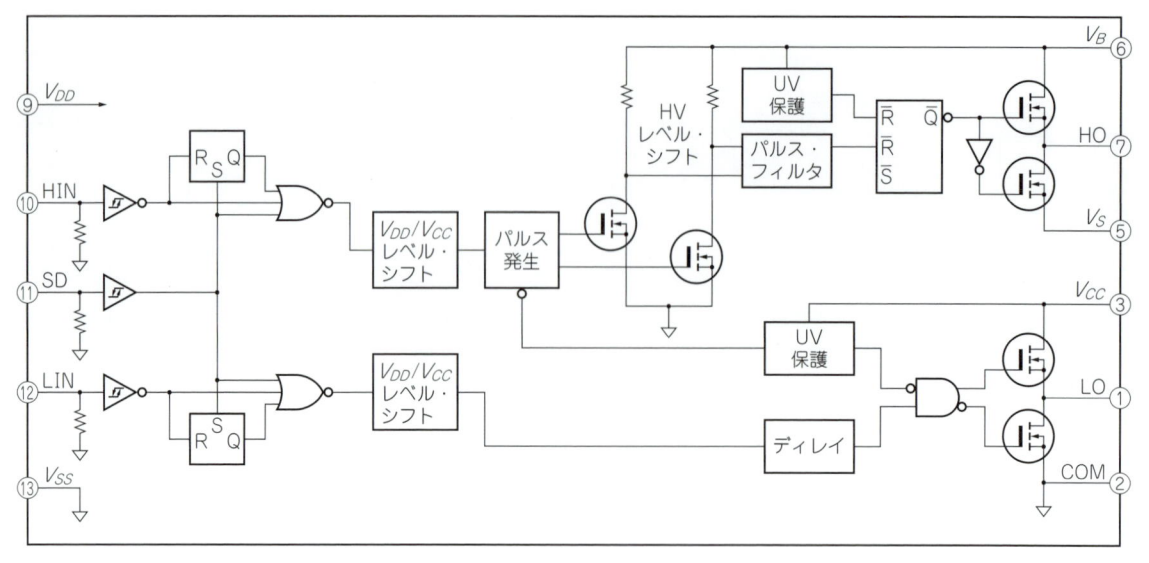

図11 ブリッジ型DC-DCに使ったドライブIC IR2110の内部ブロック図

　フル・ブリッジ型の出力から，トランスを介してショットキー整流素子で整流，インダクタ平滑回路を経て直流電圧を得ています．

　この回路ではブリッジ型出力となりますので，高周波トランスが必要となります．この高周波トランスは，1kWの電力を扱いますので，磁気飽和を起こさないように，TDK製のPC40 PQ78×39×42(幅78 mm)というやや大型のフェライト・コアを使用しました．**図12**は，この巻き線を示します．

　出力電流(EDLCの充電電流)が1 kW出力時に50 Aにもなるので，トランジスタにはこれ以上の電流が流れます．従って，かなり太い線径の巻き線が必要になりますが，加工が大変なためΦ0.7 mmのポリウレタン線を何本か束ねて巻くことにしました．

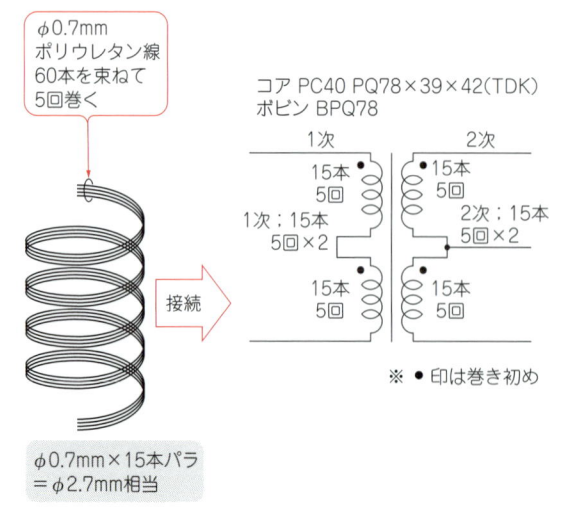

図12 ブリッジ型DC-DCに使ったトランス

▶平滑用のインダクタ

　出力平滑用のインダクタは，TDK製のPC44 PQ50/50型フェライト・コア(幅50 mm)を使って，同じようにΦ0.7 mmのポリウレタン線を16本束ねて，ボビンに13回巻き，さらに磁気飽和をしないように，約0.7 mmの紙を挟んでギャップを作りました．

▶整流用ダイオード

　整流用のショットキー・バリア・ダイオードは，43CTQ100(インターナショナル・レクティファイアー)を使っています．このダイオードは外径がTO-220型で，最大電流定格が40 Aですが，余裕を見て2個並列接続して合計8個使っています．

　プロペラ型風力発電機を常に最適条件で動作させるため，発電機の負荷電流を発電電圧の2～3乗に比例する特性にすれば，常に最大出力が得られます．その特性を得るための制御は，3乗特性生成回路によるフィードフォワード制御によって得ています．具体的にはTr$_5$，ZD$_1$～ZD$_3$からなる回路，および電流検出抵抗50 mΩで得られた電圧を加算してICのエラー・アンプ入力に加えることで，この特性を得ています．

　プロペラ型風力発電機の色々なブレード長，形状，発電機など広範の発電機に対応するため，その特性をスイッチSW$_1$で切り替えられるようにしました．

▶放熱ファン

　この回路を最大出力で作動させると，電力効率が80～90％程度ですから，例えば1 kWの電力を扱うと100～200 W位の損失が本機内で発生します．これらはトランジスタ，トランス，インダクタ，ダイオードなどで熱になるので，何らかの形で熱を放散する必要があります．風力発電では連続して最大出力で動作することはほとんどありませんが，連続動作を可能に

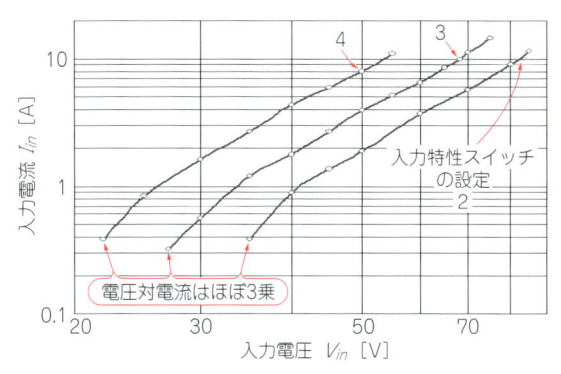

図13 図8の電気二重層キャパシタ充電制御回路の入力電圧-電流特性

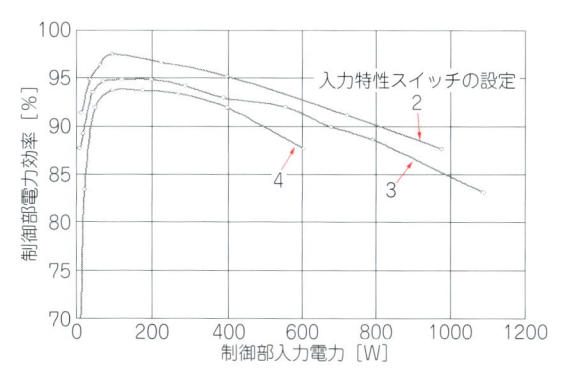

図14 昇圧型とブリッジ型DC-DCをあわせた入力電力に対する電力効率は実用領域の30〜400 Wではほぼ95%と高い

するため,温度感知型放熱ファンを取り付けています.

● 特性切り替えスイッチごとの入力電圧-電流特性

　入力特性を測定したものが**図13**です.ロータ・ブレードの大きさ,最適周速比,発電機の出力電圧によって最適点が選べるように,図中2〜4は,特性設定スイッチのポジションを示します.この特性から分かるように,入力電圧に対する電流値はほぼ3乗特性になっていることが分かります.つまり,入力電圧が2倍になると,そこに流れる電流はだいたい8倍になっていることが分かります.

　図14は,**図8**の回路における入力電力に対する電力効率の変化を計測したものです.この図から分かる

ように,入力電力が約30 Wから800 Wまでの入力電力で90%以上の効率が得られています.特に,実用領域の30〜400 Wではほぼ95%と高い効率が得られていることが分かります.

■ 鉛蓄電池の充電回路 (降圧型DC-DCコンバータ)

　図7の③に対応するEDLCに蓄えられた電力を鉛蓄電池に充電する回路を**図15**に,外観を**写真5**に示します.この回路は**図16**のチョッパ型降圧DC-DCコンバータです.

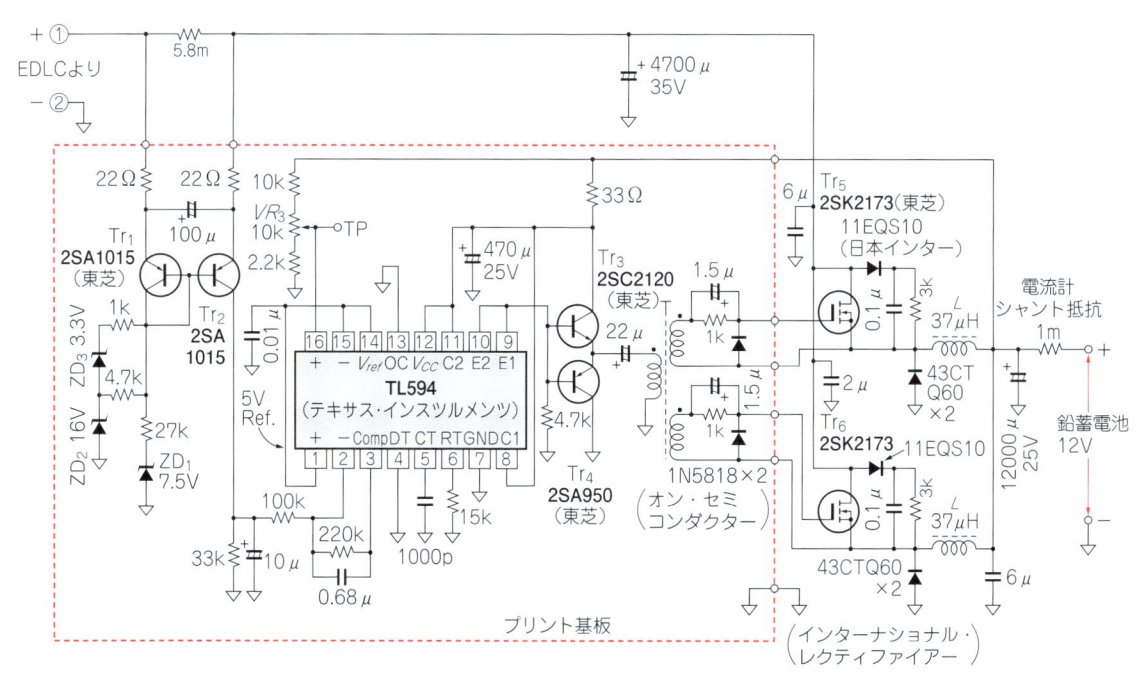

図15 電気二重層キャパシタに蓄えられた電力を鉛蓄電池に充電する降圧型DC-DCコンバータ部
図7の③部.

鉛蓄電池へのストレスをさらに小さくする

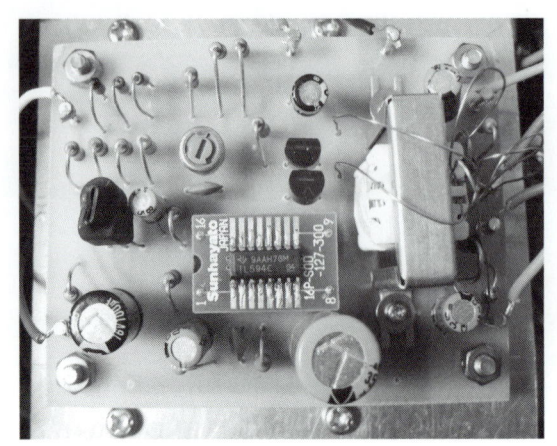

写真5 図15の鉛蓄電池の充電回路
図7の③のブロック.

図16 図15の基本構成であるチョッパ型降圧DC-DCコンバータ

● キー・パーツとその動作

制御ICはTL594を使い，シングル・モードで動作させています．

図15の回路はEDLCに蓄えられた電力を鉛蓄電池に充電するので，50～70Aの出力電流が流れます．従ってスイッチ素子には大電流パワーMOSFET 2SK2187を使い，2チャネルとしました．

TL594からのスイッチング信号は，トランジスタTr_3，Tr_4のドライブ回路を介して高周波トランスTによってパワーMOSFET 2SK2187を駆動しています．

● 低風速時でも平準化しやすいよう入力電圧-電流特性を2点折制御にする

EDLCの動作電圧が最大で25Vですから，EDLCの電圧(V_{ED})が13～14Vになると鉛蓄電池への充電を開始し，25VになるとEDLCからの流出電流が約40～45A流れるようにしました．従って，DC-DCコンバータは入力が13Vまでは電流が流れず，13V以上になると電流が流れ初めます．入力特性は，2点折線制御とし，16.5V，19.5Vで電流傾斜を変え，低風速時についても平準化しやすい特性としました．図17に，入力特性の実測値を示します．

この特性は，図15のTr_1，Tr_2，ZD_1～ZD_3からなる回路で作っています．まず，Tr_2のコレクタ電流が増えるとICのエラー・アンプ(②ピン)入力が大きくなり，出力電流を増やすように動作します．そこで，回路において，入力回路の5.8mΩ(電流センサ抵抗／自作)で入力電流をTr_1，Tr_2の差動回路で検出します．これにより入力電流が増えると，Tr_2のコレクタ電流が減少し，入力電流が一定になるように動作します．一方でTr_1のコレクタ電流は入力電圧に比例して大きくなりますから，Tr_2の電流は同じように入力電圧に比例します．

従ってTr_2の電流は入力電圧に比例し，入力電流に反比例する電流が流れることになり，両者の比率を調整することにより，入力電流は入力電圧に比例した特性を得ることができます．また，このTr_1の電流はZD_1～ZD_3によって入力電圧に対して非直線な特性を持たせることで，折点特性を作っています．

今回の実験に使用する風力発電機の最大出力は前述のように1kWを想定しているので，図17から，取り扱える最大電力は1125W(=25V×45A)に対応が可能となります．最大出力時の鉛蓄電池に流れる充電電流は13Vで約70Aとなります．

■ 3段のDC-DCを経た総合電力効率を測定器で確認

以上の制御装置の総合電力効率を図18に示します．入力電力が50～300Wで85%以上となり，600～800W以下であれば80%以上の効率が得られています．内部で3段のDC-DCコンバータを経由していますが，

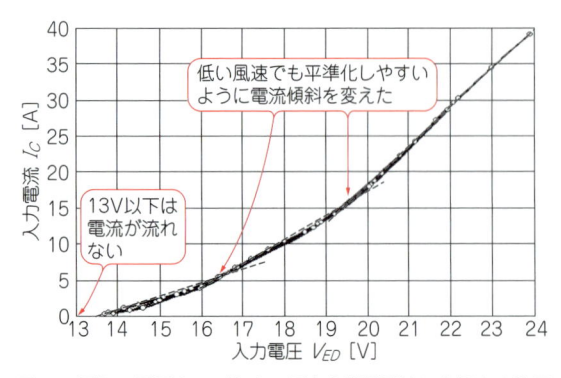

図17 電気二重層キャパシタの電力を鉛蓄電池に充電する降圧型DC-DC部の入力特性の実測値

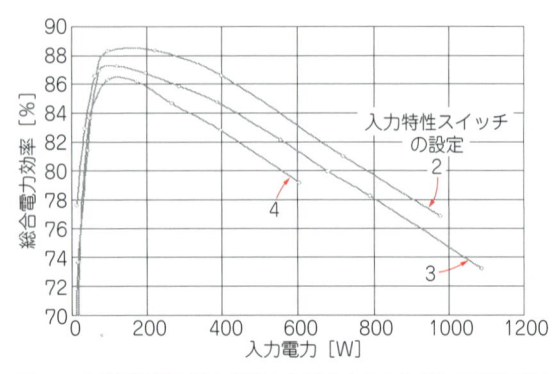

図18 充電制御器の電力効率から構成するそれぞれの回路が90%以上の高い効率で動作していることが分かる

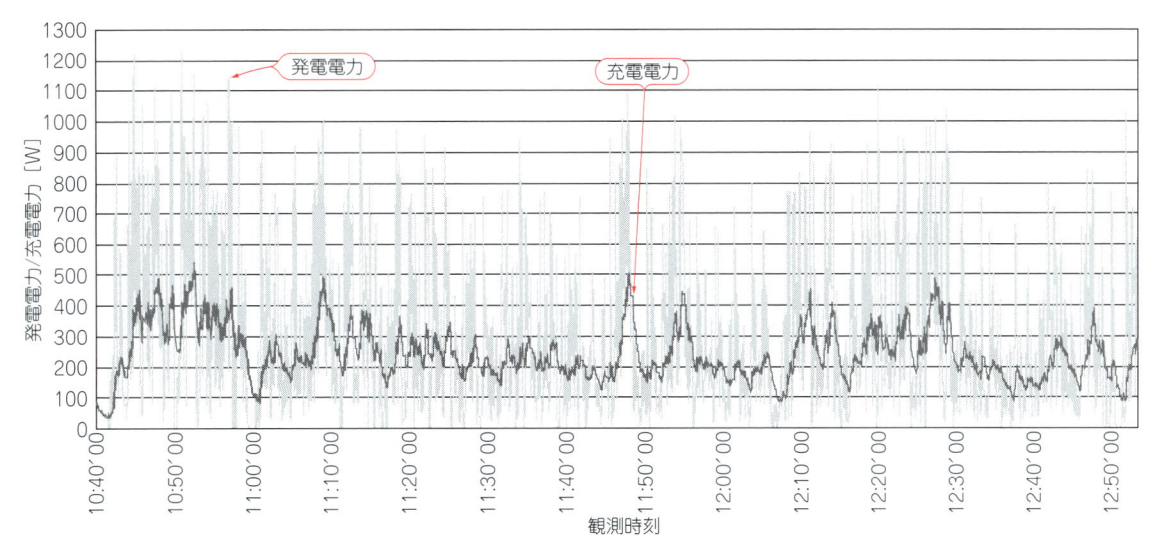

図19 製作した充電制御器を使って実験したところ鉛蓄電池への充電電力は安定した

それぞれが90％以上と言う比較的高い効率で動作していることが分かります．

■ 風力発電機をつないで動作を確認

● 総合電力効率の実測値は平均で83.4％

以上の装置を使ったフィールド・テストを実施した結果を図19に示します．記録は3月6日雨天，風速4～10 m/sとやや風の強い日で，10時40分から約2時間記録したものです．

風力発電機の発電電力は激しく変動しているのに対し，鉛蓄電池への充電電力は非常に安定していることが分かります．EDLCの平準化効果が非常に有効であることが分かります．

このときの結果をまとめると次のようになり，総合電力効率は83.4％でした．

最小発電量：0 W→最小充電量：38.8 W
最大発電量：1229 W→最大充電量：539 W
平均発電量：290 W→平均充電量：242 W

● EDLCに流れる電流により平準化のようすを確認

図20は，図7の本機システム図において中間に位置するEDLCの電圧 V_{ED}，およびEDLCに流れる電流 I_{ED}，降圧DC-DCコンバータに流れる電流 I_C をプロットしたものです．

図7において，風力発電機から得られた電力は2段のDC-DCコンバータを介してEDLCに充電されます．一方で，EDLCからやはりDC-DCコンバータを介して鉛蓄電池に充電電流が流れます．従って，EDLCの電流は，風力発電機の急激な発電に対してはプラス側に充電電流が流れ，風速が小さくなり発電が小さくなった時はEDLCから放電電流（マイナス）電流が流れます．EDLC電流は図のようにプラス・マイナスに激しい電流が流れていることが分かります．

EDLCの電圧はほぼ20 V近辺で作動しています．もちろん，平均発電電力が1 kW位になれば，この電圧は24 Vに近くなるはずです．

● 電力をEDLCへの充電で平準化できる時間を確認

フィールド・テストで，風力発電機にEDLCを使うことによって，電力の平準化に極めて大きな効果があることが分かりました．

電力の平準化は，EDLCに蓄積できるエネルギー量によって，つまり，EDLCの容量によって平準化できる時間が決まります．今，当実験で使った風力発電機の場合，最大電力が約1 kWですから，平均電力はせいぜい500 Wです．そこで，500 Wの電力をEDLCに投入した場合，初期電圧が13 Vから，満充電の25 Vになる時間を計算してみました．

EDLCのエネルギー E_{ED} は，次式で求まります．

$E_{ED} = (1/2)C_{ED}(V_1^2 - V_0^2)$

その充電時間 t は次式で求まります．

$t = E_{ED}/P_{ED}$

ただし，E_{ED}：EDLCに蓄えられるエネルギー（ジュール，またはW・s），V_0：初期電圧［V］，V_1：充電後の電圧［V］，t：充電時間［s］，P_{ED}：充電電力［W］

従って，$P_{ED} = 500$ W，$V_1 = 13$ V，$V_2 = 25$ V，$C_{ED} = 230$ Fですから，

$E_{ED} = (1/2) \times 230 \times (252 - 132) = 52440$ J
$t = 52440/500 = 105$ s

となり，EDLCを充電満杯にするためにはおよそ1分

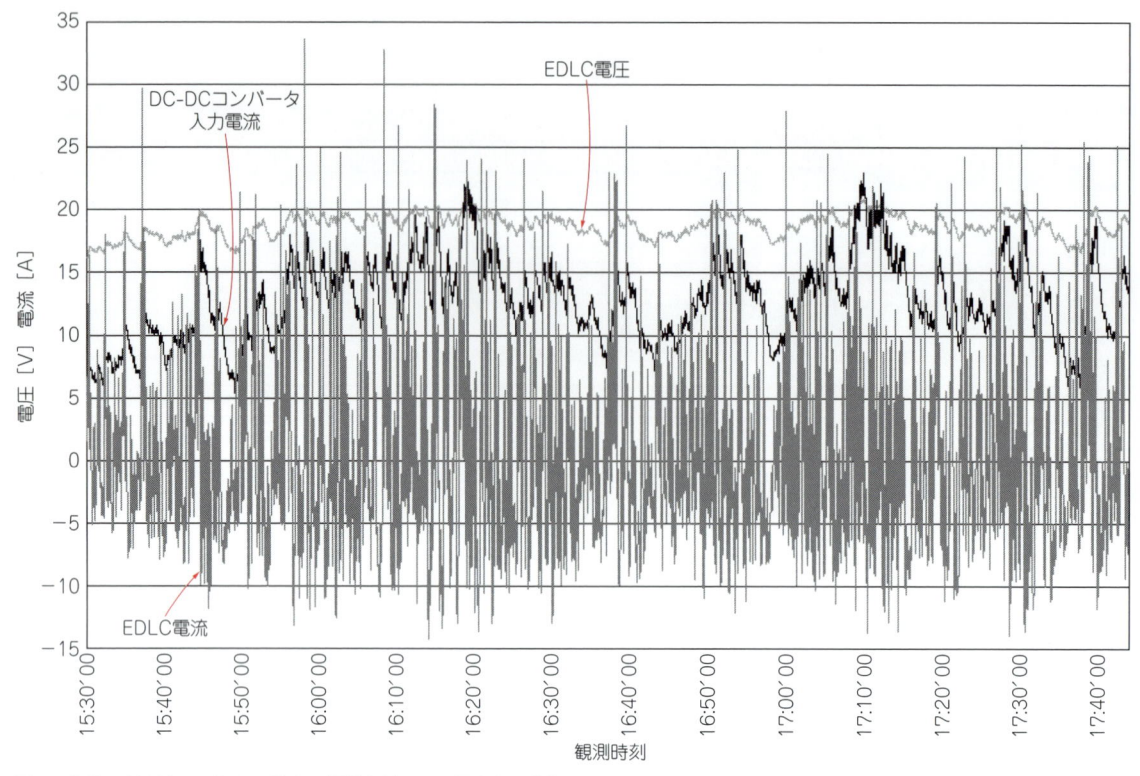

図20　電気二重層キャパシタに流れる電流と電圧から電力を平準化しているようすが見える

45秒かかることになります．これは直径2〜3mの風力発電機の平準化には十分な時間と思われますが，EDLCの容量を大きくすればさらに長時間の平準化が可能です．

また，マイクロ風力発電機を複数台稼働させたい場合，EDLCによって電力を平準化する方法として，**図21**のように，それぞれの風力発電機から制御装置を介してEDLCに充電し，その後まとめて鉛蓄電池を充電する方法が有効になるでしょう．

◆参考・文献◆
(1) 久保大次郎；マイクロ風力発電機の設計と製作，2007年3月，CQ出版社．
(2) トランジスタ技術；エコ時代の最新バッテリ活用技術，2010年2月号，CQ出版社．
(3) トランジスタ技術：「特集Appendix4「高効率に発電できる風車の作り方」，2010年3月号，p.110．

(初出：「トランジスタ技術」2010年7月号　特集第10章)

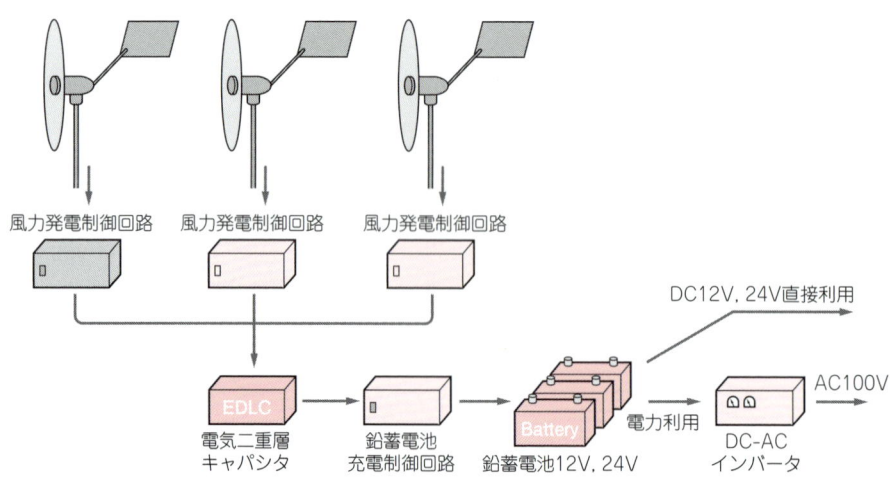

図21　風力発電機を複数稼動したい場合はそれぞれに電気二重層キャパシタ充電回路を設ける方法が有効

Appendix E 蓄積力と瞬発力をもつ理想電池の試作と実験！
リチウム・イオン蓄電池と大容量キャパシタを組み合わせてみた

宮崎 仁

　ここでは，エネルギー密度が高いリチウム・イオン蓄電池と，瞬間的に大電流を出力できる大容量キャパシタの特徴を確認する実験を行います．

　最後に二つを組み合わせて，瞬間的な負荷に強く長時間動作できる，両者の特徴を備えた電気自動車にも応用されている電源装置を構築してみます．〈編集部〉

実験1：エネルギー密度と取り出せる電流を比較

　実験に使ったリチウム・イオン蓄電池と電気二重層キャパシタの外観を**写真1**に示します．容積，重量ともに電気二重層キャパシタの方が大きいものを使いました．

■ リチウム・イオン蓄電池で目玉焼きに挑戦

　電気自動車から携帯電話まで，あらゆる移動機器を支えるエネルギー源として注目されています．

実験に使ったもの
- リチウム・イオン蓄電池（ノート・パソコン用）：3.6 V × 3セル直列，2000 mAh
- 電熱器（**写真2**）：φ0.8カンタル線，抵抗率 2.765 Ω/m × 1m
- アルミ皿，生卵

● 初期電力40 Wで放電時間は30分と長い

　図1に実験回路を示します．

　10.8 Vのリチウム・イオン蓄電池に約2.7 Ωの抵抗負荷で，約40 Wの初期出力が得られます．バッテリの放電電流は約4 A，公称容量が2000 mA/hなので，約30分調理できます．これで，目玉焼きはできるでしょうか？

● 結果…ほど良い焼き上がり

　写真3のように約30分で黄身は半熟の目玉焼きができました．放電電圧の推移は**図2**に示します．過放電保護によりセル電圧が約2.75 Vで放電を終始しています．

■ 電気二重層キャパシタ

　多量の電気エネルギーを蓄えられるため，繰り返し充電可能な2次電池のような用途で注目されています．

図1 リチウム・イオン蓄電池の容量の大きさを確認する実験回路
リチウム・イオン蓄電池　10.8V　3.9A　電熱器 2.765Ω
$10.8^2/2.765 ≒ 42W$

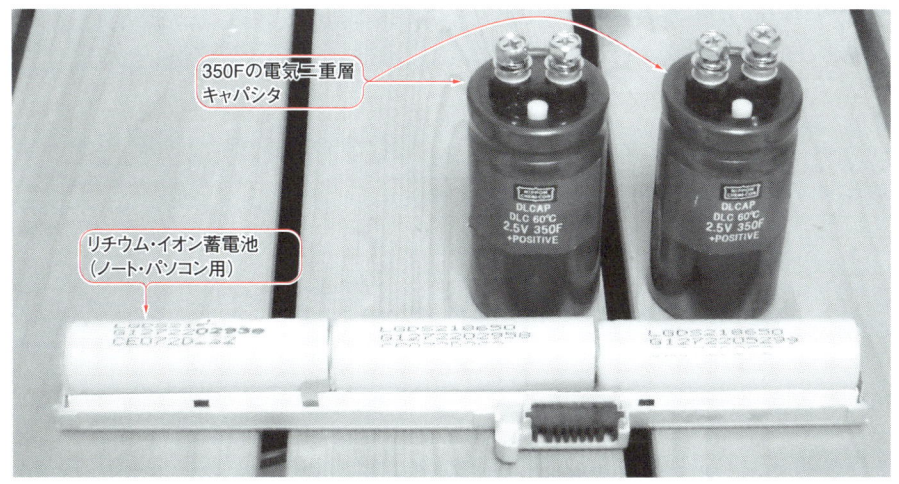

写真1　実験に使った電気二重層キャパシタとリチウム・イオン蓄電池
リチウム・イオン蓄電池：外形φ18 × 6.5 mm，容積約16.5 ml，重量約45 g．電気二重層キャパシタ：外形φ35 × 6.5 mm，容積約62.5 ml，重量約90 g．電気二重層キャパシタ：DDLC2R5LGN351KA65S（日本ケミコン）

350Fの電気二重層キャパシタ
リチウム・イオン蓄電池（ノート・パソコン用）

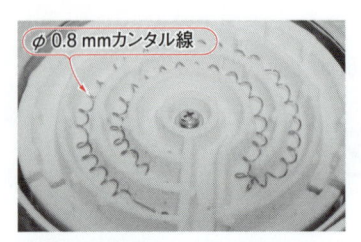

写真2 電熱線を抵抗率2.765Ω/m×1mのカンタル線に変えた電熱器

写真3 リチウム・イオン蓄電池を使うと目玉焼きが程よく焼ける
(a)加熱前
(b)加熱後

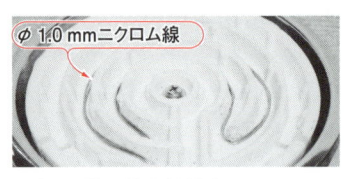

写真4 電熱線を抵抗率1.388Ω/m×0.58mを2本並列のニクロム線に変えた電熱器

写真5 電気二重層キャパシタは容積も重量もリチウム・イオン蓄電池より大きいのに目玉焼きは生焼け
(a)加熱前
(b)加熱後

─実験に使ったもの─
- 電気二重層キャパシタ 2.5 V×2本直列,350 F
- 充電用の定電圧定電流電源
- 電熱器(写真4):φ1.0ニクロム線,抵抗率 1.388Ω/m×0.58m,2本並列
- アルミ皿,生卵

● 初期電力2.5 Wとなかなか強力だが放電時間はたったの70秒

図3に実験回路を示します.電気二重層キャパシタは定電圧定電流電源で充電しておきます.

5Vの大容量キャパシタに約0.4Ωの抵抗負荷で,約62.5Wの初期出力が得られます.これはなかなか強力ですが,時定数$CR = 175\,F × 0.4\,Ω = 70\,s$なので,1分強で電圧は$5\,V × 0.37 ≒ 1.8\,V$に下がり,電力も低下します.これで,目玉焼きができるでしょうか?

● 結果…焼けなかった

写真5のように全体は生のままです.スイッチONと同時に抵抗線は一気に熱くなりましたが,時間が短かすぎました.放電電圧の推移は図2のとおりです.

■ 結果と考察

● エネルギー密度はリチウム・イオン蓄電池が圧倒的に大きい

▶リチウム・イオン蓄電池

1本当たりが電圧3.6 V,電流容量2000 mAh,エネルギー量は7.2 Whです.3本合わせると21.6 Whです.体積エネルギー密度は435 Wh/l,重量エネルギー密度は160 Wh/kgです.

▶キャパシタ

1本当たりが電圧2.5 V,静電容量350 F,エネルギー量は0.304 Wh,2本合わせて0.61 Whです.目玉焼きへの挑戦は無謀だったかもしれません.体積エネルギ

図2 リチウム・イオン蓄電池と電気二重層キャパシタの放電特性

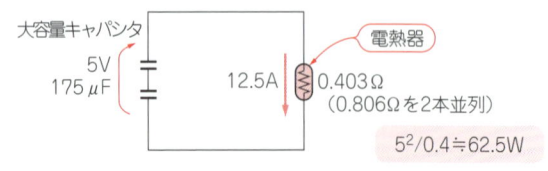

図3 大容量キャパシタと電熱線の接続回路
$5^2/0.4 ≒ 62.5W$

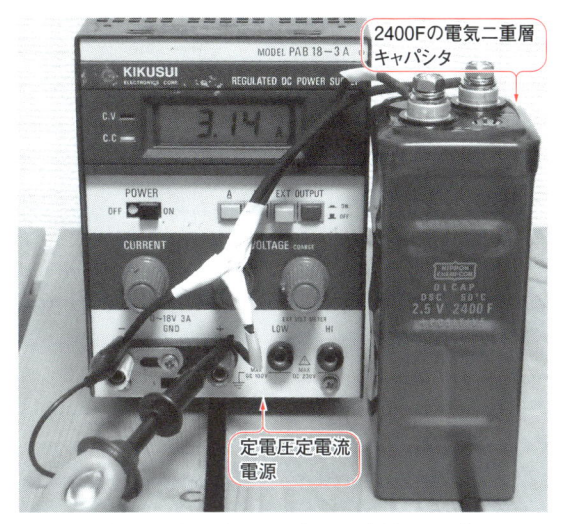

写真6 実験前に電気二重層キャパシタを充電しておく
電気二重層キャパシタ：DDSC2R5LGN242K54BS（日本ケミコン）

―密度は4.86 Wh/ℓ，重量エネルギー密度は3.38 Wh/kgです．エネルギー密度で見れば，電気二重層キャパシタはリチウム・イオン蓄電池にはおよびません．

● **最大電流は電気二重層キャパシタが有利**

電気二重層キャパシタは加熱開始直後には大電流で強力に加熱できました．キャパシタの内部抵抗は8 mΩと低いので，12.5 A流しても電圧降下は0.1 V，内部損失は1.25 Wにとどまります．

リチウム・イオン蓄電池の放電電流は大きいと，内部が発熱するので約2Cにとどめています．Cは充放電率の単位で，1Cは定格容量を1時間で充電/放電する電流値です．実験に使ったセルでは2Cは4 Aです．図2の放電特性において，放電電流が約2Cと大きいので出力電圧は定格の3.6 V×3＝10.8 Vよりも低くなっています．

実験2：パルス電流を引いたときの出力電圧変動を比較

―実験に使ったもの―
- リチウム・イオン蓄電池：3.6 V，2000 mAh
- 電気二重層キャパシタ（写真6）：内部抵抗0.8 mΩ，2.5 V，2400F
- 充電用の定電圧定電流電源
- クリプトン球：2.4 V，0.7A，抵抗値3.43 Ω
- 電熱器：0.4 Ωニクロム線または，1 Ωカンタル線

● **定常負荷はクリプトン球，間欠負荷は電熱器で作る**
実験用の回路を図4に示します．
▶ **定常負荷**
クリプトン球を3.6 Vまたは2.5 Vで点灯します．

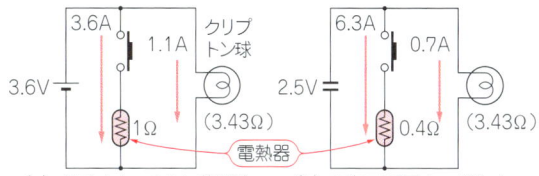

図4 間欠負荷に対する出力電圧の変動を確認するための実験回路
(a) リチウム・イオン蓄電池
(b) 電気二重層キャパシタ

リチウム・イオン蓄電池では電流は約1.1 Aです．これだけなら2時間近く連続点灯できそうです．電気二重層キャパシタでは電流は約0.7 Aです．時定数CR≒8230 s≒2.3 hなので，だんだん暗くなるも2時間以上の連続点灯もできそうです．

▶ **間欠負荷**

1 Ωまたは0.4 Ωの電熱線を0.3 s程度のパルスで間欠的に駆動します．リチウム・イオン蓄電池ではパルス電流は約3.6 Aで，定常負荷の3倍強です．電気二重層キャパシタではパルス電流は約6.3 Aで，定常負荷の約9倍です．

● **結果…電気二重層キャパシタの電圧変動はわずか**

図5に負荷変動に対する電気二重層キャパシタとリチウム・イオン蓄電池の電圧変動の違いを示します．

リチウム・イオン蓄電池では間欠負荷で約0.4 V電圧が低下し，写真7に示すようにクリプトン球も明らかにちらつきました．電気二重層キャパシタでは間欠負荷の電圧低下は極めて小さく，写真8に示すようにクリプトン球のちらつきは視認できませんでした．

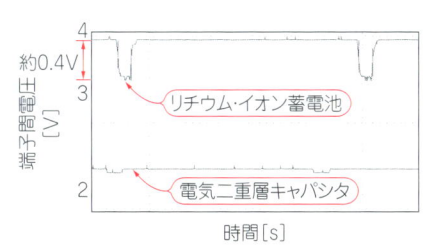

図5 電気二重層キャパシタは低インピーダンスなので負荷電流が大きく変動しても出力電圧の変動はわずか

写真7
リチウム・イオン蓄電池は0.3 s間隔で1 Ωの負荷を接続したら明らかにちらついた

(a)定常負荷　(b)間欠放電

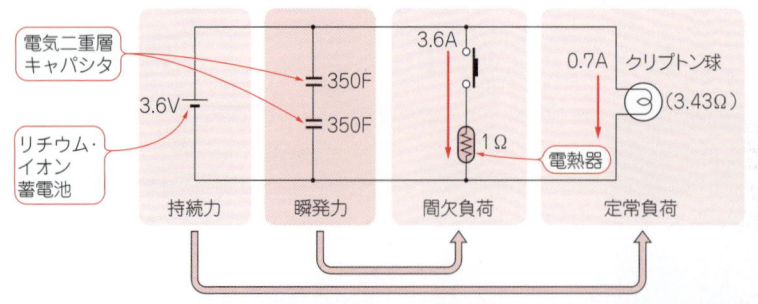

図6 リチウム・イオン蓄電池と電気二重層キャパシタを並列接続すればいいとこどりができる

写真8 電気二重層キャパシタではちらつきを視認できなかった 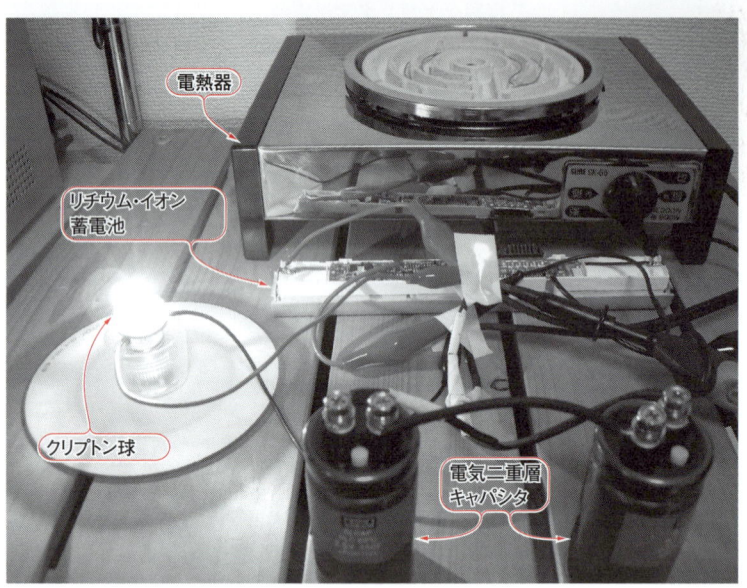
(a)定常負荷　(b)間欠負荷

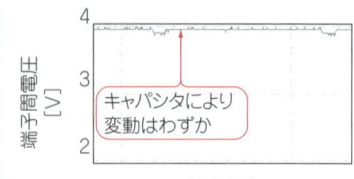

図7 リチウム・イオン蓄電池と電気二重層キャパシタの並列接続では負荷変動による出力変動はわずか

(a)定常負荷

写真9 リチウム・イオン蓄電池と電気二重層キャパシタの並列接続は間欠負荷に対する出力電圧の変動が小さく長時間動作できる
(b)間欠負荷

実験3：両者を並列接続して負荷変動に強く長時間動作できるエネルギー源を作る

　大容量で持続力に勝るリチウム・イオン蓄電池，低インピーダンスで瞬発力に勝る電気二重層キャパシタ，電気自動車などではこれらを組み合わせることで，モータの駆動開始時に必要な大電流の供給と長時間運転できるなど，継続的な電流供給を両立しようとしています．このようすを実験で確認してみましょう．

──実験に使ったもの──
- 電気二重層キャパシタ：2.5 V × 2本直列，350 F
- リチウム・イオン蓄次電池：3.6 V，2000 mAh
- 充電用の定電圧定電流電源
- クリプトン球：2.4 V，0.7 A，抵抗値3.43 Ω
- 電熱器：1Ωカンタル線

　リチウム・イオン蓄電池と電気二重層キャパシタは，同じ電圧に充電してから並列接続します．終止電圧はリチウム・イオン蓄電池の約4.14 Vに合わせました．

● 定常負荷はクリプトン球，間欠負荷は電熱器で作る
　実験用の回路を図6に示します．
▶定常負荷
　実験2と同様，クリプトン球を3.6 Vで点灯します．定常電流は約1.1 Aです．
▶間欠負荷
　1Ωの電熱線を0.3 s程度のパルスで間欠的に駆動します．パルス電流は約3.6 Aで，1パルスあたり3.6 A × 0.3 s ≒ 1クーロン消費します．電気二重層キャパシタ全体の電気量4.14 V × 350 F/2 ≒ 725クーロンの約0.14％です．

● 結果…並列接続でいいとこどりができる
　図7に負荷変動に対する出力電圧を示します．間欠負荷時の電圧低下は極めて小さく，写真9に示すようにクリプトン球のちらつきは視認できません．その上，長時間点灯できます．
（初出：「トランジスタ技術」2010年2月号特集イントロダクション）

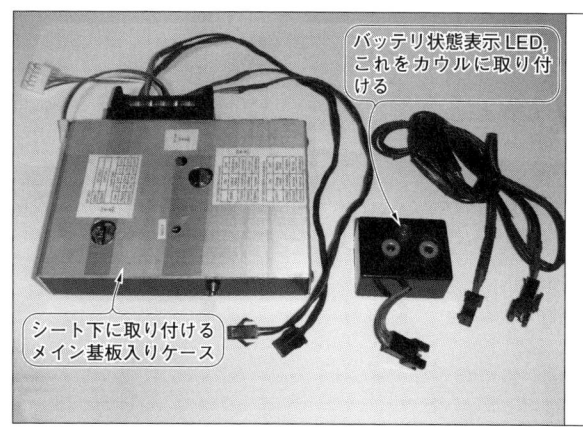

第11章 電圧とリプルをマイコンで監視し過充電や過放電を防ぐ
バイク用バッテリの状態表示・保護装置の製作

鈴木 美千雄

バイクに高負荷アクセサリを取り付けたときに，バッテリの状態に応じて自動的に負荷を接続/切断する装置を製作します．

● 製作の動機…バッテリ電圧を監視して過充電などのトラブルを減らしたい

筆者はバイク歴20年になるのですが，バイクは振動が多いせいか，電装系のトラブルをずいぶんと経験してきました(**表1**)．最も思い出に残っているのは充電回路の故障によるバッテリの過充電です．走行中にエンジンが停止したので調べてみると，バッテリが手で触れないぐらい加熱して安全弁が作動し，液体が気化して吹き出していたのです．

最近のバイクはDC電圧を外部に出力するソケットも付属しており，バイクによっては常時バッテリに接続している機種もあります．そのわりにはバッテリが小容量のため，大電力を扱うには不向きです．さらに電装系を改造すると，必ずと言ってよいほど充電不足に悩まされます．たいていのバッテリ・トラブルは押しがけで切り抜けられるのですが，走行中にエンジンが停止すると非常に危険です．こういったことがトラウマとなり本装置を作成しました．

● バッテリ状態表示装置の仕様

本装置(**写真1**，タイトルカット内の写真も参照)の特徴は三つあります．

(1) 過放電，過充電，バッテリ劣化をバッテリの電圧とリプル・ノイズあり/なしから検出し，状態表示LEDで搭乗者に通知する
(2) カー・ナビなどの外部アクセサリ用に可変DC

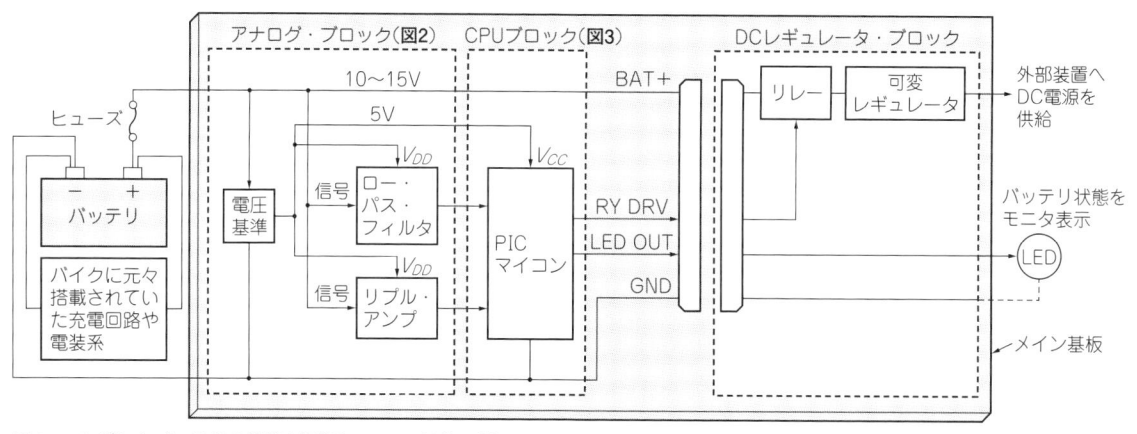

図1 エンジンとバッテリの状態を把握しLEDの点滅で外部に知らせる装置

表1 筆者が経験したバイクのバッテリに関するトラブル

トラブル名	バッテリ状態	原因(推定)	応急処置	修理内容
ジェネレータ故障	過放電	振動	押しがけ	ジェネレータ交換，再充電
充電回路故障1	過放電	振動による整流器故障	押しがけ	充電回路交換，再充電
充電回路故障2	過充電	振動又は熱によるレギュレータ故障	ロード・サービスを呼んだ	充電回路交換，バッテリ交換
バッテリ経年変化	過放電	バッテリ寿命	押しがけ	バッテリ交換
バッテリ過放電1	過放電	電装系改造による充電不足	押しがけ	再充電
バッテリ過放電2	過放電	バイクに長期間乗らなかった	押しがけ	バッテリ交換

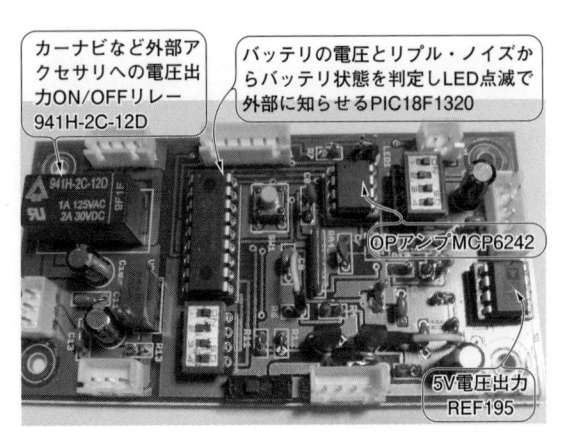

写真1 製作したバッテリ状態表示・保護装置のメイン基板

（カーナビなど外部アクセサリへの電圧出力ON/OFFリレー 941H-2C-12D）
（バッテリの電圧とリプル・ノイズからバッテリ状態を判定しLED点滅で外部に知らせる PIC18F1320）
（OPアンプ MCP6242）
（5V電圧出力 REF195）

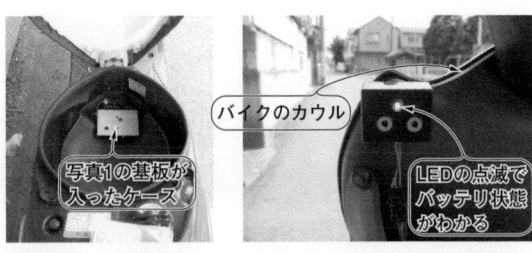

（a）写真1の基板をケースに入れシート下に取り付けた（写真1の基板が入ったケース）
（b）バッテリ状態をLEDで表示（バイクのカウル／LEDの点滅でバッテリ状態がわかる）

写真2 バッテリ状態表示装置をバイクに取り付けたようす

レギュレータ出力を搭載する
(3) エンジンの始動/停止をバッテリの電圧とリプル・ノイズあり/なしから自動検出し，外部アクセサリへの電源をON/OFFする．また，バッテリ電圧を監視し，外部アクセサリによる過負荷からバッテリを保護する

本装置のブロック図を図1に，仕様を表2に示します．

● 本装置の成果…詳しいバッテリの状態が目でわかる！

愛車に本装置を写真2のように装着しました．本装置運用後はバッテリの状態を目で確認でき，DC外部出力もエンジン動作中以外は切れるのでバッテリ容量を確保できます．バイクのメータ部にあるバッテリ警

表2 製作したバッテリ状態表示・保護装置の仕様

項　目	仕　様
バッテリ最大電圧	18 V
適合バッテリ	12 V用，密閉型
基板への入力電圧	バッテリ電圧
消費電流	スタンバイ時：850 μA DCレギュレータ供給時：53 mA その他の状態：約14 mA
外部出力	2SC2120(リレー駆動用のトランジスタ) モニタLED
可変DCレギュレータ出力部	1.3 Vから(バッテリ電圧 − 1.5 V)まで，3 A
バッテリ検出誤差	最大0.12 V

表3 LEDの点滅だけでバッテリ容量やエンジンの動作状態がわかる

状　態	モニタLEDの警告動作 （点灯時間/消灯時間）	外部電圧出力
エンジン始動	バッテリ寿命のとき50 ms/50 msを5秒間繰り返す	OFF
エンジン動作中	点灯	ON
バッテリ容量50 %以下	480 ms/480 msを繰り返す	ON
バッテリ容量25 %以下	120 ms/960 msを繰り返す	OFF
過電圧	960 ms/120 msを繰り返す	OFF
エンジンOFF	消灯	OFF

表4 過放電/過充電/バッテリ劣化をバッテリ電圧とリプルあり/なしで判断する

充電量 [%]	端子間電圧 [%]	記号	リプル	バッテリ状態	本機の判定基準
—	15.1以上	V_{bd}	あり	故障	バッテリ過充電
			なし	故障	バッテリ過充電
—	15.0～13.3	V_c	あり	正常(充電中)	エンジン始動電圧
		V_{bd2}	なし	故障の可能性あり	厳密には過充電であるが，この状態になる前に故障判定されるので正常とする
100～80	13.2～12.7	V_{100}	あり	正常(充電中)	エンジン動作中
			なし	正常	エンジンOFF
80～51	12.6～12.3	V_{75}	あり	正常(充電中)	エンジン動作中
			なし	正常	エンジンOFF
50～26	12.2～12.0	V_{50}	あり	容量低下(充電中)	バッテリ低下検出
			なし	正常	エンジンOFF
25～0	11.9以下	V_{25}	あり	深放電	バッテリ上がり
			なし		
—	9.5以下	V_1	—	寿命	セル・モータ起動時の電圧．最も負荷が加わっている状態であり，ここでバッテリの寿命を判定する

告表示は仕様がはっきりしていません．本装置はドライバに警告内容を細やかに知らせます（**表3**）．

● 過放電/過充電/バッテリ劣化の判定

過放電，過充電，バッテリ劣化は，それぞれバッテリあがり，容量低下，故障，寿命と判断できます．厳密にはバッテリ液の比重を調べる必要があるのですが，密閉型バッテリのため実現は不可能です．従ってこれらはバッテリ電圧だけで判定します．詳細は**表4**を参照してください．

回路の動作説明

回路は三つのブロック（**図1**）に分かれます．

1 アナログ・ブロック

本装置は5V動作のCPUと5V動作のOPアンプを使った回路です．**図2**にアナログ・ブロックの回路を示します．5V電源を電圧リファレンス用IC REF195によって作ります．バッテリの端子電圧はCPU内部のA-Dコンバータのレンジに合わせるため，集合抵抗にて1/4にレベル・シフトし，ボルテージ・フォロワを介してCPUに接続します．使用するOPアンプはMCP6242で，入力と出力がともにレール・ツー・レールです．

リプル電圧は，ゲインを10～30倍（DIPスイッチにて変更可）とし，周波数特性は広範囲の回転数をカバーするため70Hzから3.3kHzにしました．この定数はDCカットとノイズ除去用のためなので厳密性はありません．

2 CPUブロック

回路を**図3**に示します．CPUはマイクロチップ テクノロジーのPIC18F1320を使用します．プログラムの書き込み方式はICSP（In Circuit Serial Programming）です．本装置の外部出力について以下に説明します．

● 接点出力のON/OFF

接点出力の先はDCレギュレータ・ブロック内のリレーです．このリレーは可変レギュレータのON/OFFを行います．PICマイコンの出力電流を2SC2120で増幅します．ベース抵抗R_{11}は2.2k，ベース-エミッタ間抵抗R_{12}は22kです．CPUの最低ハイ・レベルは4.3Vのため，ベース電流I_Bは，

$I_B = (4.3V - 0.7V)/2.2k - 0.7V/22k = 1.6mA$

h_{FE}は100以上なので外部リレーの駆動能力は160mAです．

● 状態表示LEDの点灯

本装置からLEDパネルまで長い配線を想定しています．このためノイズに弱いCPUのI/Oポートで直接駆動せず，トランジスタを介して駆動します．また

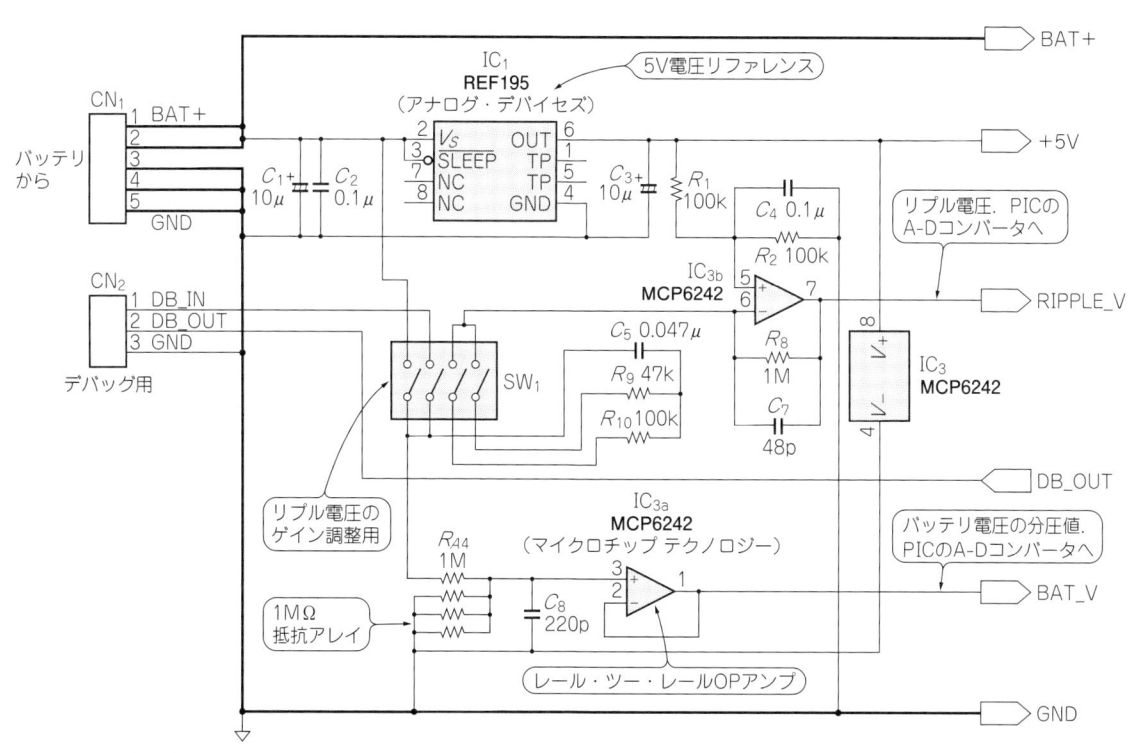

図2 アナログ・ブロックの回路

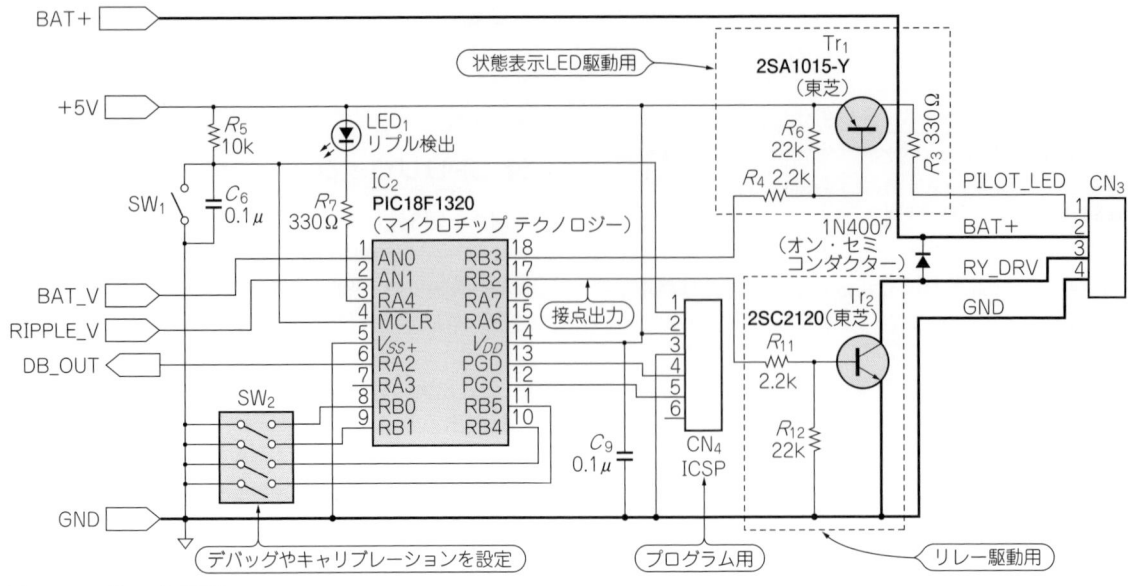

図3　CPUブロックの回路

NPNトランジスタでは吸い込み型でLED駆動用の電源が必要になってしまうため，PNPトランジスタにて吐き出し型とし，LEDの電源を供給し，点灯させます．

3 DCレギュレータ・ブロック

このブロックは実際に接点出力を使って，外部アクセサリ用DCレギュレータを駆動する回路です．リレーを介してレギュレータLT1085を駆動します．本ICは出力電圧が可変で最大出力電流は3A，ドロップ電圧は1～1.5V，最低出力電圧は1.5Vです．

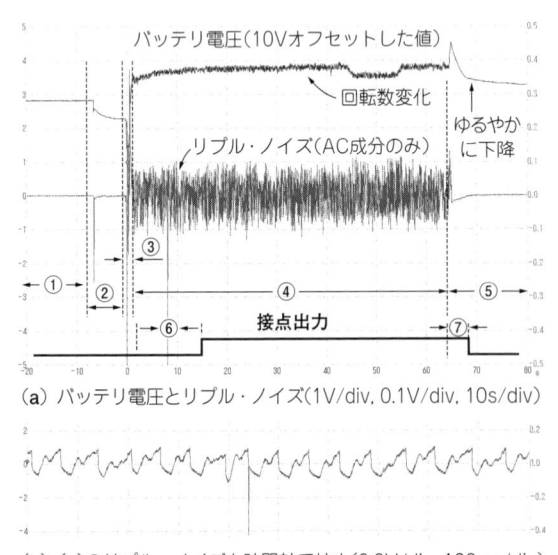

(a) バッテリ電圧とリプル・ノイズ(1V/div, 0.1V/div, 10s/div)

(b) (a)のリプル・ノイズを時間軸で拡大(0.2V/div, 100ms/div)

図4　エンジン停止/動作/外部アクセサリ電源出力など各動作状態におけるバッテリ電圧の変化

出力電圧と電流によってはかなり発熱するのでヒートシンクが必要です．発熱や線材，コネクタの電流容量に気を付けて配線してください．

バッテリ劣化を判定する方法

■ まずはバッテリ電圧と波形を考察

装置を製作する前に実際のデータを取って検討しました．乗車時のバッテリ電圧波形を図4に示します．

① ACC OFF

キーがACC OFFの位置，またはキーを抜いている状態です．波形にリプル・ノイズは観測されません．端子電圧は12.8Vで安定しています．

② ACC ON

エンジンを始動するためのキー位置です．電装系のコントローラが始動し，ライトが点灯するため，電圧が少し下がります．端子電圧は12.3Vです．

③ セルモータ始動

点火プラグから火花を飛ばしている状態です．バッテリに最も負荷が加わるため，電圧が極端に下がります．通常，無負荷の状態では，単なるバッテリの過放電か寿命なのかは分かりません．高い負荷を加えた瞬間の電圧を検出し，バッテリが正常かどうかを判定します．筆者のバッテリは2年近く使っていますがセルモータ始動時は最低で11.4Vとなります．

本装置ではこのバッテリの寿命判定を9.5V以下と

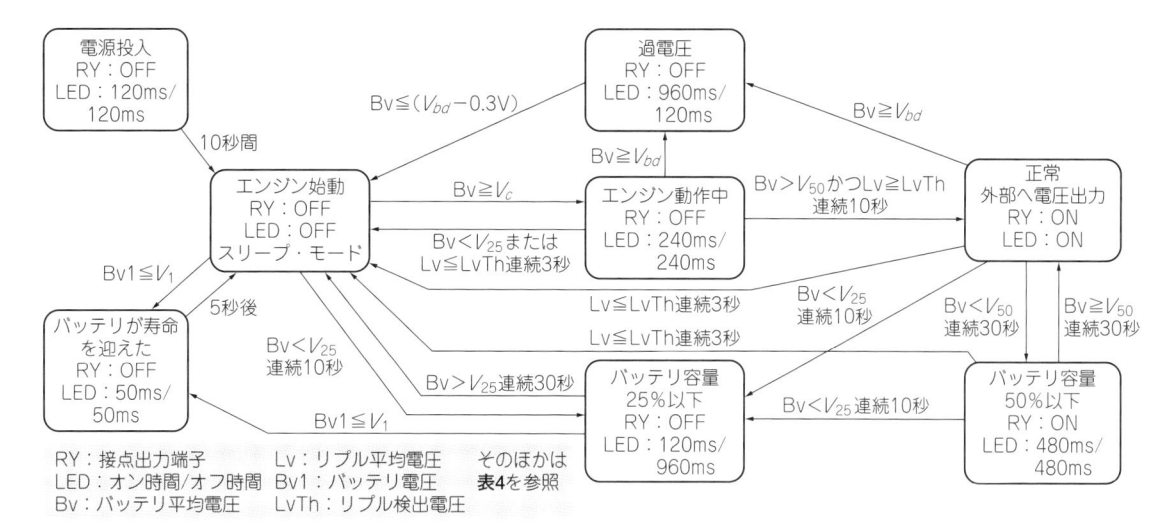

図5 ソフトウェアの状態遷移

RY：接点出力端子　　　Lv：リプル平均電圧　　そのほかは
LED：オン時間/オフ時間　Bv1：バッテリ電圧　　　表4を参照
Bv：バッテリ平均電圧　　LvTh：リプル検出電圧

しています．実際にはセルモータの大きさやバッテリ容量で変わるので厳密な値ではありません．

④ エンジン動作中

エンジン始動後のアイドリング状態です．充電回路が働き，電圧は充電電圧（13.8 V）に達しています．この電圧は最大14.2 Vまで上昇します．また，使っているバイクは充電コントロールをしているようで，回転数が上昇すると電圧が下がります．通常は回転数の上昇に伴って電圧が上がります．

最大の特徴は充電リプル・ノイズが大量に重畳することです．ピーク・ツー・ピークで0.2 Vあります．リプル・ノイズ周波数は回転数によって異なりますが，おおむね150 Hzから2 kHzの範囲です．本装置は，この期間だけバッテリが低下しない限り，接点出力（外付け機器へ電源を供給）をONにします．

⑤ エンジン停止

キーをACC OFFの位置にしたときのエンジン停止波形です．停止直後は緩やかに電圧が下がっていきます．約5分で13 V以下になります．リプルはありません．

■ 状態の判定

● エンジン動作中と停止をリプルあり/なしで判定

図4(a)を見ると分かるように，動作中はバッテリが充電状態になるため電圧が高くなります．なぜこんなにもリプルが重畳されているのでしょうか．バイクの3相交流発電機からの電圧は整流器にて整流され，レギュレータにて電圧が制限されます．発電した充電電圧は3相交流のため滑らかではありませんが，電源回路でいうところのリプル除去用コンデンサや定電圧回路は無く，バッテリが直接コンデンサの肩代わりをし

てリプルを吸収します．このため充電電圧には必ずリプルが生じます．従って，本装置はエンジン始動をバッテリ電圧とリプル・ノイズあり/なしの両方で判定します．リプルがあれば動作中と判定し，リプル未検出ならば停止と判定します．

● 外部電圧出力用リレーのON/OFFタイミング

外部出力のタイミングを図4(a)⑥に示します．外部出力はバッテリが充電状態になり，リプルが10秒以上存在したときにONします．実際にはソフトウェアにて10秒間の移動平均処理を行っているため，そのぶん遅延があります．またリプルが存在しなくなってから3秒後にOFFします［図4(a)⑦］．

● 判定のためのソフトウェア

装置は単純にバッテリ電圧によって状態を検出しているわけでなく，電圧と時間の両方を監視して状態を検出しています．時間の概念がありますので状態遷移図（図5）を示します．電圧の判定，接点出力，LEDの表示方法が分かるのでダウンロード・プログラムと合わせてご覧ください．

バッテリ電圧の検出誤差は約1％

本装置は無調整で使えるバッテリ電圧の測定装置です．測定器である以上は検出誤差を計算する必要があります．検出誤差要因には集合抵抗，A-D変換器，5 V電圧リファレンスICがあります．

● バッテリ電圧分割抵抗の誤差

集合抵抗を利用しています．絶対誤差は大きいのですが素子間のばらつき誤差は小さく，実測値で0.3％未満です．メーカ製のものはばらつきが定義されています．また分圧だけの使用なので，プラス側抵抗

図6 バッテリ電圧分割抵抗の誤差

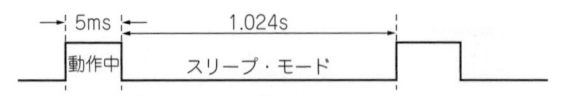

V_{in}
$R = 1M$
$R_u = R + 0.003R$

3本の抵抗の合成値R_pは，
$R_p = R_d // R_d // R_d = 0.33233R$
ただし，R_d：最大ばらつき下限値，
R_u：最大ばらつき上限値
分圧理論値 = 0.25
分圧誤差値 = $R_p/(R_p + R_u)$ = 0.2488...
分圧誤差 = 1 − 0.248.../0.25 = 0.45%

$R_d = R − 0.003R$

図7 スタンバイ時のスリープ動作

表5 製作した装置の消費電流

デバイス名	消費電流 [μA]	
REF195	45	
MCP6242	70×2	
PIC1320	動作中	2800
	スリープ中	2
各抵抗など	100以下	
理論値合計	動作中	2985
	スリープ中	285
実測値合計	動作中	3600（誤差20%）
	スリープ中	850（誤差198%）

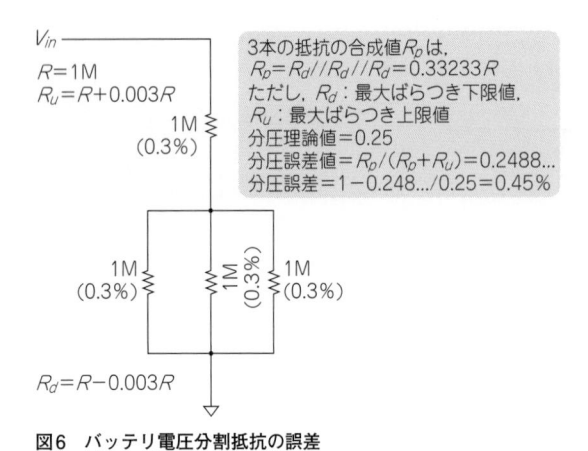

（1MΩ）とGND側抵抗（1MΩを並列に3本）に対してプラス側は0.3%，GND側は−0.3%の誤差を考慮すると分圧値は0.2488となり，分圧理論値は0.25なので分圧誤差は0.45%になります（図6）．

● A-D変換誤差

PICのA-D変換器は，分解能10ビット，直線性，微分直線性，オフセット，ゲインの5項目それぞれ1LSB以下なので5/1024×100 = 0.5%と考えます．

実際にはこれほど大きくはならないのでしょうが，ワースト・ケースとしてこの値を使用します．

● 5VリファレンスIC REF195

REF195はPICのV_{dd}（V_{ref}端子）として使っています．ここでの誤差はA-D変換値に影響します．誤差は0.04%です．

● 合計した検出誤差

最大検出誤差は集合抵抗誤差(0.45)，A-D変換誤差(0.5)，REF195誤差(0.04)の合計で0.99%となります．通常の電圧測定器としては使えないレベルの誤差ですが，測定対象がバッテリ電圧なので，この許容範囲で良しとしました．12V入力時，検出誤差電圧は12V±0.12Vとなります．

スタンバイ時の消費電流は0.865 mA

本装置はバッテリに直結し常に動作するため，スタンバイ時の消費電流が大きいと過放電となってしまい本末転倒です．本装置で電流を消費するデバイスはPIC1320およびMCP6242，REF195，周辺抵抗です．表5に各デバイスの消費電流を見積値と実測値で示します．

CPU動作中の実測値は理論値より若干多いものの，良しとします．ただしスリープ中は理論値に対して200%近く多く消費しています．これは設計ミスによるもので，CPUのポートBに内蔵プルアップを使っているからです．内蔵プルアップをOFFにすると380μAまで消費電流が下がります．

スタンバイ時はソフトウェアにてCPUを低消費電力状態（スリープ）にして間欠動作をしています（図7）．CPUが動作中の5msはバッテリ電圧のA-D変換および移動平均処理をしています．電圧に変化がなければ1.024秒のスリープ・モードに入ります．従って本装置のスタンバイ時の平均電流I_{ave}は次のとおりです．

I_{ave} = (3.6 mA × 5 ms + 850 μA × 1.024 s) / (3.6 ms + 1.024 s) = 0.865 mA/s

となります．容量が6Ahのバッテリを使用する場合，使用時間は6000 mA/0.865 mA = 9ヶ月です．

■プログラムの入手方法
筆者のご厚意により，この記事の関連プログラムはトラ技ホームページに登録します．（編集部）
http://toragi.cqpub.co.jp/tabid/411/default.aspx
2011年2月号のコーナーにあります．

◆参考文献◆
(1) ジーエス・ユアサのホームページ．
http://gyb.gs-yuasa.com/
(2) REF19Xシリーズ・データシート，アナログ・デバイセズ㈱．
http://www.analog.com/static/imported-files/jp/data_sheets/REF19xSeries_jp.pdf
(3) MCP6242データシート，マイクロチップ テクノロジー ジャパン㈱．
http://ww1.microchip.com/downloads/en/DeviceDoc/21882d.pdf
(4) PIC18F1320データシート，マイクロチップ テクノロジー ジャパン㈱．
http://ww1.microchip.com/downloads/en/DeviceDoc/39605F.pdf

（初出：「トランジスタ技術」2011年2月号）

Supplement 2　2次電池 / コンデンサ / キャパシタ…違う？　同じ？
キャパシタ・ミニ用語集

宮崎 仁

● 2次電池と電気二重層キャパシタ

2次電池と電気二重層キャパシタは，共に正極と負極をもち，外部から電気エネルギーを加えて充電し，内部に蓄積されたエネルギーを電気として放電できる部品です．ただし，エネルギーを蓄えたり放出したりする原理に大きな違いがあります．

2次電池は，正極物質と電解質，負極物質と電解質がそれぞれ化学反応を行ってエネルギーを蓄積し，放電時はその逆反応で電気エネルギーを放出します．それに対して，電気二重層キャパシタは，正極と電解質，負極と電解質は化学反応を行わず，それぞれの界面の静電容量に電気エネルギーを蓄えます．

エネルギー密度が高い点や起電力が安定な点では2次電池が有利で，出力密度が高い点やサイクル寿命が長い点では電気二重層キャパシタが有利です．両者を組み合わせることで利点を生かし欠点を補う使い方も多くなっています．

リチウム・イオン・キャパシタのように，2次電池と電気二重層キャパシタの構造を合わせもつハイブリッド・キャパシタも製品化されています．

● エネルギー密度と出力密度

エネルギー密度は，単位体積（または重量）当たりの蓄積可能なエネルギー量です．2次電池はエネルギー密度が高く，数十Wh/kg（鉛蓄電池など）〜数百Wh/kg（リチウム・イオン2次電池）程度です．それに対して，電気二重層キャパシタは一般に数Wh/kg程度といわれています．

出力密度は，各瞬間に取り出し可能な電気的エネルギー（電力＝電圧×電流）の単位体積（または重量）当たりの値です．電気二重層キャパシタは出力密度が高く，大電流を取り出せますが，その代わり短時間で空になってしまいます．

● コンデンサとキャパシタ

電気分野ではコンデンサとキャパシタは同じ意味です．コンデンサが発明されたのはヨーロッパで，イタリア語で「凝集する，濃縮する」という意味のCondensatoreと名付けられました．ドイツ語やフランス語でも同様の名称で，日本でもコンデンサと呼んできました．ただ，英語圏だけはCapacitorという名称を用いています．

日本では，電気二重層コンデンサを製品化したメーカが積極的に「キャパシタ」という名称を使ったことから，大容量の電気二重層コンデンサだけをキャパシタと呼ぶ変な習慣になっています．

● リチウム・イオン・キャパシタ

電気二重層キャパシタは，正極，負極ともに活性炭のような多孔性の導電体を使用し，その表面に生じる電気二重層に電気エネルギーを蓄えます．一方，リチウム・イオン2次電池では，正極はリチウム化合物，負極はリチウム・イオンを吸蔵できる炭素材料を使用し，正極が放出するリチウム・イオンを負極が吸蔵することで充電を行い，負極が放出したリチウム・イオンが正極に戻ることで放電を行います．

この，リチウム・イオンを吸蔵する炭素材料を電気二重層キャパシタの負極に用いることでエネルギー密度を増加させたのが，リチウム・イオン・キャパシタです．

リチウム・イオン・キャパシタの正極はコンデンサですが，負極は電池に近く，ハイブリッド・キャパシタと呼ばれることもあります．実際の特性でも，使用電圧に下限があり過放電によってセルが劣化するなど，2次電池に近い特性もあります．

表1　電気二重層キャパシタ，リチウム・イオン・キャパシタ，リチウム・イオン2次電池

	電気二重層キャパシタ	リチウム・イオン・キャパシタ	リチウム・イオン2次電池
正極	活性炭など	活性炭など	Li-遷移金属化合物
負極	活性炭など	Liイオン吸着炭素	Liイオン吸着炭素

第12章 足の負担や明るさの変化が少ない自転車LEDライト

電圧がばたつくハブダイナモ発電でも安定充電を実現！電池にも優しい！

中野 正次

発電機はある．バッテリ・ライトもある．なのに発電機で充電できるものはないなんて？ ならばダイナモ充電ライトを自作しよう．それも理想を求めて思いっきり贅沢な仕様で．ハブダイナモ付きのマウンテンバイク（**写真**）も特注仕様です．

製作の動機

● 自転車用LEDライトに乾電池を使うのはエコじゃない

照明用のLEDも供給量が増え，価格も下がってきたので，バッテリ・ライトにも順電流が数百mAのパワーLEDを搭載した機種が出てきました．これは前照灯としても使えそうですが，それなりに消費電力も大きくなっています．また，充電できない乾電池（多くは単3か単4を3〜4本使用）仕様になっていて，2次電池（ニッケル水素）には対応していません．乾電池を使い捨てることは，エコの流れに反します．

● ニッケル水素2次電池でも暗くならないようにしたい

乾電池仕様のバッテリ・ライトにニッケル水素2次電池を使うと，始めからかなり暗くなってしまいますし，電圧が低下するとさらに暗くなってしまいます．この種のバッテリ・ライトを何機種か調べてみましたが，点滅などのコントローラ（ディジタル回路）を内蔵しているわりには，電流制限は直列抵抗に頼っているものばかりでした．このため電圧がわずかに下がっただけでも電流は大幅に減少してしまうのです．

そこで市販の自転車ライトに定電流回路を搭載し，ニッケル水素2次電池3本で明るく点灯させようと考えました．

● 走りながら充電し，止まっても点灯させる

いわゆるママちゃりにも，ハブダイナモ付きが増えてきています．もちろんライトもセットです．しかし，この種のライトは充電式ではなく，現に走行しているときにしか点灯しません．また，手で押しているときにちらちらと点滅するのも違和感があり，面白くありません．

ちらちらがなく，停止しても点灯するためには，自転車ライトをニッケル水素2次電池仕様に改造して，家庭用電源（AC100 V）で充電するしかありません．実際に，そのようにして使っていたのですが，どうもまだすっきりしません．やはり発電機のエネルギーで充電

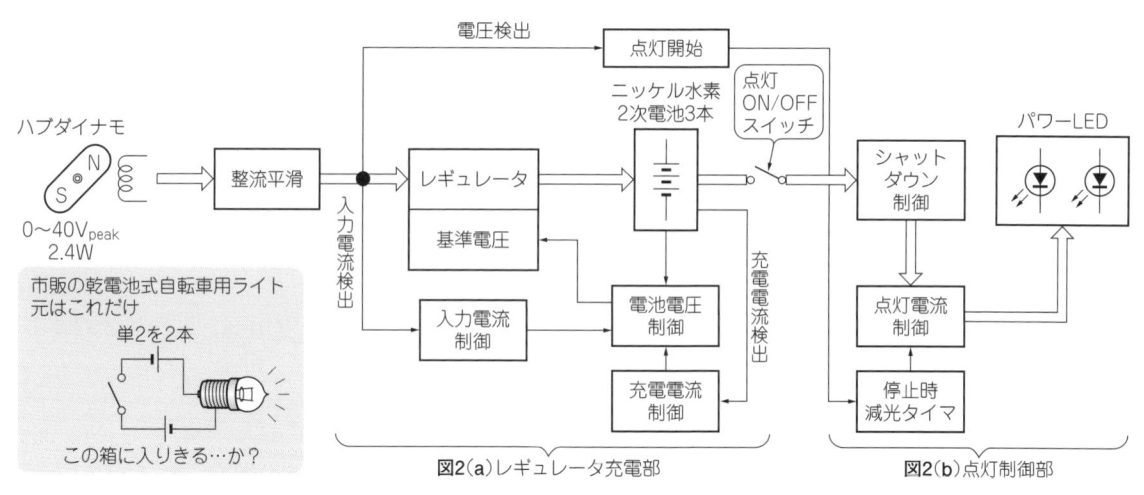

図1 製作する2次電池充電機能付き自転車LEDライトのブロック図

(a) カバーあり，横から 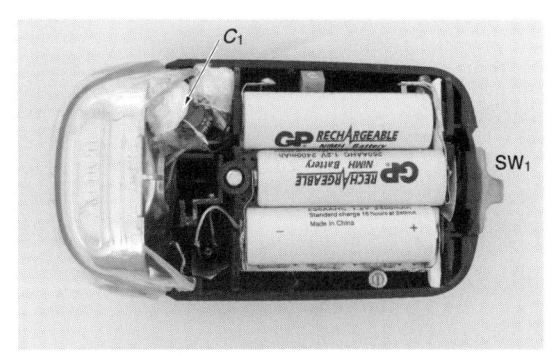　　　　　　　　　　　　　　　　（b）カバーなし，基板は電池に隠れている

写真1　ハブダイナモの電力を蓄える2次電池充電器

したくなります．そこで自転車のハブダイナモで充電できる2次電池充電回路を製作しました（図1，写真1）．

ハブダイナモ発電による電源の観察

● 平滑回路は必要

　ハブダイナモはすべて交流発電機です．バッテリを充電する際には整流する必要があります．また，原理的には瞬時の電圧で充電できる電力だけ充電すればよく平滑は不要ですが，平滑しないと，高速走行中でも電圧が下がる瞬間があり，そのたびにバッテリの充放電が繰り返されます．これはバッテリにダメージを与える苦しい使い方であり，そのほかの回路の効率も低くなります．

　ここではバッテリの寿命を伸ばすために，平滑回路を入れます．

● 平滑後の電圧は最大でも40 V以下なのでICはいろいろと選べそう

　ブリッジ整流と平滑コンデンサをつないで走行中の直流電圧を測定してみました．これで，無負荷の最大電圧が分かります．測定結果は約36 Vでした．整流回路なしで交流電圧を測定した結果は約23 V_{RMS}でしたが，測定周期の都合で瞬時のピークが見えていないので，交流測定の方が低く出たようです．

　いずれにしても，整流，平滑後の電圧は40 Vを超えることはなさそうです（表1）．この40 Vという値は多くのレギュレータICがもっている耐圧です．もし，発電電圧が40 Vを超えると，直結できるICは少なくなり，一般には別の安全対策が必要になります．

● 動き出しや停止の検出はできそう

　手で押した程度の低速時の電圧は，平滑後5 V程度でした．これは動き出しや停止検出に利用できそうです．発電波形は写真2のようになっていて，正弦波とは異なることが分かりました．このときの周波数は17.24 Hz，電圧は22.2 V_{p-p}でした．

　ついでに走行速度が分かるように，周波数と回転数の関係を見たのが写真3です．この回転検出はスポークに磁石を取り付けて，鉄心入りのコイルを接近させて誘起電圧を測定したものです．

　また，回転速度を変えて測定した結果は表1のようになりました．周波数が適当にばらばらなのは，手で回しての測定だからで，あまり精密な測定ではありません．また最高周波数での値はごく大まかなものです．とは言うものの，大ざっぱに見ても周波数と電圧が比例していないことは分かります．

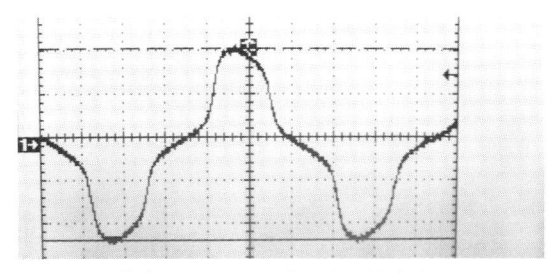

写真2　ハブダイナモの発電電圧波形（無負荷時，5 V/div，10 ms/div）

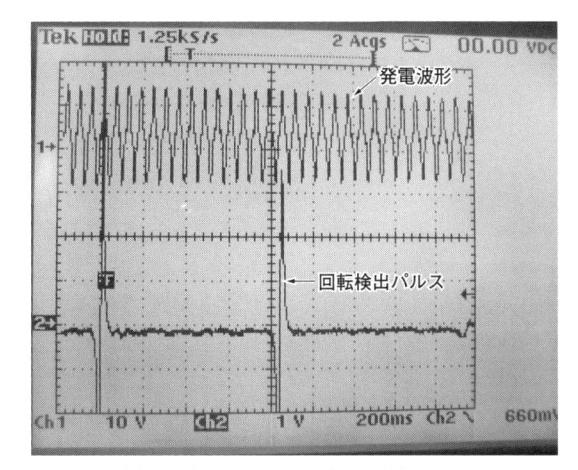

写真3　回転検出パルスと発電周波数の関係（10 V/div，1 V/div，200 ms/div）

表1
ハブダイナモの回転数と電圧の関係
発電周波数は1回転当たり14Hz，タイヤ1回転で進む距離は2089mm，周囲温度20℃．

周波数と電圧の比が一定でない

周波数 [Hz]	出力電圧 [Vp-p]	電圧比 [V/Hz]	換算速度 [Km/h]
10.64	14.64	1.3759	5.716
10.79	15.04	1.3939	5.796
14.64	20	1.3661	7.864
17.24	22.2	1.2877	9.261
23.16	29.8	1.2867	12.441
28.26	34.4	1.2173	15.181
28.95	37.2	1.285	15.552
29.37	36.4	1.2394	15.777
29.64	36.8	1.2416	15.922
32.8	39.6	1.2073	17.62
36.19	43.2	1.1937	19.441
82	70	0.85	44

● 電圧変動が大きいだけでなく動きがまったく読めない最悪の電源

　自転車の発電機の場合は上記の測定結果からも分かるとおり，停止時0Vから最高40Vまでを想定しなければなりません．さらに，どの電圧も長時間続く可能性があり，また，大きな変動が繰り返される可能性もあります．さらに周波数もほぼ同じように大幅な変動が起こります．つまり電源としては非常に質の悪いものです．だからこそ走行状態にかかわらず，一定して発光する安定なライトが欲しくなります．

　ならばLEDを電池で点灯し，発電機のエネルギーで電池を充電すればよい，といってしまえばそれだけのことですが，電源が粗悪なだけに，現実はそれほど簡単ではありません．

足への負担が軽い！明るさも安定！電池も長持ち！

● たくさんの要件をアナログ回路で実現する

　仮に点灯時は充電しないとか，リニアの定電流回路を使って，充電終止を行わない（つまり充電しっぱなし）などの簡単な仕様にすれば，回路はそれほど複雑にはなりません．実際に市販のコードレス電話の子機では充電終止を検出していないものが多く，電池の寿命が短くなっています．

　逆に理想的な充電ライトを考えると，スイッチング・レギュレータで充電管理を行い，点灯時にも走行速度（つまり発電能力）に応じて自動的に充電もでき，スイッチの切り忘れでも自動消灯し，満充電時にはその旨を表示するなど，仕様は高度になり，回路も相当に複雑であることが予想されます．このほかに電池の保護や故障時の安全対策も必要です．

● 回路に必要な電気的仕様の検討

　熟慮を重ねた結果，以下のような仕様を決めました．

(1) 充電電流は発電能力に応じて変化する．ただし一定電流（200mA）までに制限する

　充放電の電流は電池の定格から決めたものです．電池にやさしい範囲で使うように配慮しています．実際に使用する電池は少し古いもので，公称2Ahです．充電電圧はセルあたり1.3Vと低めになっているので，一般に満充電といわれている状態までは充電しません．これも電池にやさしい範囲です．

(2) 充電電圧は一定電圧（3.9V）までとする．つまり，定電圧定電流充電方式
(3) 高速走行時は点灯しながら充電する
(4) 低速走行時は速度に応じて電池の消耗が軽減される
(5) スイッチがONでも点灯はせず，走行によって点灯開始
(6) 点灯時の明るさ（LEDの電流）は，走行中は速度にかかわらず変化しない
(7) 停止後は一定時間（20s），走行中の明るさを維持する．その後徐々に暗くなり，やがて消える（20s）
(8) スイッチOFFでは無条件に消灯し充電だけ可能とする
(9) LEDの電流は定電流回路で制御し，電池電圧には無関係に一定に保つ（200mA）
(10) 電池は単3型ニッケル水素2次電池を3本直列に使用する
(11) 電池電圧低下時（2.5V以下）には，スイッチがONであってもコントロール回路自体を切り離し，ほぼ無負荷（1μA以下）にする

　電圧低下の検出は，白色LEDを負荷にする前提なので，実質的には不要です．ただしコントロール回路が消費する電流が大きい場合は必要になります．

(12) 低速走行時の負荷トルクが大きくならないように，入力電流を発電電圧に比例して制限する．

　スイッチング・レギュレータで一定の電力を供給すると，入力電流は入力電圧が低いときに大きくなります．入力電圧が低いのは低速走行や手押し移動の場合ですから，このときに負荷が重い，つまりブレーキが効いた状態になります．

　これを避けようと，最初は一定電圧以上になると回路が動作する（発電機に負荷がかかる）という方式を考えていましたが，スピードが上るとガクンと負荷がかかるのが気に入らず，電流を電圧に比例させる連続制御（定インピーダンス負荷）方式に変更しました．

(13) 回路の故障時に備えてヒューズを付ける

写真4 改造前のバッテリ・ライトはクリプトン球を使用している

ダイオードやコンデンサがショートした場合，ダイナモが焼き付いてしまう可能性もあります．目に見えない雷など，すべての事態に電子回路だけで対応することは不可能なので，原始的ながら，ヒューズを入れて保護することにします．

● ケースの検討

前にも触れましたが，最初はコントローラと電池を新規の箱に入れ，ライト部分だけ，既存のハンドル・バー取り付け品を流用するつもりでした．しかし，具体的に設計するとなると，防水構造にしつつ，簡単に開けられる必要があります．ケーブルの接続まで考えると意外と簡単ではありません．

そこで全回路を単3型電池1本のスペースに入れられないかと考えました．これが可能なら，単3型を4本使うタイプのバッテリ・ライトを改造して，ニッケル水素2次電池3本＋コントローラ(1本分)でさりげなく収まります．でも，充電回路と点灯回路を単3電池1本のスペースに詰め込むのは無理そうなのであきらめました．

このほか，リチウム・イオン2次電池 2Ah程度のものを捜してみましたが，単3型3本のスペースより小さいものはジャンクとしては見付からず，最終的に単2型を2個使うクリプトン電球搭載品(**写真4**)を改造しました．

ただし，このライトはもともと電子回路を含んでいないので，密閉構造ではなく，風雨には耐えられません．この対策として，危ない条件のときは取り外せるようにします．また，白熱ランプをLEDに変更するために機構的な加工も必要でした(**写真5**)．

回路を設計する

● スイッチング・レギュレータIC

最近はCMOSタイプの高効率レギュレータが主流になっていますが，40Vの入力電圧を加えるのはバイポーラ・タイプの方が安心です．そこで，まず入手

写真5 ランプ部にパワーLED2個を取り付けた

しやすいLM2575-ADJを使って充電回路をテストしてみました．

結果は動作としてはよいですが，スイッチング周波数が低く固定されていて，チョーク・コイルのインダクタンスが大きくなければ効率が下がります．このICはスタンバイ機能をもっているので，低速時は動作させないことも簡単にできてよさそうでしたが，チョーク・コイルが大きくなってしまい，狭いスペースに詰め込むのは苦しそうです．また，入力電圧や負荷電流に対しての出力電圧変動が大きいようです．

その後，MC34063Aが手に入り，周波数が高い分，チョーク・コイルを小さくできました．しかし，スタンバイ機能がないので，仕様の(1)と(2)(低速時の負荷制限)は別回路を加えることが不可欠になりました．

スイッチング・レギュレータは本機の心臓部であり，0〜40Vの電圧で異常動作がないことを確認しておかないと，電池やLEDを含む回りの部品を壊す恐れがあります．特に，正常に動作できないような低電圧が続いた場合などは，ICの定格外になります．

MC34063Aは低電圧でも不可解な動作は全くなく，使えると判断しました．ただし，IC内のスイッチ部のトランジスタが電流値によっては高周波(50MHz程度)で発振することがありました．この発振が起きていてもレギュレータの性能としては全く変化はなく，高周波ノイズが増えるだけのようですが，フェライト・ビーズを入れて安定させることができました．このほか，仕様に添うように設計した回路が**図2**です．以下に，機能ブロックごとの動作を説明します．

● 整流平滑回路(F_1, D_1〜D_4, C_1)

普通にブリッジ整流ですが，電圧降下を少しでも減らそうということで，SBDを使っています．

表1のとおり，低速時には周波数が10Hz程度と低

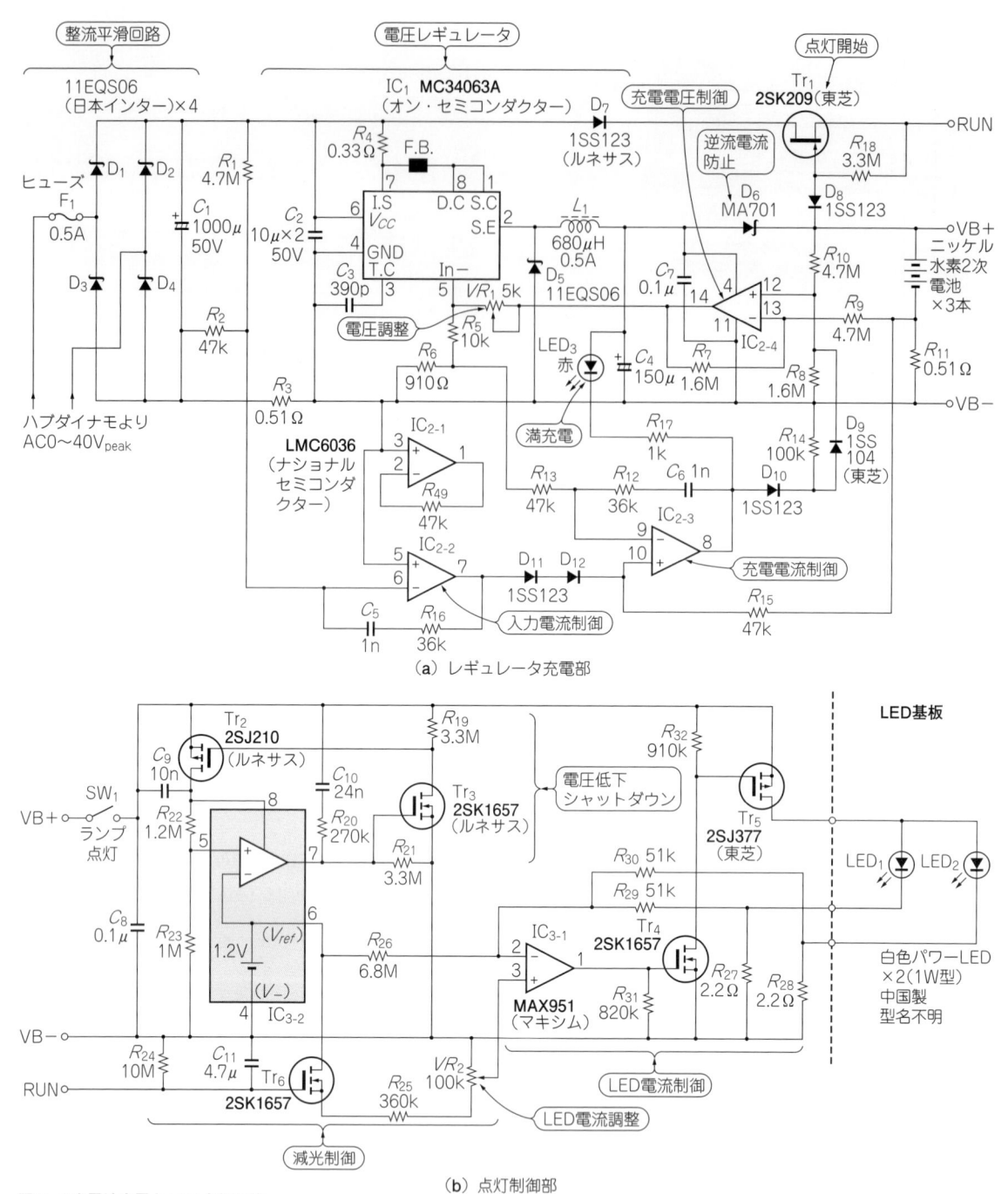

図2 2次電池充電とLED点灯回路

(a) レギュレータ充電部

(b) 点灯制御部

いので，平滑の容量は1000 μFでは少し足りませんが，スペースの都合で妥協しました．このコンデンサだけ，基板の外に取り付けます．

故障時の保護のためのヒューズは，小型のものを基板に付けています．

● **電圧レギュレータ**（IC_1，R_4，C_3，D_5～D_6，L_1，C_4，FB）

レギュレータ単独では問題無いことを確認してあり

ますが，電池を充電する回路では全く別の問題が発生します．それは電源がないのに負荷側に電圧があるという状態です．ICのブロック図を見ると**図3**のようになっていて，出力トランジスタのエミッタに電圧がかかっていても，V_{BE}の耐圧を超えなければ電流は逆流しないかのように見えます．実際には出力段が逆トランジスタとしてオン状態になったり，寄生ダイオードなどの作用で逆流が発生します．

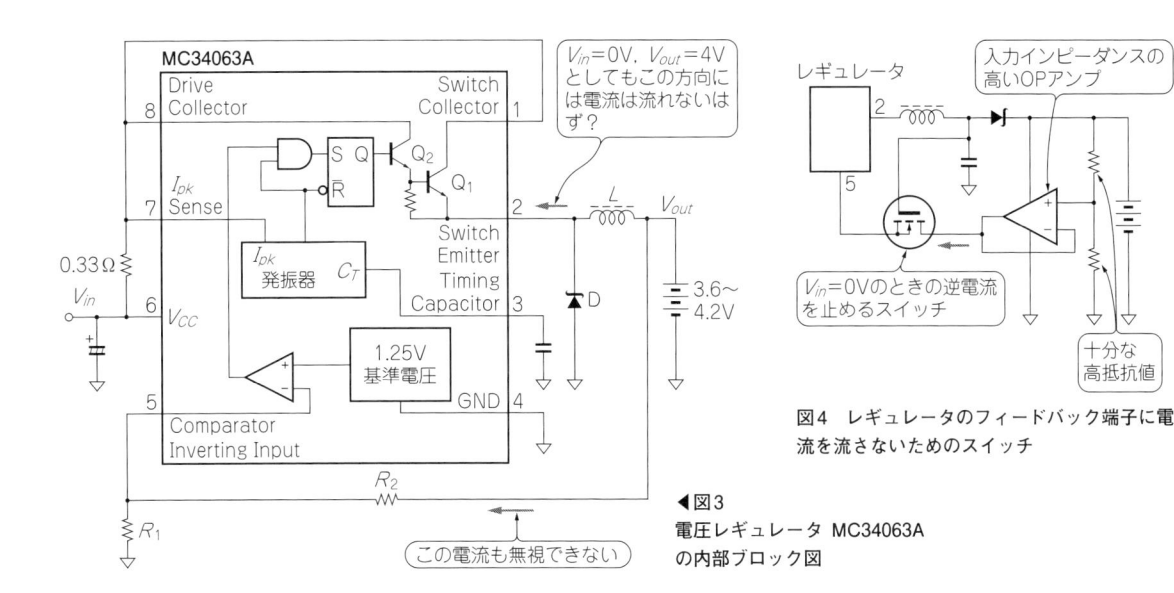

図中注釈:
- MC34063A
- Drive Collector 8 / Switch Collector 1
- I_{pk} Sense 7
- $0.33\,\Omega$
- V_{in}
- 6 V_{CC}
- 発振器 / I_{pk} / C_T
- 1.25V 基準電圧
- 5 Comparator Inverting Input
- Switch Emitter 2 / Timing Capacitor 3
- GND 4
- L, V_{out}
- D, $3.6\sim4.2\,\text{V}$
- R_2, R_1
- $V_{in}=0\text{V}$, $V_{out}=4\text{V}$ としてもこの方向には電流は流れないはず？
- この電流も無視できない

- レギュレータ
- 入力インピーダンスの高いOPアンプ
- $V_{in}=0\text{V}$ のときの逆電流を止めるスイッチ
- 十分な高抵抗値

図4 レギュレータのフィードバック端子に電流を流さないためのスイッチ

◀図3 電圧レギュレータ MC34063A の内部ブロック図

逆流電流は電池の消耗になりますから，これを止めるダイオードが必要です（D_6）．このダイオードの順方向電圧降下が電池の電圧に比べて無視できないので，できるだけ小さいものを選びたいところです．ところが，逆方向の電流も小さくなければならず，ここでは逆方向電流を重視して$1\,\mu\text{A}$以下のものを選別しました．さらに，図3中の分圧抵抗R_1，R_2の値も，小さければ電池の消耗が増え，大きくすれば電圧誤差やドリフトが増えます．

● 充電電圧制御（IC_{2-4}，VR_1，$R_5 \sim R_{10}$）

入力インピーダンスの高いCMOSタイプのOPアンプをボルテージ・フォロワに使用すれば，分圧抵抗を大きくできます．図4のようにOPアンプを電池で動かすと，レギュレータのフィードバック端子に電流が流れ，これを止めるにはMOSFETスイッチで切り離すことが必要です．また次項の電流制御にもOPアンプが必要なので，共通にするためにもOPアンプはレギュレータ出力で動作させることにします．いずれにしても電流制御がなければ簡単な回路ですみます．

● 充電電流制御（IC_{2-3}，$R_{11} \sim R_{15}$，C_6，D_9，D_{10}）

電流制御には検出用抵抗（いわゆるシャント抵抗）が必要で，ある程度の電圧降下は避けられません．そのシャント抵抗は，基準電圧の都合やコモン・モードの都合で，GND側に入れた方が簡単ですが，電流値によって電圧制御の誤差が生じてしまいます．

この誤差を打ち消すために，電圧制御のOPアンプを差動にして，電池の端子そのものの電圧をフィードバックするようにしました．ただし，差動回路は抵抗値のバランスが必要なのと，抵抗値も高いので，電圧調整は出力側のVR_1で行うことになりました．

ところでレギュレータIC（MC34063A）には基準電圧が内蔵されていますが，外には出ていません．電圧のフィードバックは内部で比較されるため問題無く動作するわけですが，電流の基準は別の基準電圧を用意するしかないのです．

これが普通ですが，ここでは一工夫して，フィードバック端子を基準電圧として使ってみることにしました．というのは，電流制限が動作していないときには，電圧で制御されているはずだからです．

電圧で制御されていれば，フィードバック端子は基準電圧とわずかな誤差しかないはずで，電圧で制御されていないときは入力電圧が低すぎて正常に動作していないことになり，電流制御の必要性はないと考えたわけです．

電流制限の基準はR_6にかかる約$0.1\,\text{V}$です．この電圧はOPアンプの出力（IC_2の14ピン）が$0\,\text{V}$の場合は$0.00\,\text{V}$になってしまい，電流が0に制限される計算ですが，OPアンプは電池の電圧を反映しているので，$0\,\text{V}$にはならないのです．つまり，電池を負荷にしているからこそ使える手法というわけです．抵抗などを負荷にした場合，立ち上がれないことも起こり得ます．

電流が基準を超えると，電流アンプの出力（IC_2の14ピン）が上り，D_{10}，D_9を通って電圧アンプの入力をプラスに振ります．この状態は，電池の電圧が目標値に達していないときにだけ発生し，電圧アンプは電流アンプのバッファとして動作します．電圧アンプの入力側は高い抵抗値になっているので，D_9には逆方向電流の小さいダイオードを使用し，電流制限が動作していないときの影響を極力小さくします．

● 入力電流制御（IC_{2-2}，$R_1 \sim R_3$，R_{16}，C_5，$D_{11} \sim D_{12}$）

入力電流の大部分はR_4に流れます．しかし，ここ

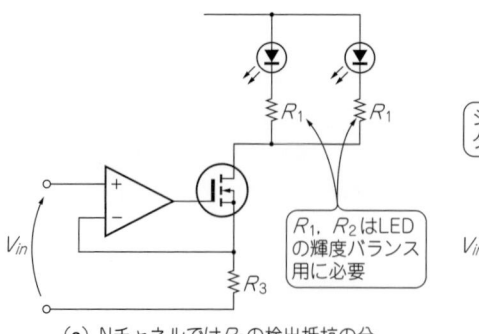

図5
LED点灯用定電流回路

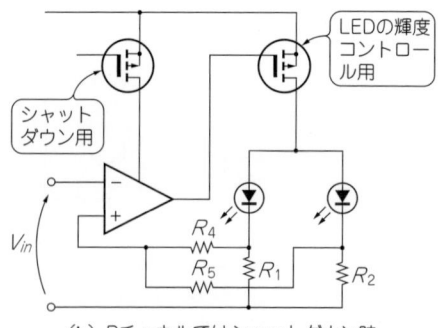

(a) NチャネルではR₃の検出抵抗の分，電圧ロスが増える

(b) Pチャネルではシャットダウン時にフル点灯になる

R_1, R_2はLEDの輝度バランス用に必要

シャットダウン用

LEDの輝度コントロール用

に流れる電流はスイッチングによってパルス状になっていますから，平滑フィルタの処理が必要になります．またこの抵抗はハイサイドに付いており，ほかのOPアンプと共通にするためには，40Vでも動作可能なCMOSタイプのレール・ツー・レール品が要ります．

少しでもロスを減らそうと考えましたが，結局ロー・サイドに入力電流検出用の抵抗R_3を追加して入力電圧の1/100と比較し，電流が超えたときにはD_{11}，D_{12}を通して充電電流の検出電圧に加えるようにしました．この加える動作のためにR_{15}が必要になります．

● 満充電表示（R_{17}, LED_3）

電流が制限されていない，ということを満充電である証拠に違いないと考えて，IC_{2-3}の出力が低いときにLED_3が点灯するようにしました．

このLEDの点灯を，充電電流だけでなく，入力電流の制限時にも反映させるためにIC_{2-2}の出力をD_9には入れずに，IC_{2-3}の入力側に入れています．

このLED_3はアナログ点灯なので，電源電圧（レギュレータ出力）が高いときは充電中でも消灯しきれず，暗く点灯したままになります．LED_3のV_Fが小さい場合は，直列にダイオードを追加する必要があります．

● LED電流制御（IC_{3-1}, $R_{25} \sim R_{32}$, VR_2, $Tr_4 \sim Tr_5$）

白色LEDは，電流が変化しても電圧は少ししか変わらない，いわばツェナー特性をもっています．この定電圧特性が，電池がわずかに消耗しただけで明るさが大幅に低下するという，使いにくい性質につながっているのです．定電流ダイオードなるものも作られてはいますが，電流値の大きいものはそれなりに電圧降下も大きくなってしまうので，電池のエネルギーを最大限に引き出すことはできません．

定電流というとLM317の応用回路を思い描くかも知れませんが，電池の電圧がすべてロスになって全く使えません．電池使用の点灯回路は，電圧ロスを減らすことがキー・ポイントになります．ここでは0.25V程度の電圧ロスでLED2個を電流合計0.2Aに制御します．

LED2個の点灯は**図5**(a)のようにNチャネルMOSFETでも可能ですが，バランス用の抵抗とシャント抵抗が分かれて直列に入り，電圧のロスが増えます．

また**図5**(b)のようにPチャネルMOSFETを使うと，次項のシャットダウン機能が働いたときにコントロールが全く効かなくなります．このほかにも，シャットダウン用のスイッチMOSFETをマイナス電源側に入れるような手も考えましたが，このスイッチにLEDの電流も流さなければならなくなり，やはり電圧ロスが増えます．結果的にMOSFETを2段使うという，面倒な回路にするしかないようです．

ここに使用したOPアンプは，シャットダウン用のコンパレータと基準電圧を内蔵していて，消費電流も少ないMAX951です．消費電流は7μAとなっているので，電池動作にはピッタリです．

VR_2は点灯電流を0〜240mAまで可変にしていますが，調整後は変える必要はなく，固定しても構いません．

R_{29}, R_{30}は2個のLEDの合計電流を求めるためのものですが，ここにR_{26}から少し電流を流して5mV程度オフセットさせ，OPアンプの誤差やドリフトがあっても，LEDの電流を完全に0まで落とせるように配慮しています．これがないと最悪，約5mAの電流が自動消灯後も残ってしまい，電池の消耗が続きます．

● 電圧低下シャットダウン（IC_{3-2}, Tr_2, Tr_3, $R_{19} \sim R_{23}$, C_9, C_{24}）

シャットダウン時に「7μAなら食っていてもよかろー」と考えれば，回路はもっと簡単になりますが，ここではこの7μAも止める回路としました．この回路は，動作中はコンパレータの出力がV_+近くになっていて，Tr_2, Tr_3とも完全にオン状態です．

V_+が2.55V以下に下がると，Tr_2とTr_3はOFFになって，このICの電源がなくなります．ICが動作していない間にもTr_3とTr_4のOFFを確保するために，R_{21}, R_{31}を追加してあります．

このような動作なので，いったんシャットダウンされると基準電圧もコンパレータも動作しなくなるわけ

ですから，電圧が回復してもその事実を知る手段がありません．従って電池の電圧が5Vになっても(10Vになったとしても!)シャットダウンのままです．

ところで点灯回路はSW_1がONのときしか働きません．つまりシャットダウン機能もSW_1がONでなければ意味がなくなります．そこでSW_1がOFFからONになるときにシャットダウンが解除されるように，C_{10}，R_{20}を通してTr_3を一瞬ONにしています．

このとき，電池の電圧がシャットダウン電圧に達していなければ，即，Tr_3はOFFに戻り，上回っていれば動作状態に入ります．

このほか発電機からの電圧が一定値を超えたらシャットダウン状態を解除するという方法も考えられます．

● 減光制御（VR_2，Tr_6，C_{11}，$R_{24} \sim R_{25}$）

点灯状態はTr_6がONの状態です．このTr_6のON/OFFをアナログ的に変化させることで，いきなりポッと消えるのではなく，スーッと暗くなってから消えるように，Tr_6はソース・フォロワとして動作します．とは言っても，Tr_6のゲート電圧はC_{11}に，電池電圧＋0.6 V位までチャージされますから，始めはTr_6は完全にオン状態になり，約2Vを切ってからソース・フォロワに移行します．ここから減光が始まり，Tr_6のV_{th}以下になると消灯します．

● 点灯開始（Tr_1，$D_7 \sim D_8$，R_{18}）

C_{11}をチャージするのは発電機の電圧です．これをレギュレータ出力から取らなかったのは，レギュレータが動作しないような低い電圧(低速回転)でも点灯開始できるようにしたかったからです．

しかし発電機の電圧は大きく変化するので，そのままC_{11}をチャージすると高速走行時にはTr_6の耐圧を超えてしまいます．また，走っていた速度によって消灯までの時間が大幅に変わってしまうのも面白くありません．

一方，一定電圧に制限しようとした場合，直列に抵抗を入れることになり，ロスが増えるだけでなくチャージに時間がかかってしまいます．そこでディプリーション・モードのJFET(Tr_1)のゲート電圧をリミットすることで，ロスなく短時間でチャージできる回路としました．D_7は逆流防止用です．

組み立てと動作確認

● 組み立てる

単2型乾電池2本のスペースを上下に分け，ユニバーサル基板で仕切ります．この基板の上側に電池を，下側に回路部品を取り付けますが，配線も原則的に下側で接続します．

上記理由と小型化のために，主に表面実装の部品を使用しました．基板は0.1インチ・ピッチ，片面のユニバーサルです(写真6)．ヒューズのソケットは寝かして接着しました．

本機は入力電圧が大きく変化し，負荷も一定ではないので，設計どおりに動くかどうか機能ごとに確認しました．入力は直流電源での動作テストです．

● 充電機能…充電電流は202 m～218 mAの範囲

これは，点灯していないときの動作になります．電池の代わりに図6のようなダミー回路をつないで測定しました．入力電圧と電池側(ダミー負荷)の電圧および電流は表2のようになりました．

レギュレータICは規格上，3.5 Vから動作が保証されていますが，このデータでは1.8～1.9V付近でスイッチングが始まっているようです．また，入力電流の制限は7～7.5Vで効いているかどうか，という状

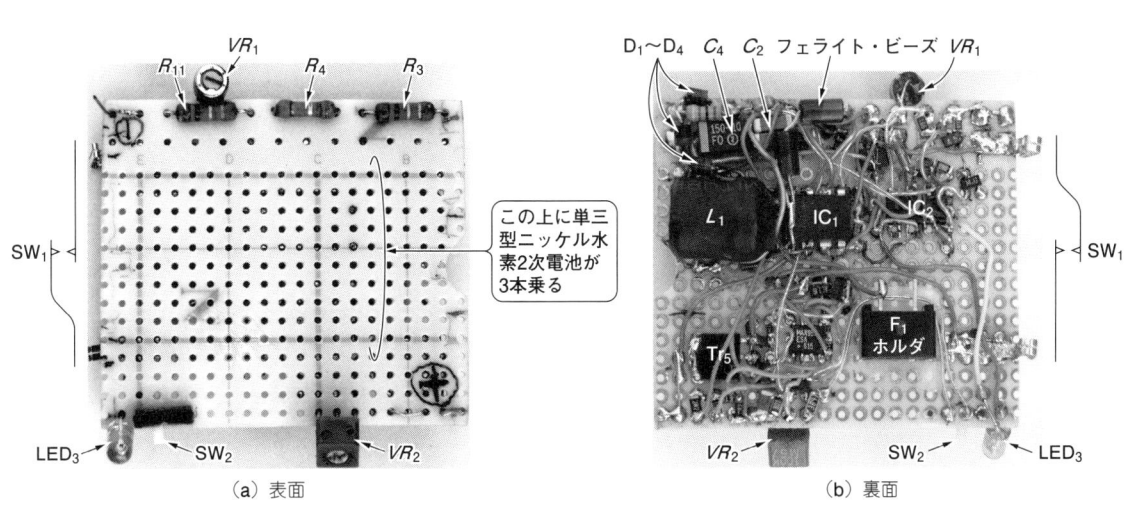

写真6 製作した充電コントローラ基板
(a) 表面
(b) 裏面

図6 充電テストのダミー負荷

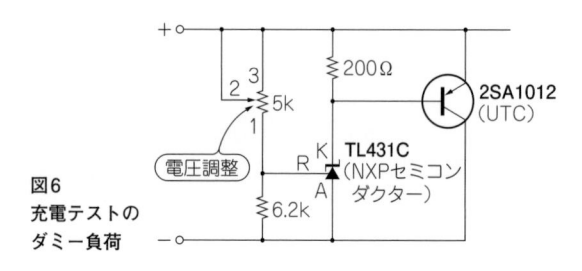

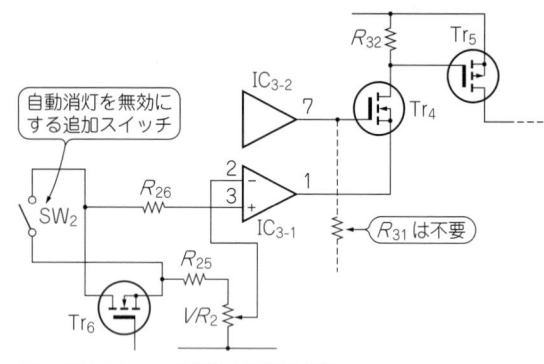

電圧調整
2SA1012 (UTC)
TL431C (NXPセミコンダクター)

図7 図2中のLED電流制御回路を修正

自動消灯を無効にする追加スイッチ
R_{31}は不要

表2 充電時の電圧と電流
ダミー負荷3.90Vで測定.

入力電圧 [Vdc]	入力電流 [mA]	電池側電圧 [V]	電池側電流 [mA]
1.7	3	5m	0
1.75	3	5m	0
1.8	3	460m	0.044
1.9	2	1.0447	0.104
2	2	1.1373	0.114
2.1	2	1.23	0.124
2.5	2	1.5708	0.16
3	3	1.9525	0.216
3.5	3	2.36	0.303
4	3	2.8176	0.407
4.5	3	3.279	0.524
5	4	3.728	0.709
5.5	5	3.8977	2.36
6	8	3.8986	5.6
6.5	30	3.899	32.16
7	131	3.9007	152.4
7.5	141	3.9041	176.6
8	150	3.9047	202
8.5	144	3.9055	206.8
9	134	3.9063	207
9.5	126	3.907	207
10	119	3.9073	207
12.5	93	3.9072	207.4
15	77	3.9072	208
20	58	3.9072	209.1
25	48	3.9074	211
30	41	3.9076	212.8
35	36	3.9078	215
40	33	3.9075	217
45	30	3.9076	218.1

スイッチング開始
出力電流に制限がかかっている

態で，8Vでは出力電流が制限されています．

すべて設計どおりに動作しているようですが，出力電流は202m〜218mAまでと，予定より大きく変化しています．しかし充電電流ですから実際には何も問題はありません．30V以上が長時間続くこともまずないでしょう．

● 点灯回路…LEDを約200mAで駆動

点灯回路に加える電圧を徐々に上げていくと，不安定になって発振する現象が起きました．これは定電流に達するまではMOSFET（Tr_4とTr_5）が完全に飽和していて，不飽和に移るときにゲインが高くなることが原因です．Tr_4の負荷抵抗（R_{30}）は電流のロスを減らすために高い値にしてあり，下げるわけにはいきません．

このような現象は，CRを入れて周波数補償をすれば治まるのですが，ここではちょっと手を変えて，Tr_4をゲート接地として使うことでゲインを下げてみました．実際にはTr_4はアナログ・スイッチとして動作し，ゲインはなくなります．

このほか，テスト時に自動消灯回路を無効にするスイッチを追加しました．これがないと電池の持続時間を確認することができません．実際に走ると充電されてしまうからです．また，放電しきることができないので，充電性能のチェックも別回路を用意しないとできなくなってしまいます．

以上の変更を加えた最終回路は図7のようになりました．変更後の点灯回路の動作の測定結果が表3です．この測定は電圧の高い方から行い，2.54Vはシャット

ダウンの状態です．図7の回路は電圧ロスが少ないので，3.0Vでも約1/3の電流が流れ，かなりの明るさになります．また，高電圧側では完全に定電流になっています．これで，ニッケル水素2次電池3本で十分点灯できることが確認できました．

また，シャットダウン後の電流も表4のように十分低い値となっています．でも，電圧が上がると電流も増えていきます．FETのリーク電流だけでも一定にはならないもののようです．

● 入力12V以上で点灯しながら電池に充電できる

点灯時は，低速ではすべて電池の電力で点灯し，中速では電池と発電機が協力し，高速では点灯しながら充電もするという，本機の真価を発揮する動作です．ただし，ここでは電池の代わりにダミー負荷を使っているので，電池の電力で点灯する動作は確認できません．結果は表5のようになりました．これによって

表3 点灯回路の電圧と電流

入力電圧 [V]	LED電流 [mA]
2.54	0
2.55	0.15
2.6	0.3
2.657	1
2.7	2.5
2.8	14
2.9	37
3	68
3.1	103
3.2	141
3.3	180
3.343	196
4	196
5	196

3Vでも約1/3の電流が流れている

表4 シャットダウン時の電流

入力電圧 [V]	入力電流 [nA]
2.5	218
3	266
3.5	313
4	360

ナノ・アンペアと非常に低い値

注:13℃で測定.R_{10}に流れる電流は含まない

表5 点灯時の電圧と電流
ダミー負荷3.90Vと点灯回路で測定.

入力電圧 [Vdc]	入力電流 [mA]	電池側電圧 [V]	充電電流 [mA]	LED電流 [mA]
1.75	3	2m	0	0
1.8	3	0.44	0.04	0
2	2	1.135	0.1	0
2.5	2	1.569	0.16	0
3	3	1.946	0.2	0
3.5	3	2.375	0.3	0
4	3	2.828	0.4	5μ
4.5	6	2.715	0.38	30μ
5	10	2.768	0.38	84μ
5.5	60	2.9451	0.42	68
6	114	3.051	0.4	127.5
6.5	123	3.065	0.38	142.5
7	128	3.07	0.38	149
7.5	129	3.104	0.38	147
8	134	3.165	0.38	155
8.5	140	3.264	0.4	166
9	146	3.33	0.48	178
9.5	152	3.374	8.1	184
10	155	3.403	16.4	187
10.5	159	3.434	28.4	191
11	160	3.462	38	196
11.5	162	3.493	46	202
12	199	4.019	208	196
12.5	190	4.014	208	196
13	181	4.015	208	196
15	155	4.016	209	195
20	115	4.017	210	195
25	93	4.018	211	195
30	79	4.019	212	195
35	69	4.02	214	195
40	61	4.021	215	189

LED点灯開始
入力電流制限回路が効いている
負荷電流制限回路が効いている

5.5Vから動作が始まり12.0Vまでが入力電流の制限で動作し,それ以上は負荷電流の制限で動作していることが分かります.

入力電流は12.0Vのとき最大で,電力は約2.4Wと発電機の定格どおりです.また,これ以上の電圧では電流は減少し,電力は約2.4Wのままほぼ一定になっています.これですべて,予定したとおりの動作になっていることが確認できました.

このテストは電池ではないので,負荷が勝手に変わることはありませんが,実際には電池が充電されると負荷電流は減少します.つまり表5は負荷の最大値を想定した測定なので,発電機の定格は超えないのです.

実働テスト

● ダミー負荷を外して電池を接続

購入時の電圧が3.7Vの電池を載せて,1km程度の距離を消灯のまま2往復したところ,停止時の電圧が3.89Vになっていました.この電圧は制限値と一致します.また,仮に電池が充電されていなくても,走行すれば問題無く点灯は可能です.

自動消灯は約30秒で減光が始まり,約1分で完全に消灯する程度です.また,点灯開始は手で押しただけで点灯しました.これもほぼ設計どおりです.ただし本機の設計上,低速で点灯しての走行を続けても電池は充電されません.充電するためには消灯走行か高速走行が必要です.

もし,夜の低速走行が続いた場合は,電池での点灯はできません.だとしても本機では入力ジャックにDC用を流用しているので,市販のノート・パソコン用の交流電源で充電できます.しかもその電圧は8〜40Vまで,何ボルトでも構いません.さらに,当然ですが,AC100Vからトランスで6〜28V_{RMS}に落とした交流でも充電できます.けど,できれば人力だけのエネルギーで使いたいところです.

問題なのは冬です.この時期はほとんどが点灯走行になり,ゆっくり走っていると赤字(放電が充電より多い)になります.この赤字が夏場に稼いだ黒字を上回らなければ年間収支は黒字になるわけです.本機は自己放電の少ない電池に交換したのち3年間使用しています.この間,外部充電は行わないで黒字状態を維持しています.筆者は毎日自転車を利用していますが,この場合,電池は小刻みに充放電を繰り返すことになります.また,大きく見れば1年周期で充電時期と放電時期がやって来ます.問題は電池が何年もつかですが,現時点では「3年以上」としか分かっていません.この点が2次電池を使う上で最も評価が難しいのです.

(初出:「トランジスタ技術」2011年4月号)

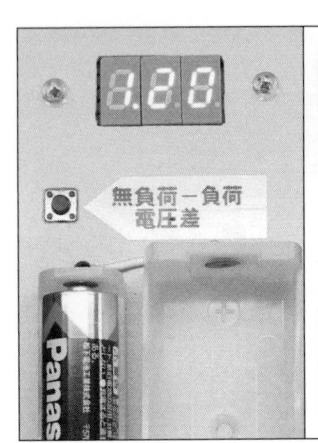

第13章 市販の簡易チェッカの欠点を改善した
ニッケル水素蓄電池の充電不足チェッカの製作

下間 憲行

ニカド電池やニッケル水素電池では，単3形などの規格サイズの電池を複数本同時に充電できる汎用充電器が普及していますが，実際に充電してみると容量のバラつきが出ることがあるようです．本章では，ニッケル水素電池の充電状態を簡単にチェックできる充電チェッカを製作します．
〈編集部〉

製作の動機

● 単3形ニッケル水素電池の充電不足をチェックしたい

ディジタル・スチル・カメラで使っている単3形ニッケル水素(NiMH)蓄電池が，ごくまれに正しく充電されていないケースに出くわします．カメラの電池電圧低下警報がやけに早く出たなと思って調べてみると，4本のうち1本だけが消耗しているのです．

いつも4本まとめて充電しているので，特定の電池が消耗しているわけでもなく，充電器の決まった電池装着場所でもありません．電池を充電器にセットしたあと，接点を押し付けるなどすると，この現象が出にくくなるので，電池電極や接点の汚れ，ほこりの付着が原因と推測しています．

大切なイベントの撮影をする際は，充電不足に出くわさないよう，充電完了後の電池電圧を調べ，4本の電池にばらつきがないか確認しています．この作業を手軽にできるよう，PICマイコンを使って電池電圧チェッカを作ってみました．マイコンを動作させるために電源を別に用意したタイプと，チェックする電池そのものから電源を供給するタイプ，2種類の製作例を紹介します(**写真1**)．

● アナログ・テスタがあればいいが…

メータ式のアナログ・テスタには，電池電圧チェック・レンジをもつものがあります．通常の電圧測定レンジでは，テスタの内部抵抗が高いので，無負荷に近い電圧を測ってしまうことになり，電池の消耗具合がわかりません．電池電圧チェック・レンジでは，抵抗が並列に入り，負荷をかけた状態で電圧を測るのです．1.5 V定格の電池をチェックする際は，10 Ω程度が並列に入ります．

電池電圧チェック・レンジが電流レンジと共用になっているテスタもあり，小型のボタン電池，単3などの1.5 V電池，9 V電池(006Pなど)をチェックできます．

電池残量チェッカとして，市販品(100円ショップでも売っている)もありますが，もう一つ使い勝手が良くありません．「赤：消耗，黄：そろそろ寿命，緑：まだ大丈夫」などと色分けで結果を示すタイプが多く，正確な値が読めないというのは技術者にとっては不満です．

この電池残量チェック機能，たいていのディジタル・テスタには装備されていません．ディジタル・テスタで電池の消耗具合をチェックするとなると，負荷抵抗を並列に入れて電圧レンジで測るという操作が必要です．

最初に作ったのが電池3本で回路を動作させるオーソドックスな回路です(**図1**，**写真2**)．

製作例1…外部電源動作タイプ

● 仕様

製作するチェッカの仕様を挙げます．
- A-Dコンバータ内蔵のPIC16F819を使う
- チップに内蔵されたクロック源を使う

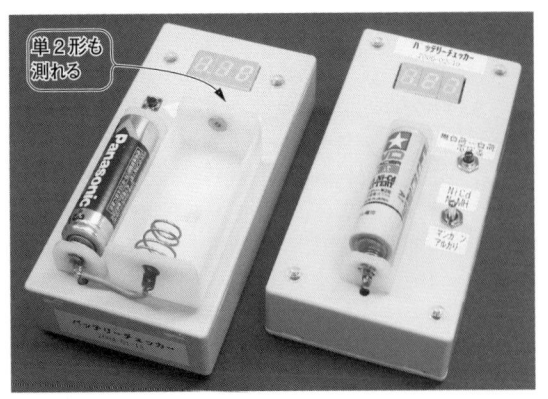

(a) 電源外付けタイプ　　(b) 被測定電池から電源を取るタイプ

写真1 製作した二つの充電不足チェッカ

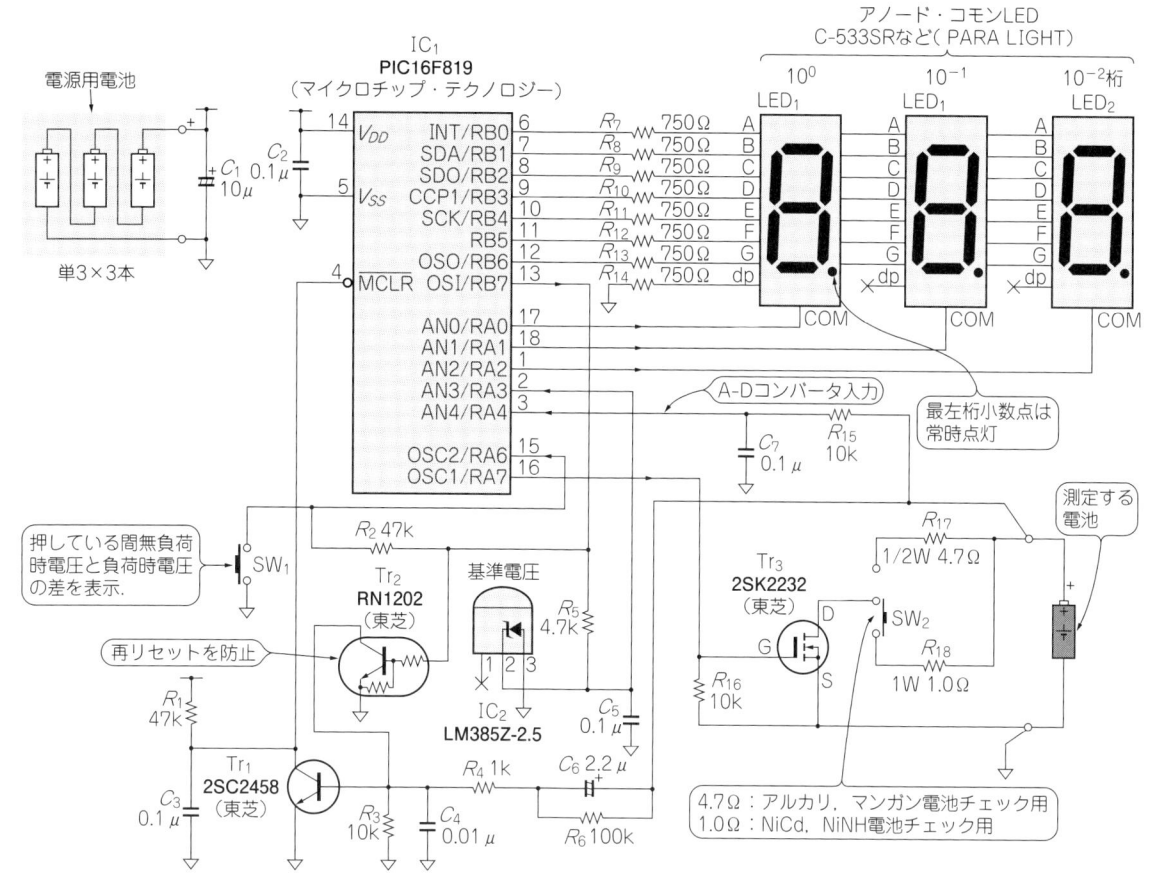

図1 PIC16F819を使った充電不足チェッカの回路図

- 3桁の7セグメントLEDで電圧値を表示．2.50 Vが表示の最大値
- 電源スイッチはなく，測定対象となる電池の装着で測定を始め，取り外すと終了する
- 2種類の負荷抵抗をスイッチで切り替える［アルカリ・マンガン電池用：4.7Ω，ニカド(NiCd)，ニッケル水素(NiMH)電池用：1Ω］
- 電池の内部抵抗による電圧ドロップをチェックできるよう，無負荷時と負荷時の電圧差を表示する
- 電圧を測定するときにだけ負荷をつなぐ

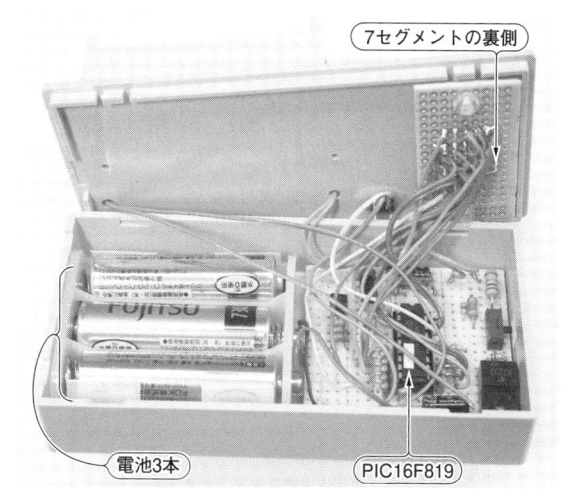

写真2 外付けの電池で動くチェッカの外観

● 回路の説明

▶電池の装着による起動

チェックする電池を電池ボックスに装着したことを検出し，マイコンをリセット起動します．コンデンサC_6で微分パルスを作り，Tr_1をONし，スリープ状態で待機していたマイコンをリセットして，制御プログラムを初期状態から走らせます．

終了時は電池を外したことによる測定電圧の低下を調べます．0.5V以下を検出すると，I/Oポートから電流が流れ出さないようにして，それからスリープ状態に入り，次の電池が装着されるのを待ちます．スリープ時の消費電流は1μA未満です．

製作の初期段階では，図2のような電源切り替え回路を使っていました．しかし，消耗した電池を測ると，

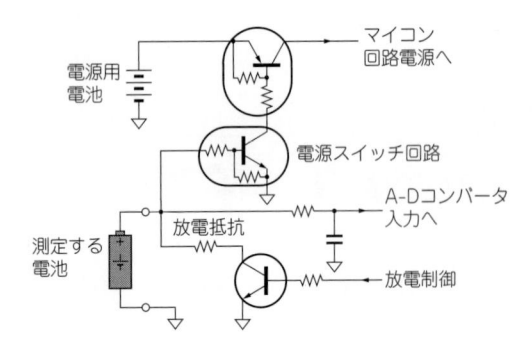

図2 失敗した電源切り替え回路

負荷をかけたことによって電池の電圧が下がった瞬間,警告表示を行う間もなく電源が落ちてしまい使い勝手がよくありません.

現在のリセット起動による方法では,無負荷時電圧がおよそ0.8 Vあればチェッカが起動します.いったん起動すれば,負荷をかけたときに下がる電圧も表示できます.しかし,この方法にも問題がありました.負荷をON/OFFしたとき,電池の内部抵抗が高いと電圧変動が発生し,それが微分され,リセット・パルスが出てしまうのです.これを防止するのがTr_2です.マイコンが起動したあと,Tr_1のベースが駆動されないようにします.

▶基準電圧IC

2.5 Vの基準電圧IC LM385Z-2.5は,20 μA以上の電流で動作するので,消費電流を少なくしたい機器に使えます.TL431のように,入出力の電圧差が小さくなったときに発振しやすくなるということもありません.

スリープさせたときにむだな電流が流れないようI/

表1 電源電圧1.5 V,負荷抵抗1ΩのときのZSK2232の静的特性
配線経路と電流計の抵抗ぶんを含むため,ドレイン電流は参考値として記録.

ゲート電圧 V_{GS} [V]	ドレイン電圧 V_D [V]	ドレイン電流 I_D [A]
4.5	0.060	1.30
4.0	0.064	1.30
3.5	0.069	1.29
3.3	0.073	1.29
3.0	0.079	1.29
2.8	0.085	1.28
2.6	0.096	1.28
2.4	0.113	1.26
2.2	0.160	1.22
2.0	0.440	0.98
1.8	1.23	0.28
1.6	1.41	0.12
1.4	1.45	0.09
1.2	1.47	0.06

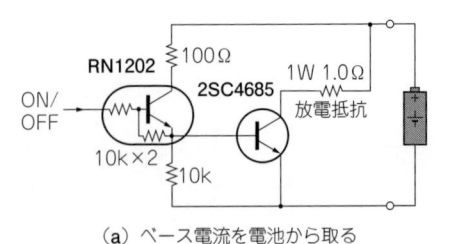

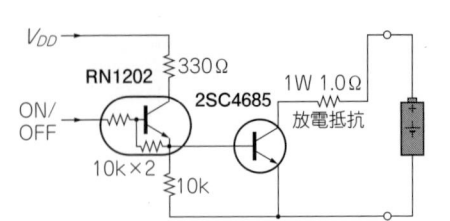

(a) ベース電流を電池から取る

(b) ベース電流を制御回路から取る

図3 トランジスタを使った放電回路

Oポート(RB7)から電源を供給しています.RA3(AN3)はV_{ref}+入力で,A-D変換はこの電圧を基準に行います.なお,リセット直後は,マイコンの電源$V_{DD}-V_{SS}$を基準にして,RA3(AN3)ポートの電圧,つまりLM385の電圧2.5 Vを測り,この値から電源電圧を逆算する処理をしています.3本の電源用電池の電圧をチェックして,この値が3 Vを切ったときは電源の電池消耗警報".Lo"を7セグメントLEDに表示します.

▶放電回路

当初,適当なパワーMOSFETが入手できず,トランジスタで放電回路を組んでいました.1 Aを越える電流を流すのでダーリントン接続にします.しかし,図3(a)のようにすると,電池電圧が下がったときに十分な電流が流れなくなります.かといって図3(b)のようにパワー・トランジスタのベース電流を制御回路から取るのはむだです.

これで決まりという定番品のパワーMOSFETがありません.昔に使ったものでも,気がつくとディスコンになっていたりと困ってしまいます.今回使った2SK2232も,たまたま大阪日本橋の部品店で見つけたものです.4 V駆動用,ドレイン電流の定格25 Aで,1 Aを制御する素子としては大きすぎるような気もしますが,ゲート電圧が3 Vを切っても十分にONできるようにと選びました.電源1.5 V,負荷1Ωでゲート電圧を変化させたときのようすを**表1**に示します.

▶消費電流

表示器にLEDを使っているため,表示値によって消費電流が変化します."0.88"が全セグメント点灯に近く,最大電流になります.点滅させているので測定しにくいのですが,電源電圧4.5 Vで最大17 mA,電圧が3.3 Vまで低下すると最大9 mAになりました.

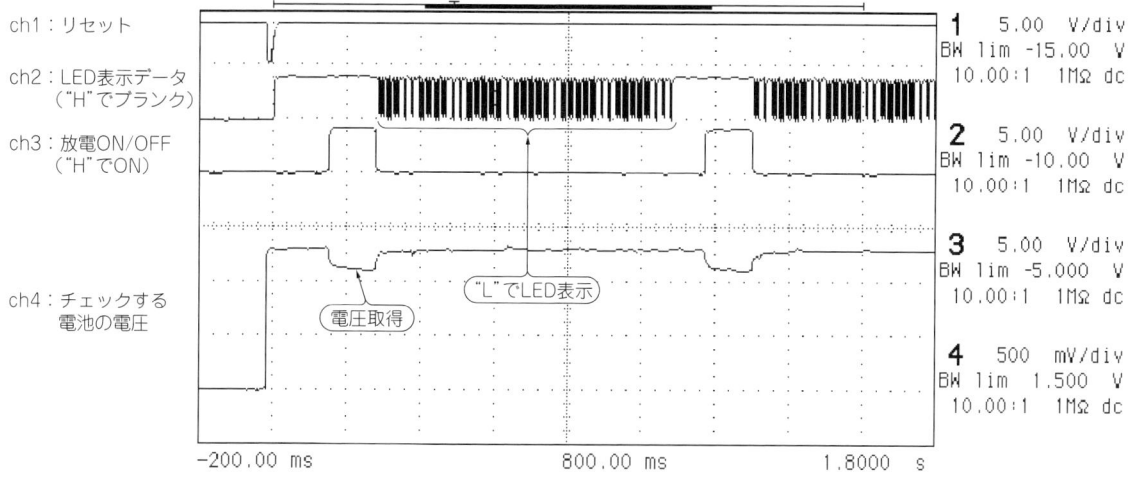

ch1：リセット
ch2：LED表示データ
　　　("H"でブランク)
ch3：放電ON/OFF
　　　("H"でON)
ch4：チェックする
　　　電池の電圧

電圧取得　　"L"でLED表示

図4 電池電圧取得とLED表示のタイミング（200ms/div.）

電流の最小値，つまり表示ブランク時の電流を測ると，マイコンとその周辺回路の消費電流がわかります．電源電圧4.5Vで最小2.8mA，電圧3.3Vで1.6mAでした．

● **制御プログラム**
▶入力電圧のA-D変換

1msごとに10ビットのA-D変換データを取り込み，それを64回加算して平均値を求めます．16ビットの加算結果に基準電圧値（8ビットで250前後）を乗じてから1/65536すれば（下位16ビットを捨てる），電圧測定値が8ビットで得られます．なお，基準電圧の値は簡単に書き換えられるようEEPROMに入れています．
▶測定とLED表示のタイミング

およそ1秒周期で測定値の表示を点滅させています．測定値を表示しているときは電池の放電を止めています．表示をOFFした最初の64msの間，放電を止めた状態で無負荷時の電池電圧を測り記憶しておきます．

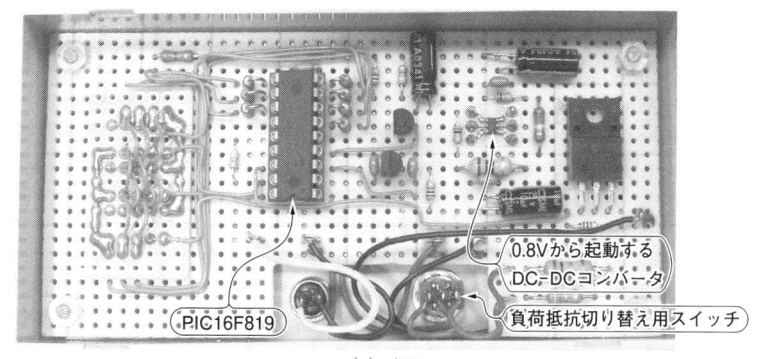

0.8Vから起動する
DC-DCコンバータ

負荷抵抗切り替え用スイッチ

PIC16F819

（a）表面

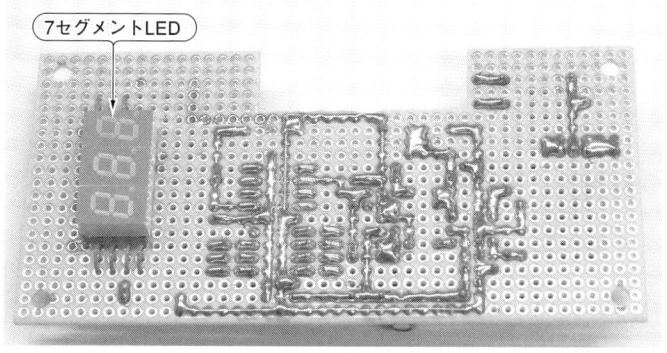

7セグメントLED

（b）裏面

写真3
測定対象の電池から電源をもらって動くチェッカの基板

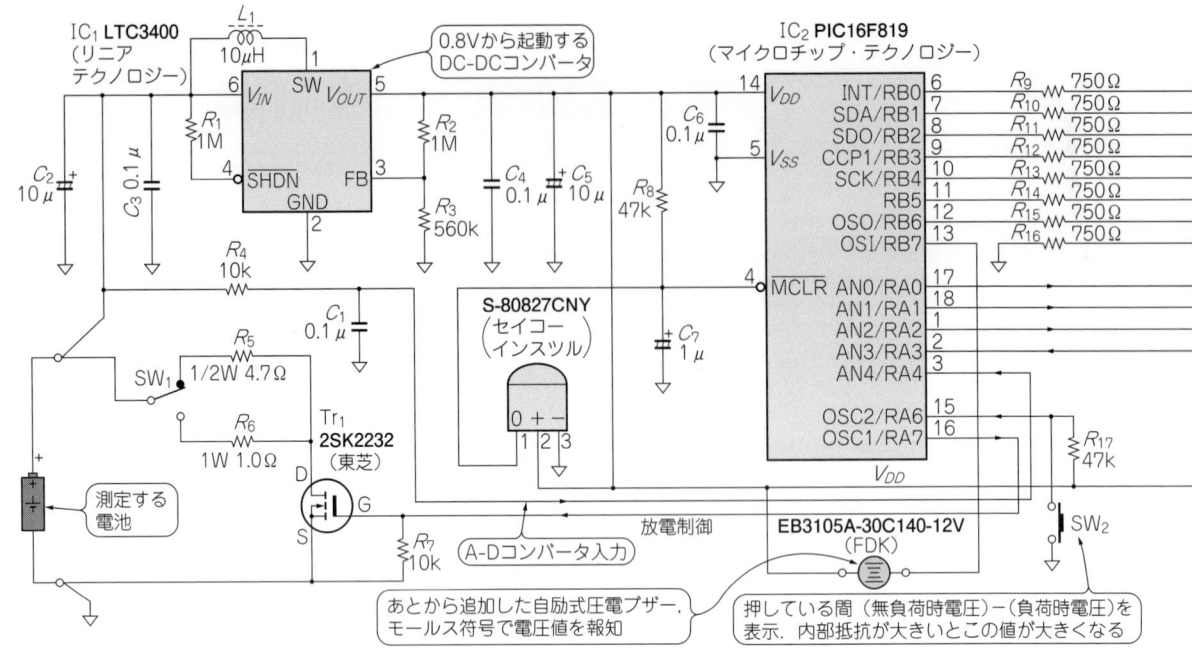

図5 図1に対して0.8Vから起動するDC-DCコンバータを追加し，外付け電源を不要にした回路

その後128 msの間放電を行い，有負荷時の電圧を記憶し，放電停止とともに測定した電圧をLEDに表示します．

制御のようすを図4に示します．電池装着によるリセット・パルスと放電による電池電圧ドロップ，そして放電中は表示を止めているようすが見えます．

製作例2…外部電源不要タイプ

● 測定対象の電池で動かす

リニアテクノロジーのDC-DCコンバータLTC3400が入手できたので，チェックする電池そのものから電源を取り出して表示を行う回路を作ってみました．回路図を図5に，外観を写真3に示します．

LTC3400は，1V以下の入力電圧でも昇圧できるステップ・アップ・コンバータです．いったん起動に成功すれば，0.6V程度まで入力電圧が下がっても出力を保持できます．データシートには，単3形電池から3.3 V/0.1 Aを取り出せると記されています．製作したチェッカは，起動可能電圧0.80 V，負荷制御を行っているときの最低駆動電圧0.65 Vでした．

出力電圧は抵抗2本で任意に調整できます．データ

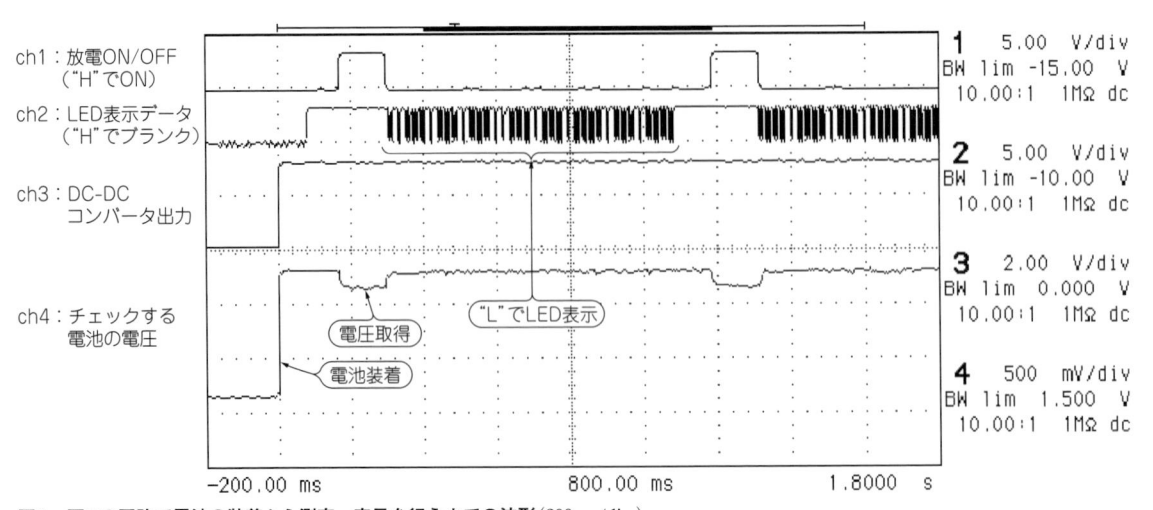

図6 図5の回路で電池の装着から測定，表示を行うまでの波形（200ms/div.）

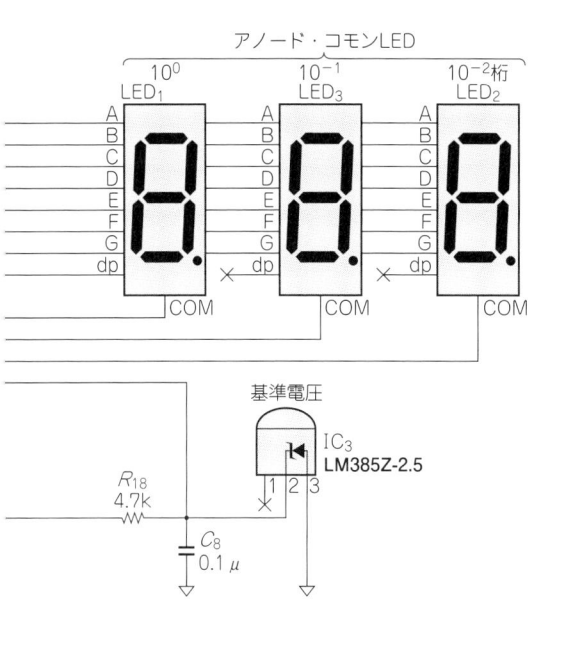

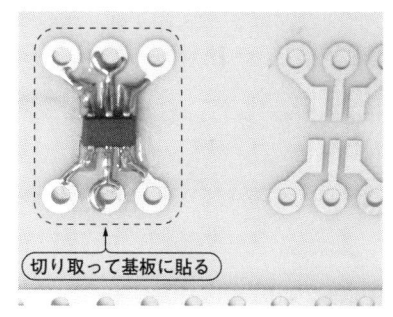

写真4 表面実装部品を2.54mmピッチのユニバーサル基板に載せられるシール基板

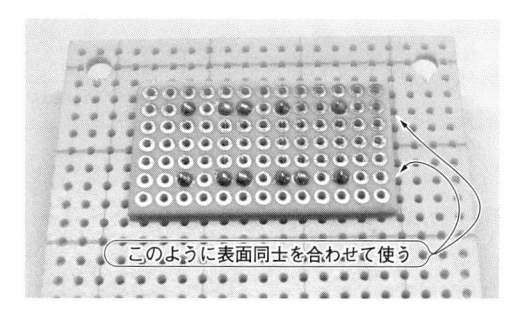

写真5 片面基板の背中同士を合わせてLEDをはんだ面側に実装

シートの回路例で示されている抵抗値は，できるだけ消費電流を減らそうということなのでしょう，1MΩ近辺の値が使われています．抵抗値を1/10くらいにして，100kΩ台にしてもかまいません．

電池を装着するとDC-DCコンバータが働きはじめ，マイコンが起動します．その後，電池に負荷をかけて電圧を測定し，無負荷状態にしてからLEDに測定値を表示します．電池を取り外すまで放電と測定，表示を繰り返します．

● リセットICでマイコンを確実に起動

電池の状態によりLTC3400の出力電圧が不安定になることがあります．マイコンが確実にリセット起動するよう，電圧検出IC（リセットIC）で供給電圧を監視します．セイコーインスツルのS-80827CNYを使いました．TO-92パッケージ，Nチャネル・オープン・ドレイン出力，検出電圧2.7V±2％という仕様です．

PIC16F819にはブラウンアウト・リセット機能が装備されています．しかし検出電圧は約4Vと高めに設定されており，今回の用途では利用できません．

電池の装着から測定，表示を行うまでの各部の波形を図6に示します．

● 表面実装部品を使うには

部品が小型化したおかげで，2.54mmピッチのユニバーサル基板での試作が難しくなってしまいました．LTC3400も表面実装品でしか供給されていません．

こんなとき「サンハヤト」のシール基板（ICB-056，057，058など）が重宝します（写真4）．シール基板に部品をはんだ付けしてから，はさみで周囲を切り取り，2.54mmピッチの全穴ユニバーサル基板の上に載せます．

仕上げ

● ケースへの組み込み

タカチのプラスチック・ケース SW-120（120×60×24mm）を使いました．外部電源タイプは，単3電池ボックスがスペースの半分を占めるので，表示基板と制御基板の2枚に分けて組み立てました（写真2）．コネクタを使うスペースがないので，直接配線しています．また，単3形だけでなく単2形電池もチェックできるよう電池ボックスを増設しました．

製作例2では1枚基板にしていますが，7セグメントLEDをはんだ面に取り付ける必要があります．普通なら両面基板を使わなければならないところです．しかしLEDの足が長めだったので，片面基板を2枚合わせにしてLEDを固定しました（写真5）．

● 放電抵抗を1Ωと4.7Ωで切り替えて充電状態を検出

アルカリ電池を使うことが多い昨今，テスタの電池チェック・レンジ（単3用）でよく使われている10Ωの抵抗では電流を流し足りないようで，4.7Ωにしまし

表2 製作例1の回路で新品の電池や使い古した電池をあれこれ測ってみた

電池種別		4.7Ω		1Ω	
		負荷時[V]	差[V]	負荷時[V]	差[V]
NiMH	2230 mAh (min)	1.34	0.03	1.27	0.09
	★2000 mAh (min)	1.32	0.05	1.19	0.18
NiCd 700 mAh		1.28	0.03	1.22	0.08
アルカリ	新品	1.52	0.08	1.31	0.27
	使用中	1.26	0.10	1.06	0.27
	寿命末期	1.01	0.26	0.58	0.64
マンガン	新品	1.50	0.15	1.22	0.40
	使用中	1.30	0.18	1.07	0.41

（無負荷時－負荷時の電圧差）

表3 測定値をモールス音で出力すると音を聞くだけで電圧値が分かる

モールスで表したい数値	略体のモールス数字	正規のモールス数字
1	・－	・－－－－
2	・・－	・・－－－
3	・・・－	・・・－－
4	・・・・－	・・・・－
5	・・・・・	・・・・・
6	－・・・・	－・・・・
7	－・・・	－－・・・
8	－・・	－－－・・
9	－・	－－－－・
0	－	－－－－－

た．放電電流はおよそ0.3 Aになります．

NiCd, NiMH電池となると，余裕で1 A以上の電流を取り出せることから，1Ωの抵抗も用意しました．先に述べたNiMH電池の充電異常を，4.7Ωの抵抗では判別できず，1Ωにしたら判別できたという経験もあります．

放電電流を大きくしたら，困ったことが起きました．切り替えに使う小型スイッチの電流容量が不足するのです．当初，日本開閉器の小型スライド・スイッチSS-12を使っていました．この仕様を調べてみると，電流容量0.1 Aという仕様で，1 Aを越える電流の切り替えには向きません．あれこれ探しましたが，基板に載る小型のスイッチで仕様を満足できるものは見つかっていません．製作例2では，一般的なパネル取り付け形のトグル・スイッチで切り替えています．

● 実際に測ってみると

製作例1の回路で新品の電池や使い古した電池をあれこれ測ってみました（表2）．★印が劣化したNiMH電池で，負荷4.7Ωでは目立ちませんが，1Ω負荷にするとがくんと電圧が落ちています．充電不足ということではありません．

製作例2の回路は，無負荷時といってもマイコンに電源を供給するため，DC-DCコンバータは働いています．完全な無負荷ではありませんので，電圧差を表示させたときの値は製作例1の回路と多少異なります．

● 余ったポートでモールス符号を出力

製作例2の回路では，PICのポートが一つ余っています．このポートRB7に自励式圧電ブザー［FDK㈱, EB3105A-30C140-12 V］を付けて，測定した電圧値をモールス音で出力するようにしました．

電池を装着して電池電圧の測定が始まると，7セグメントLEDの表示とともにモールス音で電圧値を知

らせます．多数の電池をチェックするときなど，よそ見をしていても，音を聞けば電池の良否を判断できるので便利です．数字だけを出力するので，慣れれば簡単に理解できるでしょう．

表3のようにモールス数字を略体で出力します．1.23 Vなら"・－ ・・－ ・・・－"，0.98 Vなら"－－・ －・・"と音が出ます．ブザーは，音が出るための穴をふたに開けてから，ホット・メルト・ボンドを使って固定しました．

● 基準電圧値とモールス送出速度の変更

LM385のばらつきで測定に誤差が生じます．その対策として，EEPROMに保存してある基準電圧値を変えられるようにしました．しかし，使えるスイッチが一つしかありません．そこで，スイッチを押しながら測定する電池を装着すれば設定モードに，電池を外すと設定モードの終了としています．

製作例2の回路では，基準電圧値に加えてモールス送出速度も変えられるようにしてあります．詳細は私のホームページ[3]で紹介します．

◆参考・文献◆

(1) LTC3400/LTC3400Bデータシート，リニアテクノロジー㈱.
(2) PIC16F818/819データシート，マイクロチップ・テクノロジー・ジャパン㈱.
http://ww1.microchip.com/downloads/en/DeviceDoc/39598e.pdf
(3) 筆者のホームページ．
http://www.oct.zaq.ne.jp/i-garage/

■プログラムの入手方法
筆者のご厚意により，この記事の関連プログラムを小誌ホームページに登録します．（編集部）
http://cqpub.co.jp/toragi/download/html/dl_frame_htm
の2005年11月号のコーナーを探してください．

（初出：「トランジスタ技術」2005年11月号）

電池ホルダは構造と形状に注意して選択する　　　　　　　　　　　Column

　本文の電池チェッカでは，1Aほどの負荷電流を流して電圧ドロップを調べています．電池を装着する電池ホルダがしっかり作られていないと，電池ホルダで電圧降下が生じ，電池電圧を正しく測定できません．

● コイルばね電極の電気抵抗

　バッテリ機器で大きな電流を扱うときは，電池と電池ホルダとの接触状態だけでなく，電極そのものがもつ抵抗に注意してください．

　市販品として入手できる多くの電池ホルダの負極側電極には，コイルばね（めっきしたピアノ線をばね状に加工したもの）が使われています（**写真A**）．

　このコイルばねの電気抵抗が意外と大きく，大電流を流したときに電圧ドロップが発生し，回路の動作に影響を与えます．

● 1A流して電圧降下を見る

　電池ホルダの電極に直流1Aを流して電圧降下を計りました．四端子法での測定ですので，クリップの接触抵抗や接続電線の抵抗は無視できます．

　写真Bは，電池ホルダからコイルばね電極を外し，単体で計っているところです．コイルばねを構成するピアノ線そのものが抵抗になっていて，50mΩ〜60mΩという値になりました．

　電池ホルダに電池を装着するとコイルばねが縮み，コイルの巻き線がそれぞれ接触するので抵抗が小さくなる方向に働きます．しかし，思いのほか下がらず，良くて2/3くらいにしかなりません．

　写真Cではコイルばねではなく，板状の金属でできた電池ホルダを調べてみました．コイルばねが使われているものより抵抗が低く，10mΩ台の値になっています．現在の電池チェッカでは，このタイプの電池ホルダ*1を使っています．

● コイルばね電極の電池ホルダの注意点

　電池の数だけコイルばねの抵抗が直列に入ります．例えば，電池4本で定格6V，コイルばね電極の抵抗を50mΩとすると4本ぶんで0.2Ωです．電源電流が1Aなら0.2Vの電圧降下が電極部で発生します．

　電極と電線接続端子（ラグ端子や電池スナップなど）のかしめ部分も要注意です．はんだごての熱などで電池ホルダが変形（熱で樹脂が軟化）するとかしめ圧が弱くなり，この部分の接触抵抗が増えたり不安定になることがあります．

　大電流を扱う機器では，板状の電極が使われている電池ホルダを選ぶほうが問題が出ないでしょう．

＊1：BULGIN社製，BX0035（単3電池用），BX0034（単4電池用），BX0036（単2電池用）
http://www.bulgin.co.uk/PDFs/Cat83_sections/BattHolders_2010.pdf

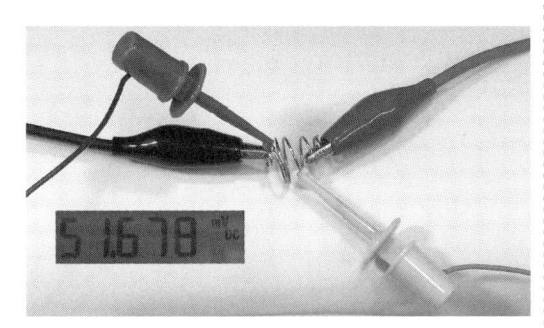

写真B　コイルばね電極単体の測定

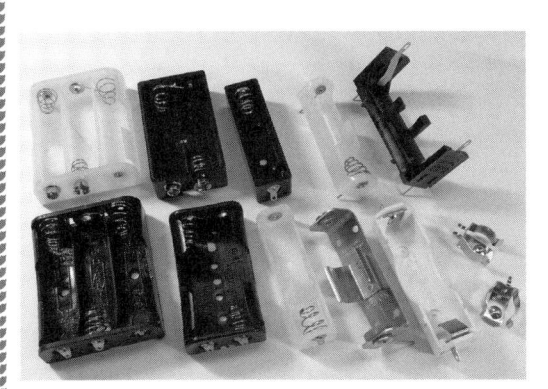

写真A　入手できるさまざまな単3電池用電池ホルダ

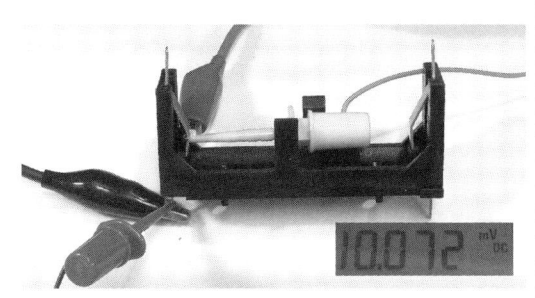

写真C　板ばねタイプの電池ホルダの測定

Appendix F　2次電池周辺回路集
過放電防止回路と電池の消耗を知らせる回路

下間　憲行

バッテリの破壊を防ぐ過放電防止回路

ここでは，充電回路の試験に使う蓄電池を放電するために製作した，過放電防止回路を紹介します．放電対象の一例として，鉛蓄電池を使っています．2次電池には，電池電圧の下限値である放電終止電圧があります．この値を超えて放電すると，劣化や，最悪の場合は発火を起こすことがあります．放電回路には過放電を防止する回路が必要です．

本器は，外部に専用の電源が不要で，放電終了時には放電回路をバッテリから完全に切り離せます．

〈編集部〉

アナログ・コンパレータICとリレーを使ったバッテリ放電停止回路を紹介します．**写真A**に接続のようすを，**写真B**に回路の外観を示します．バッテリの電圧が設定電圧まで下がると放電を止めます．メカ的なリレー接点を使っているので，放電完了後は完全に回路が切り離されます．負荷として大電流を扱う場合など，ある意味安心です．

タイム・カウンタ（例：オムロンH7ET-NV）を負荷に並列につないでおけば放電時間を記録できます．

12Vや24V定格の鉛バッテリの充電回路を実験する前準備として放電用に製作しました．鉛バッテリは1セルあたり1.6 V（0.5 C放電）～1.75 V（0.1 C放電）で放電終止電圧が規定されています．12 V定格の鉛バッテリの場合，およそ10 Vで放電を止めなければなりません．

● 回路の動作としくみ

図Aに回路を示します．放電用の負荷は定電流放電回路やランプ，モータでも構いません．

▶放電を停止するバッテリ電圧を設定する回路

IC_2 LM336Z5は5 Vの基準電圧ICです．VR_1の設定で放電停止電圧を調整します．可変範囲が広すぎるようなら可変抵抗の上下に抵抗を付加します．IC_2はツェナー・ダイオードでも構いません．

▶放電経路を開放する回路

放電したいバッテリをつないでプッシュ・スイッチSW_1を押すと回路に電源が供給されます．コンパレータ出力が"L"になり，いったんリレーがONするとスイッチを離しても通電状態を継続します．そして放

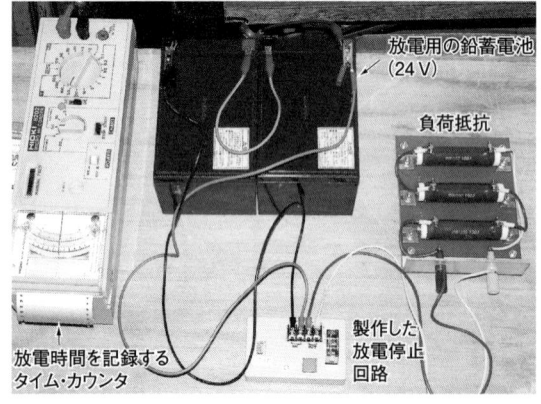

写真A　放電停止回路を使ってバッテリの放電終止電圧まで鉛蓄電池を放電しているようす

タイム・カウンタを負荷と並列につなげば放電時間を記録できる．

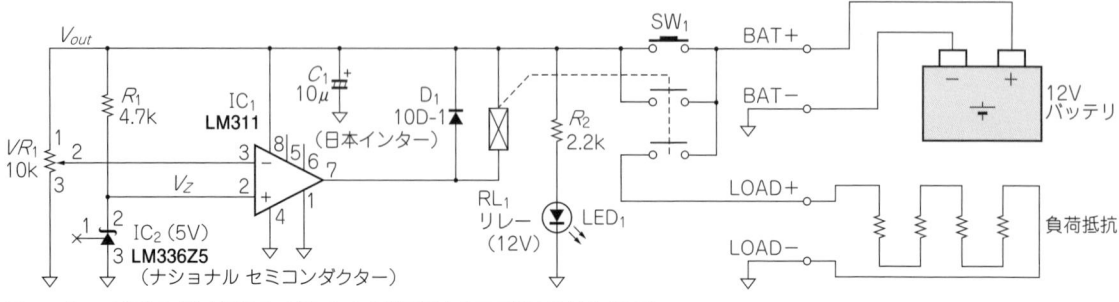

図A　バッテリ電圧が設定電圧まで低下したら放電回路を切り離す放電停止回路

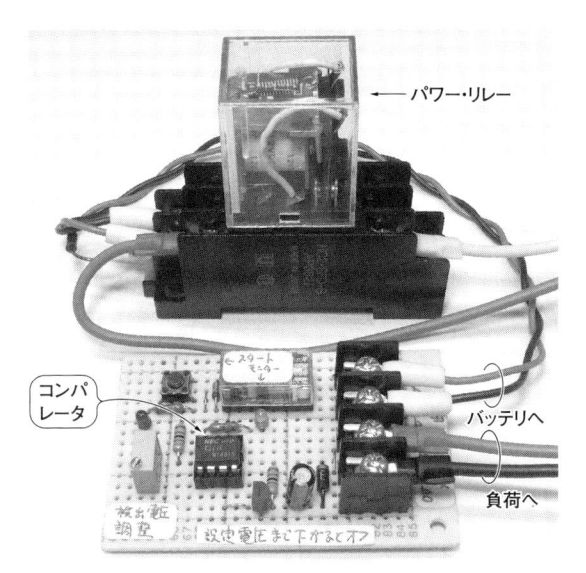

写真B　パワー・リレーを使った放電停止回路

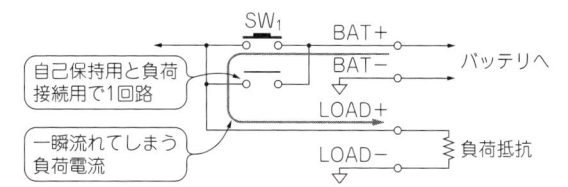

図B　リレーは検出回路電源の自己保持用と負荷接続用の2回路を独立させないと自己保持する直前に負荷抵抗に電流が流れてしまう

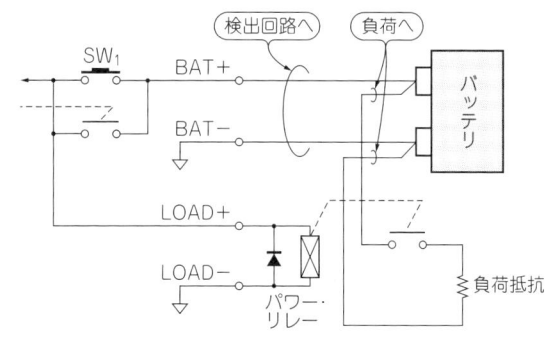

図C　負荷を重くしたいときは外部にパワー・リレーを設ける

電が進み，バッテリ電圧が設定電圧より低くなるとリレーがOFFし負荷を開放します．同時に回路の電源も切断されます．

リレーは検出回路電源の自己保持用と負荷接続用，2回路独立したものを使います．1回路の接点だと図Bのように，リレーが自己保持（通電状態を継続）する直前に，一瞬ですがスイッチ接点に負荷電流が流れてしまうためです．スイッチ接点の容量に余裕がないと，接点溶着など動作不良の原因になります．逆に言えば，大きなスイッチだと1回路のリレーでも良いわけです．

● 負荷電流が大きい場合はパワー・リレーを追加

コンパレータLM311は50 mA程度の駆動能力を持っているので，小形リレーなら直接駆動できます．負荷を重く（電流を大きく）したいときは，図Cのように外部にパワー・リレーを設けるとよいでしょう．このとき，負荷と検出回路は別系統で配線します．

● リレーのON/OFF繰り返しはヒステリシス回路で防ぐ

バッテリから検出回路までの配線が長いと，配線抵抗による電圧ドロップが発生します．このせいで，バッテリ電圧が設定電圧に近づいたとき，コンパレータ出力がON/OFFを繰り返し，リレーが暴れる場合があります．これはヒステリシス回路を加えることで防げます．

検出電圧の調整はバッテリの代わりに安定化電源を接続し，所定の電圧で回路がOFFするよう可変抵抗を回します．SW_1を押し続けながらVR_1を回し，リレーの作動音を聞けば判断できます．

● 駆動能力が低いICを使う場合

図Dは駆動能力の低いコンパレータIC（LM393）やOPアンプ（LM358）を使った24 Vバッテリに合わせた回路例です．抵抗内蔵のトランジスタRN2202（10 kΩ・10 kΩのベース抵抗入り）を使ってリレーを駆動します．リレーはバッテリの電圧に合わせます．

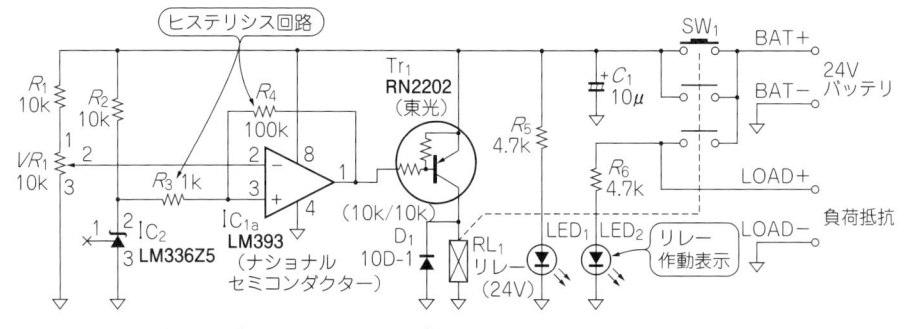

図D　駆動能力の低いコンパレータICやOPアンプを使う場合の回路

Appendix F　バッテリの破壊を防ぐ過放電防止回路

電池が消耗するとLEDが点滅する回路

● 概要

図Eは，電池が正常であればLEDが点灯し，電池が消耗するとLEDが点滅する回路です．点滅したら電池の交換時期であると報知する，電源表示パイロット・ランプ（LED）として使用することができます．定数は，乾電池2本を使う場合を想定しています．

● 電圧検出IC S-808xxCシリーズ

S-808xxCシリーズ（セイコーインスツル）は，検出電圧固定の電圧検出ICです．精度±2.0％で0.1 V単位で検出電圧を選ぶことができます．

Nチャネルのオープン・ドレイン出力とCMOS出力の2タイプが用意されており，マイコンのリセット回路などのコンデンサを放電してタイミングを作るような用途では，オープン・ドレイン出力タイプを選びます．今回の回路ではCMOS出力タイプを使います．

● 回路の動作

図5は3ゲート発振回路をベースにしたもので，電圧検出ICの出力で発振を制御します．図示したS-80820CLYは，検出電圧2.0 VのCMOS出力，TO-92パッケージ品です．R_1はオープン・ドレイン品（S-808xxCNY）を使うときに付加し，図のCMOS品では不要です．

電源ONでLEDが点灯，電池が消耗して検出電圧以下になると回路が発振し，LEDが点滅します．C_1とR_3で点滅周期が決まり，図の定数でおよそ0.2秒です．R_2はゲート入力の保護抵抗で，発振周波数には関係ありません．R_4でLEDの明るさが決まります．2 Vまで電圧が低下すると，LEDに電流が流れにくくなり暗くなってしまいます．

● 2ゲートに簡略化した回路

図Fは，発振回路を2ゲートにして簡略化した回路です．

コンデンサの値を約5倍にすると，点滅周期もおよそ5倍の1秒ほどになります．

C_1は，無極性コンデンサを使う必要があります．

● ワンポイント

回路の消費電流は，LEDに流れる電流だけでなく，発振時にゲートICがアナログ的な動作をすることによる電流も加わります．電圧検出ICの消費電流は1 μA程度です．

電圧検出ICの検出電圧を変えることにより，電池の利用ぐあいに合わせた回路にできます．そのとき，LEDの電流だけでなくゲートICの最大定格に注意する必要があります．乾電池4本の場合，新品の電池電圧を考えると，HS-CMOSゲートICの推奨動作電圧（6.0 V）を越え，最大定格（7.0 V）に近づきます．乾電池4本ならば，スタンダードCMOSを選ぶほうが安全です．

使用した電圧検出ICのS-80820CLY（TO92パッケージ）が手に入らない場合は，S-80820CLNB（SC-82ABパッケージ）やS-80820CLMC（SOT-23-5パッケージ），あるいは，S-808xxCシリーズの後継機種でさらに低消費電力化されているS-1000シリーズのS-

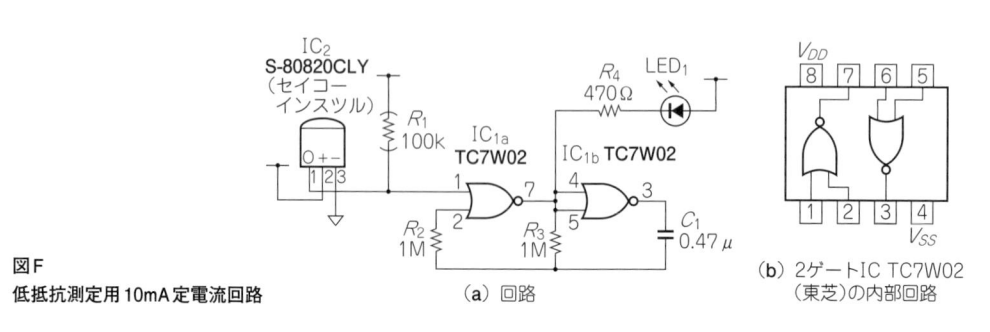

図E 3ゲート発振回路を利用した電池消耗表示回路
定数は乾電池2本を使う場合を想定している．

図F
低抵抗測定用10mA定電流回路

（a）回路

（b）2ゲートIC TC7W02（東芝）の内部回路

1000C20-N4T1（SC-82ABパッケージ）やS-1000C20-M5T1（SOT-23-5パッケージ）を代替候補として探してください．それぞれのパッケージのピン配置を**図G**に示します．

◆参考・引用文献◆
(1) 各データシート，S-808xxCシリーズ，S-1000シリーズ，セイコーインスツル㈱．

（初出：「トランジスタ技術」2005年9月号）

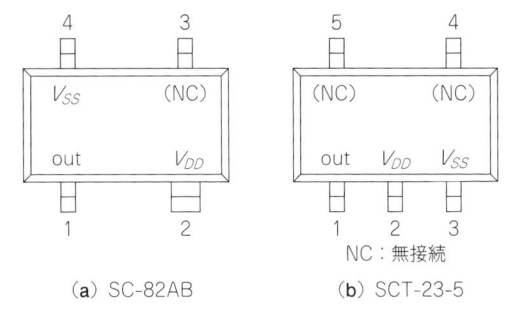

(a) SC-82AB　　(b) SCT-23-5

NC：無接続

図G SC-82ABとSOT-23-5パッケージのピン配置（上面図）

■本書の執筆担当一覧
- Introduction…宮崎 仁
- 第1章…梅前 尚
  Column…高橋 久
- Appendix A…梅前 尚/宮崎 仁
- 第2章…日比野光宏
- 第3章…江田信夫
- Appendix B…下間憲行
- 第4章…鈴木敏厚
- 第5章…梅前 尚
- Appendix C…高橋 久/星 聡
- Supplement 1…Andy Fewster/赤羽一馬（訳）
- 第6章…宮崎 仁
- 第7章…柳川誠介
- Appendix D…宮崎 仁
- 第8章…惠美昌也
- 第9章…笠原政史
- 第10章…久保大次郎
- Appendix E…宮崎 仁
- Supplement 2…宮崎 仁
- 第11章…鈴木美千雄
- 第12章…中野正次
- 第13章…下間憲行
- Appendix F…下間憲行

索　引

【数字・記号】
1次電池 ……………………………… 21
2次電池 ………………………… 21, 119
2段定電圧充電 ……………………… 50
$-\Delta V$ 制御 …………………………… 6, 50

【アルファベット】
Ah …………………………………… 7, 18
bq2002 ……………………………… 62
bq2003/2004 ………………………… 64
bq2084-V150 ………………………… 82
bq24010 ……………………………… 61
bq29312 A …………………………… 82
C ……………………………………… 7
dT/dt 制御 ………………………… 6, 50
EDLC ………………………………… 45
EDV …………………………………… 81
ESL …………………………………… 94
ESR …………………………………… 94
IGBT ………………………………… 88
IR2110 ……………………………… 103
It ……………………………………… 7
LEDライト ………………………… 120
M62253 AGP ………………………… 60
MAX1538 ……………………………… 71
MAX4514 ……………………………… 63
MAX6321 ……………………………… 63
MAX713 ……………………………… 54
MCFC ………………………………… 15
MOSFET ……………………………… 88
PAFC ………………………………… 15
PEFC ………………………………… 15
Qi規格 ………………………………… 21
SCiB …………………………………… 17
SHE …………………………………… 23
SOFC ………………………………… 15
TL594 ……………………………… 102

【あ・ア行】
アモルファス ………………………… 15
インターカレーション反応 ………… 28
インダクタ …………………………… 90
インピーダンス・トラック ………… 85
エネルギー密度 ………… 18, 46, 110, 119
オン抵抗 ……………………………… 88

【か・カ行】
回生ブレーキ ………………………… 16
開放電圧 ……………………………… 18
開路電圧 ……………………………… 18
化学電池 ……………………………… 13
過充電 ………………………………… 19
活性領域 ……………………………… 88
過放電 ………………………………… 19
過放電防止回路 …………………… 138
間欠充電 ……………………………… 49
緩和時間 ……………………………… 85
キャパシタ ………………………… 119
強制放電 ……………………………… 8
許容リプル電流 ……………………… 94
金属リチウム蓄電池 ………………… 14
クーロン・カウンタ ………………… 75
組電池 ………………………………… 20
検出精度 ……………………………… 81
検出抵抗 ……………………………… 82
降圧型DC-DCコンバータ ………… 105
公称電圧 ……………………………… 18
公称容量 ……………………………… 18
小形シール鉛蓄電池 ………………… 31
誤差要因 ……………………………… 83
固体高分子型燃料電池 ……………… 15
固体酸化物型燃料電池 ……………… 15
コンデンサ …………………… 93, 119

【さ・サ行】
サイクル・ユース ………………… 21, 48
最大電流 …………………………… 111
サルフェーション現象 ……………… 13
残量 …………………………………… 80
時間率 ………………………………… 18
自己放電 ……………………………… 19
充電回路 ……………………………… 48

充電制御IC	78
充放電制御＆電源セレクタ	70
充放電電流	19
出力密度	46, 119
寿命	19
準定電流充電	51
昇圧型DC-DCコンバータ	101
スイッチング・デバイス	86
スタンバイ・ユース	21, 48
ステップ充電	51
セパレータ	14
セル	20
損失係数	94

【た・タ行】

タイマ充電	51
太陽電池	15
単結晶化合物	15
単結晶シリコン	15
直流内部抵抗	45
ディープ・サイクル・バッテリ	13
定格容量	7
定電圧・定電流充電	50
定電圧充電	49
鉄損	90
デュアル・バッテリ	70
電圧検出	140
電圧降下	137
電圧テーブル方式	82
電圧保持特性	45
電気二重層キャパシタ	43, 97, 109, 119
電池ホルダ	137
デンドライト	10
電流積算方式	82
電力回生	16
等価直列インダクタンス	94
等価直列抵抗	94
銅損	90
トップ・オフ充電	64
トリクル充電	49

【な・ナ行】

内部インピーダンス	80
ナトリウム・イオン2次電池	25
鉛蓄電池	11, 14, 97
ニカド/ニッケル水素蓄電池充電	64

ニカド蓄電池	7, 14
ニッケル水素蓄電池	6, 14, 38, 59, 120, 130
熱抵抗	89
燃料電池	15

【は・ハ行】

バイク用バッテリ	113
ハイブリッド・キャパシタ	119
バイポーラ・トランジスタ	88
パソコン用電池パック	82
バックアップ	48
パック電池	20
パッケージ	89
発電デバイス	15
ハブダイナモ発電	121
パルス電流	111
非接触充電	21
風力発電	97
負荷変動	112
物理電池	13
ブリッジ型DC-DCコンバータ	102
フロート充電	48
放電終止電圧	19, 81
放電特性	13
放電レート	14
飽和領域	88
保護回路	63

【ま・マ行】

マイクロ風力発電機	97
メモリ効果	6
モータ	16
漏れ電流	45

【や・ヤ行】

溶融炭酸塩型燃料電池	15
容量	45

【ら・ラ行】

ラゴーン・プロット	46
リチウム・イオン・キャパシタ	119
リチウム・イオン蓄電池	9, 14, 22, 59, 109
リプル電流	94
リフレッシュ充電	64
リフレッシュ動作	8
リラーン機能	75
りん酸型燃料電池	15

■編著者紹介

宮崎 仁(みやざき・ひとし)

1957年生まれ．
有限会社宮崎技術研究所で開発設計およびコンサルタントに従事．

- ●本書記載の社名，製品名について ── 本書に記載されている社名および製品名は，一般に開発メーカーの登録商標または商標です．なお，本文中では ™, ®, © の各表示を明記していません．
- ●本書掲載記事の利用についてのご注意 ── 本書掲載記事は著作権法により保護され，また産業財産権が確立されている場合があります．したがって，記事として掲載された技術情報をもとに製品化をするには，著作権者および産業財産権者の許可が必要です．また，掲載された技術情報を利用することにより発生した損害などに関して，CQ出版社および著作権者ならびに産業財産権者は責任を負いかねますのでご了承ください．
- ●本書に関するご質問について ── 文章，数式などの記述上の不明点についてのご質問は，必ず往復はがきか返信用封筒を同封した封書でお願いいたします．勝手ながら，電話でのお問い合わせには応じかねます．ご質問は著者に回送し直接回答していただきますので，多少時間がかかります．また，本書の記載範囲を越えるご質問には応じられませんので，ご了承ください．
- ●本書の複製等について ── 本書のコピー，スキャン，デジタル化等の無断複製は著作権法上での例外を除き禁じられています．本書を代行業者等の第三者に依頼してスキャンやデジタル化することは，たとえ個人や家庭内の利用でも認められておりません．

JCOPY 〈(社)出版者著作権管理機構委託出版物〉
本書の全部または一部を無断で複写複製(コピー)することは，著作権法上での例外を除き，禁じられています．本書からの複製を希望される場合は，(社)出版者著作権管理機構(TEL：03-3513-6969)にご連絡ください．

充電用電池の基礎と電源回路設計

| 編　集 | トランジスタ技術SPECIAL編集部 | 2013年1月1日　　初版発行 |
| 発行人 | 寺前 裕司 | 2016年8月1日　　第2版発行 |

発行所　CQ出版株式会社
　　　　〒112-8619　東京都文京区千石4-29-14
電　話　編集 03(5395)2148
　　　　販売 03(5395)2141
ISBN978-4-7898-4921-0

©CQ出版株式会社 2013
(無断転載を禁じます)
定価は裏表紙に表示してあります
乱丁，落丁本はお取り替えします
編集担当者　鈴木 邦夫
DTP・印刷・製本　三晃印刷株式会社
Printed in Japan